工程建设理论与实践丛书

建筑工程
设计与施工

JIANZHU GONGCHENG
SHEJI YU SHIGONG

张锦铎 张 宏 陈文涛 吴洪英 主编

華中科技大學出版社
http://press.hust.edu.cn
中国·武汉

内 容 简 介

在建筑工程中，设计和施工是相互依存、互为补充的两个重要环节。本书创造性地将两者结合讲解，既兼顾了设计与施工两大方面的要点，如建筑平面设计、建筑剖面设计、建筑体形和立面设计、地基与基础工程施工、砌筑工程施工、混凝土结构工程施工、防水工程施工、建筑电气工程施工等，反映出工程实践中设计与施工环节各自的特性，又在编写过程中注意揭示两者的联系，为从事建筑工程设计与施工的工作人员提供了新视角下的参考与借鉴。

图书在版编目(CIP)数据

建筑工程设计与施工 / 张锦铎等主编 . -- 武汉 : 华中科技大学出版社, 2024. 9.
ISBN 978-7-5772-1192-3

Ⅰ. TU2; TU7

中国国家版本馆CIP数据核字第20247HR291号

建筑工程设计与施工
Jianzhu Gongcheng Sheji yu Shigong

张锦铎　张　宏　陈文涛　吴洪英　主编

策划编辑：周永华
责任编辑：叶向荣
封面设计：杨小勤
责任校对：李　弋
责任监印：朱　玢
出版发行：华中科技大学出版社(中国·武汉)　　电话：(027)81321913
　　　　　武汉市东湖新技术开发区华工科技园　　邮编：430223
录　　排：华中科技大学惠友文印中心
印　　刷：武汉科源印刷设计有限公司
开　　本：710mm×1000mm　1/16
印　　张：20
字　　数：359千字
版　　次：2024年9月第1版第1次印刷
定　　价：98.00元

编 委 会

前　言

根据国家统计数据，2024年我国建筑业总产值达到26.6万亿元人民币，约占国内生产总值的6.26%，我国建筑行业的规模不断扩大。同时，建筑业对国内各个行业的带动作用也逐渐加大。建筑工程的投资涉及多个领域，包括基础设施建设、住宅建设、商业和办公楼建设等。这些投资不仅直接拉动了建筑行业的发展，还带动了相关产业链的发展，如钢铁、水泥、玻璃、建材等。

在建筑工程中，设计和施工是相互依存、互为补充的两个重要环节。设计是指在工程规划、构思和方案确定的基础上，工程设计人员进行的详细工程设计。施工则是将设计方案转化为实际的建筑物或结构的过程。

设计和施工在建筑工程中具有密切的联系，且相互影响。设计是施工的基础。在设计过程中，设计师需要对建筑的功能、结构、材料、形式等方面进行综合考虑和把握。设计草图、施工图纸以及设计说明书等是施工的依据和指导，它们直接影响着建筑物的施工效果和质量。因此，设计必须科学、合理，符合相关的技术标准和规范，才能为施工提供可靠的支持。同时，施工对设计也有着一定的制约和改进作用。在实际施工中也会对设计进行一定的修正，以确保建筑物的施工可行性和安全性。

本书主要讲述了建筑工程设计与施工的相关内容，共十章，分别为：绪论、建筑平面设计、建筑剖面设计、建筑体形和立面设计、地基与基础工程施工、砌筑工程施工、混凝土结构工程施工、防水工程施工、建筑电气工程施工、建筑工程施工实践。通过对建筑工程中的各个方面进行研究，介绍建筑施工各个环节的设计要点和施工技术方法，能够为从事建筑工程设计与施工的工作人员提供一定的参考与借鉴。

本书编写分工如下：张锦铎负责第5章、第6章、第7章第1节及第5节、第8章第1节、第9章第1节、第10章第1节的编写，张宏负责前言、第1章、第4章、第7章第2节的编写，陈文涛负责第2章、第3章、第8章第2节、后记的编写，吴洪英负责第9章第2节至第3节、第10章第2节的编写，杨钊负责第7章第3节至第4节的编写。另外，在编写过程中王洋、李璐对本书编写及审核工作提供了支持。

本书大量引用了相关专业文献和资料，在此对相关文献的作者表示感谢。限于编者的理论水平和实践经验，书中难免存在疏漏和不妥之处，恳请广大读者批评指正。

目　　录

第1章 绪 论

1.1 建筑工程设计概论

1.1.1 建筑与建筑设计

建筑是建筑物与构筑物的统称。建筑物指供人们在其中生产、生活或从事其他活动的房屋或场所，如住宅、医院、学校、体育馆和影剧院等。构筑物则是指人们不能直接在其内生产、生活的建筑，如水塔、烟囱、桥梁和堤坝等。无论是建筑物还是构筑物，都是为了满足一定功能，运用一定材料和技术手段，依据科学规律和美学原则而建造的相对稳定的人造空间。

室内设计是根据建筑内部空间的既定条件和功能需求，对空间和界面进行编排、组织和再造，使之形成既反映历史文脉、建筑风格和环境气氛等，又安全、卫生、舒适、实用的内部环境。室内设计是建筑设计的组成部分，是建筑设计的继续、深化和发展。不能正确地认识和全面地理解建筑，进行室内设计是不可想象的。

1. 正确理解建筑

（1）建筑的基本构成要素。

建筑既表示建造房屋和从事其他土木工程的活动，又表示这种活动的成果——建筑物，也是某个时期、某种风格建筑物及其所体现的技术和艺术的总称，如隋唐五代建筑、明清建筑、现代建筑等。

从建筑发展的历史来看，由于时代、地域、民族的不同，建筑的形式和风格总是异彩纷呈。然而，从构成建筑的基本内容来看，不论是简陋的原始建筑，还是现代化的摩天大楼，都离不开建筑功能、建筑的物质技术条件、建筑形象这三个基本要素。

①建筑功能。建筑功能就是人们对建筑提出的具体使用要求。一幢建筑是否适用，就是指它能否满足一定的建筑功能要求。

对于各种不同类型的建筑，建筑功能既有个性又有共性。建筑功能的

个性，表现为建筑的不同性格特征；而建筑功能的共性，就是各类建筑需要共同满足的基本功能要求（如人体生理条件、人体活动尺度等对建筑的要求）。

对待建筑功能，需要有发展的观念。随着社会生产和生活的发展，人们必然会对建筑提出新的功能要求，从而促进新型建筑的产生。因此，可以说建筑功能也是推动建筑发展的一个主导因素。

②建筑的物质技术条件。建筑物质技术条件包括材料、结构、设备和施工技术等方面的内容，它是构成建筑空间、保证空间环境质量、实现建筑功能要求的基本手段。

科学技术的进步，各种新材料、新设备、新结构和新工艺的相继出现，为新的建筑功能的实现和新的建筑空间形式的创造提供了技术上的可能。近代大跨度建筑和超高层建筑的发展就是建筑物质技术条件推动建筑发展的有力例证。

③建筑形象。建筑形象是根据建筑功能的要求，通过体量的组合和物质技术条件的运用而形成的建筑内外观感。空间组合、立面构图、细部装饰、材料色彩和质感的运用等，都是构成建筑形象的要素。在建筑设计中创造具有一定艺术效果的建筑形象，不仅在视觉上给人以美的享受，而且在精神上具有强烈的感染力，并使人产生愉悦的心情。因此，建筑形象既反映了建筑的内容，又体现了人们的生活和时代对建筑提出的要求。

在建筑三要素中，功能是建筑的主要目的，物质技术条件是实现建筑目的的手段，而建筑形象则是功能、技术、艺术的综合表现。建筑三要素之间的关系表现为：功能居于主导地位，对建筑技术和形象起决定作用；物质技术条件对建筑功能和形象具有一定的促进作用和制约作用；建筑形象虽然是建筑技术条件和功能的反映，但也具有一定的灵活性，在同样的条件下，往往可以创造出不同的建筑形象，取得截然不同的艺术效果。

与建筑三要素相关的是建筑中适用、经济、美观之间的关系问题。适用是首位的，既不能片面地强调经济而忽视适用，也不能强调适用而不顾经济上的可能；所谓经济不仅是指建筑造价，而且还要考虑经常性的维护费用和一定时期内投资回收的综合经济效益；至于美观也是衡量建筑质量的标准之一，不仅表现在单体建筑中，而且还应该体现在整体环境的审美效果之中。正确处理这三者之间的关系，就要在建筑设计中既反对盲目追求高标准，又反对片面降低

质量、建筑形象千篇一律、缺乏创新的不良倾向。

（2）建筑的性质和特点。

从建筑的形成和发展过程中，可以看出建筑有如下的性质和特点。

①建筑要受自然条件的制约。建筑是人类与自然斗争的产物，它的形成和发展无不受到自然条件的制约，在建筑布局、形式、结构、材料等方面都受到重大影响。在技术尚不发达的时代，人们就懂得利用当地条件，因地制宜地创造出合理的建筑形式，如寒冷地区建筑厚重封闭；炎热地区建筑轻巧通透；在温暖多雨地区，常使建筑底层架空（干阑式建筑）；在黄土高原多建筑土窑洞；山区建筑则采用块石结构等，从而使建筑能适应当地人们的需要，其建筑风貌呈现出强烈的地方特色。

在科技发达的近代，虽然可以采用机械设备和人工材料来克服自然条件对建筑的种种限制，但是协调人、建筑、自然之间的关系，尽量利用自然条件的有利方面，避开不利方面，仍然是建筑创作的重要原则。

②建筑的发展离不开社会。建筑，作为一项物质产品，和社会有着密切的关系。这主要体现在如下两个方面。

a.建筑的目的是为人类提供良好的生活空间环境。建筑的服务对象是社会中的人，也就是说，建筑要满足人们提出的物质的和精神的双重功能要求。因此，人们的经济基础、思想意识、文化传统、风俗习惯、审美观念等无不影响着建筑。

b.人类进行建筑活动的基础是物质技术条件。各个时代的建筑形式、建筑风格之所以大相径庭，就是当时的科学技术水平、经济水平、物质条件等社会因素造成的。

因此，建筑的发展绝对离不开社会，可以说，建筑是社会物质文明和精神文明的集中体现。

③建筑是技术与艺术的综合。建筑是一种特殊的物质产品，它不但体量庞大、耗资巨大，而且一经建成，就立地生根，成为人们劳动、生活的经常活动场所。人们对于自己生活的环境总是希望能得到美的享受和艺术的感染力。因此，建筑的审美价值就成为其本质属性之一。

建筑若要具有一定的审美价值，建筑创作就须遵循美学法则，进行一定的艺术加工。但建筑又不同于其他艺术，建筑艺术不能脱离空间的实用性，也不能超越技术上的可行性和经济上的合理性，建筑艺术性总是寓于建筑技术性之中。建筑所具有的这种双重属性——技术与艺术的综合，是建筑区别于其他工程技术的一个重要特征。

2. 设计工作

（1）设计工作在基本建设中的作用。

一项建筑工程，从拟订计划到建成使用，通常需要经历计划审批、基地选定、征用土地、勘测设计、施工安装、竣工验收、交付使用等步骤。这就是一般所说的“基本建设程序”。

由于建筑涉及功能、技术和艺术，同时又具有工程复杂、工种多、材料和劳力消耗量大、工期长等特点，在建设过程中需要多方面协调配合。因此，建筑物在建造之前，按照建设任务的要求，对在施工过程中和建成后的使用过程中可能发生的矛盾和问题，事先做好通盘的考虑，拟定出切实可行的实施方案，并用图纸和文件将它表达出来，作为施工的依据，这是一项十分重要的工作。这一工作过程通常称为“建筑工程设计”。

一项经过周密考虑的设计，不仅为施工过程中备料和工种配合提供依据，而且可使工程在建成之后显示出良好的经济效益、环境效益和社会效益。因此，可以说“设计是工程的灵魂”。

（2）建筑工程设计的内容与专业分工。

在科技日益发达的今天，建筑所包含的内容日益复杂，与建筑相关的学科也越来越多。一项建筑工程的设计工作常常涉及建筑、结构、给水、排水、暖气通风、电气、煤气、消防、自动控制等学科。因此，一项建筑工程设计需要多工种分工协作才能完成。

目前，我国的建筑工程设计通常由建筑设计、结构设计、设备设计三个专业工种组成。

（3）建筑设计的任务。

建筑设计作为整个建筑工程设计的组成之一，它的任务是：

①合理安排建筑内部各种使用功能和使用空间；

②协调建筑与周围环境、各种外部条件的关系；

③解决建筑内外空间的造型问题；

④采取合理的技术措施，选择适用的建筑材料；

⑤综合协调与各种设备相关的技术问题。

1.1.2 建筑设计的内容和过程

1. 建筑设计的阶段划分与内容

由于建造房屋是一个较为复杂的物质生产过程，影响房屋设计和建造的因素有很多，因此必须在施工前有一个完整的设计方案，综合考虑多种因素，编制出一整套设计施工图纸和文件。实践证明，遵循必要的设计程序，充分做好设计前的准备工作，划分必要的设计阶段，对提高建筑物的质量，多快好省地设计和建筑房屋是极为重要的。

房屋的设计，一般包括建筑设计、结构设计和设备设计等几部分，它们之间既有分工，又相互密切配合。由于建筑设计是建筑功能、工程技术和建筑艺术的综合，因此它必须综合考虑建筑、结构、设备等工种的要求，以及这些工程的相互联系和制约。设计人员必须贯彻执行建筑方针和政策，正确掌握建筑标准，重视调查研究和群众路线的工作方法。建筑设计还和城市建设、建筑施工、材料供应以及环境保护等部门的关系极为密切。

建筑设计一般分为初步设计和施工图设计两个阶段，对于大型的、比较复杂的工程，也有采用三个设计阶段，即在两个设计阶段之间还有一个技术设计阶段，用来深入解决各工种之间的协调等技术问题。

2. 建筑设计的过程及成果

建筑设计过程也就是学习和贯彻方针政策，不断进行调查研究，合理解决建筑物的功能、技术、经济和美观问题的过程。

现将各个设计阶段的具体工作及工作成果分述如下。

(1) 设计前的准备工作。

①熟悉设计任务书。

具体着手设计前，首先需要熟悉设计任务书，以明确建设项目的设计要求。设计任务书的内容有：

a. 建设项目总的要求和建造目的的说明；

b. 建筑物的具体使用要求、建筑面积以及各类用途房屋之间的面积分配；

c. 建设项目的总投资和单方造价，并说明土建费用、房屋设备费用以及道路等室外设施费用情况；

d. 建设基地范围、大小，周围原有建筑、道路、地段环境的描述，并附有地形测量图；

e. 供电、供水和采暖、空调等设备方面的要求，并附有水源、电源接用许可文件；

f. 设计期限和项目的建设进程要求。

设计人员应对照有关定额指标，校核任务书中单方造价、房间使用面积等内容。在设计过程中必须严格遵守建筑标准、用地范围、面积指标等有关限额。如果需要对任务书的内容做出补充或修改，须征得建设单位的同意；涉及用地、造价、使用面积的，还须经城建部门或主管部门批准。

②收集必要的设计原始数据。

通常建设单位提出的设计任务，主要是从使用要求、建设规模、造价和建设进度等方面考虑。房屋的设计和建造还需要收集下列有关原始数据和设计资料。

a. 气象资料：所在地区的温度、湿度、日照、雨雪、风向、风速，以及冻土深度等。

b. 基地地形及地质水文资料：基地地形标高，土壤种类及承载力，地下水位以及地震烈度等。

c. 水电等设备管线资料：基地地下水的给水、排水、电缆等管线布置，以及基地上的架空线等供电线路情况。

d. 与设计项目有关的定额指标：如住宅的每户面积或每人面积定额，学校教室的面积定额以及建筑用地、用材等指标。

③设计前的调查研究。

设计前调查研究的主要内容如下。

a. 建筑物的使用要求：深入访问使用单位中有实践经验的人员，认真调查同类已建房屋的实际使用情况，通过分析和总结，对所设计房屋的使用要求做到“胸中有数”。

b. 建筑材料供应和结构施工等技术条件：了解设计房屋所在地区建筑材料供应的品种、规格、价格等情况，预制混凝土制品以及门窗的种类和规格，新型建筑材料的性能、价格以及采用的可能性。结合房屋使用要求和建筑空间组合的特点，了解并分析不同结构方案的选型、当地施工技术和起重、运输等设备条件。

c. 基地踏勘：根据城建部门所划定的设计房屋基地的图纸进行现场踏勘，深入了解基地和周围环境的现状及历史沿革，核对已有资料与基地现状是否符

合，如有出入给予补充或修正。从基地的地形、方位、面积和形状等条件以及基地周围原有建筑、道路、绿化等多方面的因素，考虑拟建建筑物的位置和总平面布局的可能性。

d. 当地传统建筑经验和生活习惯：传统建筑中有许多结合当地地理、气候条件的设计布局和创作经验，根据拟建建筑物的具体情况，可以“取其精华”，以资借鉴。

④学习有关方针政策以及同类型设计的文字、图纸资料。

在设计准备过程以及各个阶段中，设计人员都需要认真学习并贯彻有关建设方针和政策，同时也需要学习并分析有关设计项目的国内外图纸、文字资料等设计经验。

（2）初步设计阶段。

初步设计是建筑设计的第一阶段，它的主要任务是提出设计方案，即在已定的基地范围内，按照设计任务书所拟的房屋使用要求，综合考虑技术经济条件和建筑艺术方面的要求，提出设计方案。

初步设计的内容包括确定建筑物的组合方式，选定所用建筑材料和结构方案，确定建筑物在基地的位置，说明设计意图，分析设计方案在技术、经济上的合理性，并提出概算书。初步设计的图纸和设计文件包括如下。

①建筑总平面图：其内容包括建筑物在基地上的位置、标高、道路、绿化以及基地上设施的布置和说明等，比例尺一般采用1∶500、1∶1000、1∶2000。

②各层平面及主要剖面、立面图：这些图纸应标出建筑的主要尺寸，房间的面积、高度以及门窗位置，部分室内家具和设备的布置等，比例尺一般采用1∶500～1∶200。

③说明书：应对设计方案的主要意图、主要结构方案及构造特点，以及主要技术经济指标等进行说明。

④建筑概算书。

⑤根据设计任务的需要，可能辅以建筑透视图或建筑模型。

建筑初步设计有时需要提供几个方案，送甲方及有关部门审议、比较后确定设计方案，这一方案批准下达后，便是下一阶段设计的依据文件。

（3）技术设计阶段。

技术设计是三阶段建筑设计时的中间阶段，它的主要任务是在初步设计的基础上，进一步确定房屋建筑设计各工种之间的技术协调原则。

（4）施工图设计阶段。

施工图设计是建筑设计的最后阶段。它的主要任务是按照实际施工要求，在初步设计或技术设计的基础上，综合建筑、结构、设备各工种，相互交底核实，深入了解材料供应、施工技术、设备等条件，把满足工程施工的各项具体要求反映在图纸中，做到整套图纸齐全统一，明确无误。

施工图设计的内容包括：确定全部工程尺寸和用料，绘制建筑、结构、设备等全部施工图纸，编制工程说明书、结构计算书和预算书。

施工图设计的图纸及设计文件包括如下。

①建筑总平面：比例尺一般采用1∶500，建筑基地范围较大时也可采用1∶1000；当比例尺采用1∶2000时，应详细标明基地上建筑物、道路、设施等所在位置的尺寸、标高，并附说明。

②各层建筑平面、各个立面及必要的剖面：比例尺一般采用1∶100、1∶200。

③建筑构造节点详图：主要为檐口、墙身和各构件的连接点，楼梯、门窗以及各部分的装饰大样等，根据需要可采用1∶1、1∶5、1∶10、1∶20等比例。

④各工种相应配套的施工图：如基础平面图和基础详图、楼板及屋面平面图和详图，结构施工图，给排水、电气照明以及暖气或空气调节等设备施工图。

⑤建筑、结构及设备等的说明书。

⑥结构及设备的计算书。

⑦工程预算书。

1.1.3 建筑设计的要求和依据

1. 建筑设计的要求

（1）满足建筑功能要求。

满足建筑物的功能要求，为人们的生产和生活活动创造良好的环境，是建筑设计的首要任务。例如设计学校，首先要考虑满足教学活动的需要，教室设置应分班合理，采光通风良好，同时还要合理安排备课、办公、贮藏和厕所等行政管理和辅助用房，并配置良好的体育场和室外活动场地等。

（2）采取合理的技术措施。

正确选用建筑材料，根据建筑空间组合的特点，选择合理的结构、施工方案，使房屋坚固耐久、建造方便。例如近年来，我国设计建造的一些覆盖面积较大的体育馆，由于屋顶采用钢网架空间结构和整体提升的施工方法，既节省了建筑物的用钢量，也缩短了施工期限。

(3) 具有良好的经济效益。

建造房屋是一个复杂的物质生产过程，需要大量人力、物力和财力，在房屋的设计和建造中，要因地制宜、就地取材，尽量做到节省劳动力，节约建筑材料和资金。设计和建造房屋要有周密的计划和核算，重视经济领域的客观规律，讲究经济效果。房屋设计的使用要求和技术措施要和相应的造价、建筑标准统一起来。

(4) 考虑建筑美观要求。

建筑物是社会的物质和文化财富，它在满足使用要求的同时，还需要考虑人们对建筑物在美观方面的要求，考虑建筑物所赋予人们精神上的感受。建筑设计要努力创造反映我国时代精神的建筑空间组合与建筑形象。历史上创造的具有时代印记和特色的各种建筑形象，往往是一个国家、一个民族文化传统宝库中的重要组成部分。

(5) 符合总体规划要求。

单体建筑是总体规划中的组成部分，单体建筑应符合总体规划提出的要求。建筑物的设计还要充分考虑和周围环境的关系，例如原有建筑的状况、道路的走向、基地面积大小及绿化和拟建建筑物的关系等。新设计的单体建筑应与基地形成协调的室外空间组合和良好的室外环境。

2. 建筑设计的依据

建筑设计是房屋建造过程中的一个重要环节，其工作是将有关设计任务的文字资料转变为图纸。在这个过程中，还必须贯彻国家的建筑方针和政策，并使建筑与当地的自然条件相适应。因此，建筑设计是一个渐次进行的科学决策过程，必须在一定的基础上有依据地进行。

现将建筑设计过程中所涉及的一些主要依据分述如下。

(1) 资料性依据。

建筑设计的资料性依据主要包括三个方面，即人体工程学、各种设计的规范和建筑模数制的有关规定。

(2) 条件性依据。

建筑设计的条件性依据，主要分为地质与气候条件两个方面。

①温度、湿度、日照、雨雪、风向、风速等气候条件。气候条件对建筑物的设计有较大影响。例如湿热地区，房屋设计要很好地考虑隔热、通风和遮阳等问题；干冷地区，通常又希望把房屋的体型尽可能设计得紧凑一些，以减少外围护面的散热，有利于室内采暖、保温。

日照和主导风向通常是确定房屋朝向和间距的主要因素，风速是高层建筑、电视塔等设计中考虑结构布置和建筑体型的重要因素，雨雪量的多少对选用屋顶形式和构造也有一定影响。在设计前，需要收集当地上述有关的气象资料，作为设计的依据。

②地形、地质条件和地震烈度。基地地形的平缓或起伏，基地的地质构成、土壤特性和地耐力的大小对建筑物的平面组合、结构布置和建筑体型都有明显的影响。坡度较陡的地形，常使房屋结合地形错层建造；复杂的地质条件，要求房屋的构成和基础的设置采取相应的结构构造措施。

地震烈度表示地面及房屋建筑遭受地震破坏的程度。抗震设防烈度在6度以下的地区，地震对建筑物的损坏影响较小。抗震设防烈度在9度以上的地区，由于地震过于强烈，从经济因素及耗用材料考虑，除特殊情况外，一般应尽可能避免在这些地区建设。房屋抗震设防的重点是指抗震设防烈度为6～9度的地区。

（3）文件性依据。

建筑设计的依据文件如下。

①主管部门有关建设任务使用要求、建筑面积、单方造价和总投资的批文以及国家有关部、委或各省、市、地区规定的有关设计定额和指标。

②工程设计任务书：由建设单位根据使用要求，提出各种房间的用途、面积大小以及其他的一些要求，工程设计的具体内容、面积建筑标准等都需要和主管部门的批文相符合。

③城建部门同意设计的批文：内容包括用地范围（常用红线划定）以及有关规划、环境等城镇建设对拟建房屋的要求。

④委托设计工程项目表：建设单位根据有关批文向设计单位正式办理委托设计的手续。规模较大的工程常采用投标方式，委托得标单位进行设计。

设计人员根据上述设计的有关文件，通过调查研究，收集必要的原始数据

和勘测设计资料，综合考虑总体规划、基地环境、功能要求、结构施工、材料设备、建筑经济以及建筑艺术等方面的问题，进行设计并绘制成建筑图纸，编写主要设计意图说明书，其他工种也相应设计并绘制各类图纸，编制各工种的计算书、说明书以及概算和预算书。上述整套设计图纸和文件便成为房屋施工的依据。

1.2 建筑工程施工技术概论

1.2.1 建筑施工特点

随着建筑施工工程的不断增多，高空作业作为建筑施工工程的主体也逐渐增多，高空作业的技术难度及其复杂程度也不断增强，建设工程施工过程中任何细节问题都可能导致严重的后果，因此，需要密切注意，以下对相关问题进行了详细说明。

1. 建筑工程的施工环节较多

建筑施工从地基开始到施工完成，有着需要的材料设备多、工作人员数量巨大、施工技术复杂、施工难度大、工期长等特点，加上建筑楼层较多，大多都是高空作业，更加提升了施工的难度和复杂度。高空作业相对于地面工作，其危险程度急剧升高，施工的安全问题就值得我们高度重视。

因此，应特别注意高空作业所需的材料质量，工作中的器械设备等需要定期检查其性能；在人员的输送过程中做好建筑人员安全保护措施，以保证施工人员的人身安全以及建筑施工的质量。

2. 建筑施工结构的工程量大

目前，建筑施工低则几十米，高则几百米，其规模巨大，有些甚至需要耗费几百位工作人员多年进行施工建造，其工程量大，技术难度、复杂程度可想而知。大部分建筑施工工程由于其工程量大，不可能各个环节按部就班地进行，为保证在计划工期中顺利完成工作，会根据实际情况出现多个项目同时工作的现象。一旦施工规划不够完善，人员没有做好调整，建筑工程管理工作没有做好，容易导致设计好的施工计划与实际情况严重不符，进而导致各个项目

工程可能出现施工滞后、窝工等情况，进而影响整个建筑施工工程的顺利进行，其质量也得不到保障。因此，在建筑施工过程中必须事先做好项目规划、人员调整和施工的严格管理，在设计过程中考虑多种可能发生的状况，保证出现各种问题时能够及时解决。

房屋建筑工程有着较大的工程量和建筑体量。在某些房屋建筑施工中，通常采取的是边设计、边施工、边准备的施工方法。

3. 建筑施工地基的深度加大

相对传统低层建筑而言，房屋建筑施工的楼层较多，高度较高，体积较大，因而，地基所需要承受的压力更大。为保证建筑施工的稳定性，必须加深建筑的地基，根据建筑相关技术标准规定，需保证地基基础的深度不低于建筑高度的1/12，建筑施工过程中除严格遵守该规定，还需对建筑地区进行实地测量及考察，根据地质具体情况进行合理调整。

房屋建筑工程应满足整体稳定性的要求，因此，埋置地基的深度也要满足相关要求。通常房屋建筑工程的基础埋置的深度至少要在地面以下5 m；这使得深基础支护开挖成为房屋建筑工程施工的一大重点。

4. 建筑施工周期长

随着科学技术的不断发展，建筑施工技术水平也得到不断提高，然而，尽管技术获得提升，由于建筑施工工程的规模庞大，技术过于复杂，目前最快完成的建筑施工工程也需耗费大量时间，在提高施工速度的同时还需要保证施工的安全性，需要对建筑工程的施工设计进行不断完善，对各施工环节进行合理规划，对施工人员进行协调管理，以保证各阶段工作快速高效进行。

通常而言，多层建筑每栋所需要的平均施工工期为10个月，而高层房屋建筑工程所需要的平均施工工期大约为2年。这样就出现季节性施工，比如冬季施工、夏季施工等。

5. 建筑结构施工的技术水平高

建筑结构施工设计的要求极高，其中以现浇钢筋混凝土尤为突出，现浇钢筋混凝土涉及钢筋的连接技术、模板的加工技术，以及高性能钢筋混凝土技术等，这些技术问题既是建筑结构工程施工中的重点也是难点。

1.2.2 建筑施工技术发展概况

新中国成立初期，随着国民经济的恢复和发展，我国的建筑施工技术有了很大进步。第一个五年计划期间，我国进行了156项重点工程建设；在1958—1959年间北京建造了人民大会堂、北京火车站、民族文化宫等十大建筑。20世纪六七十年代，受国家经济困难的影响，建筑业出现低潮，企业发展萎缩。20世纪80年代，我国实行改革开放政策，建筑业在我国出现了突飞猛进的发展，从而带动了建筑施工技术的大发展。全国包括上海、广州、深圳等大城市及许多中型城市的建筑面积都发生了日新月异的变化，即使在一般县级城市，高层建筑和标志性建筑也都纷纷拔地而起。

建筑业泛指从事建筑安装工程施工的物质生产部门。作为国民经济的基础产业，建筑业及其发展支持和带动着其他产业门类的发展，其基础和内生变量的建筑技术及其进步，支持和推动着建筑业乃至整个国民经济的发展，无论是技术、质量、工期都可以与国外同类工程相媲美。

1. 我国建筑施工技术的发展

我国建筑施工技术、施工水平的发展，主要表现在以下几个方面。

(1) 建筑基础工程施工技术有了较大的进步。

实现了土方机械化施工（包括挖运及回填）；解决了桩基和大体积混凝土的施工问题；研究和开发了深基坑的多种支护新技术，如土钉墙、地下连续墙和逆作法施工等。

①地基加固技术。

在地基处理方面，我国根据土质条件、加固材料和工艺特点，充分吸收消化了国外软土地基加固的新工艺，研究开发出具有中国特色的多种复合地基加固方法。按照加固机理大体分为以下四种。

一是压密固结法，如强夯、降水压密、真空预压、吹填造地等，适用于大面积松软地基处理。

二是加筋体复合地基处理，如砂桩、碎石桩、水泥粉煤灰碎石桩、夯实水泥土桩、水泥土搅拌桩等，该方法应用范围广，已成为地基加固的主体。

三是换填垫层法，如砂石垫层、灰土垫层等，适用范围较小。

四是浆液加固法，如水泥注浆、化学注浆等，主要用于既有建筑地基的加固处理。

②桩基础施工技术。

随着高层建筑的发展，桩基础的施工技术得到了完善和发展。预制桩向预应力管桩方向发展。现浇灌注桩的承载力高，施工振动噪声小，造价低，应用量迅速增长。为提高单桩承载力，已逐步向1.0 m以上的大直径灌注桩方向发展，成桩直径最大可达3 m，桩长达104 m，承载力超过10000 kg。在地下水水位高的地方采用泥浆护壁，水下浇筑混凝土。为确保灌注桩的质量，必须解决好桩尖虚土和颈缩问题，目前正在推广和应用桩底、桩侧后注浆技术并与超声检测技术相结合。

③深基坑工程施工技术。

近年来，我国基坑支护形式呈现多样化，像发达国家采用的一些传统支护形式如地下连续墙、切割型混凝土排桩、水泥土型钢排桩已在使用。软土地区，深基坑多采用地下连续墙和排桩加混凝土内支撑，新型水泥土搅拌桩墙（soil mixing wall，SMW）工法也已起步；深层搅拌重力式支挡和搅拌桩与灌注桩组合型支挡应用于中浅基坑。内陆非软土地区，排桩加锚杆较普遍；经济有效的土钉支护近年来推广很快，不仅用于非软土地区，而且管式土钉也开始在软土地区应用。

a.模板技术推陈出新，有了较大的发展。如用于一般工程施工的中型组合钢模板、钢框木（竹）胶合板，用于高层、超高层结构施工的大模板、滑模和爬模等成套模板工艺，以及用于现浇梁板结构施工的早拆模板体系等。

b.粗钢筋连接技术有了新的突破。如闪光对焊、电渣压力焊和气压焊等焊接技术，以及套筒挤压连接和直螺纹连接技术等。

c.混凝土施工机械化水平和预拌混凝土技术有了迅速发展。如混凝土搅拌运输车、混凝土输送泵和混凝土布料杆等施工机械和高强度、高性能混凝土的使用。混凝土是工程结构最重要的材料，我国混凝土技术经历了由低强到高强、由干态到流态的发展过程；混凝土的生产技术也由人工计量、分散搅拌到计算机控制、计量的搅拌站集中拌制。混凝土技术将从以强度为中心过渡到以耐久性为追求目标的高性能多功能方向发展，技术进步成绩巨大。

混凝土原材料的发展，促进了混凝土性能的改善和提高，预拌混凝土发展迅速。现场分散拌制的混凝土，强度离散性大，质量难以保证。搅拌站采用机械上料，计算机控制和管理，并使用外加剂和掺合料，搅拌车运送，泵送入模，使混凝土工程质量有了可靠的保证。高强度、高性能混凝土发展步伐加

快。为防治碱集料反应，人们开始关注耐久性问题。

d.装饰、防水工程得到迅速发展。如在装饰装修工程中采用的玻璃幕墙、石材幕墙、金属幕墙、清水混凝土等施工工艺，在防水工程中采用的聚合物改性沥青防水卷材、合成高分子防水卷材、防水涂料等新材料和防水新工艺。

过去，我国的屋面防水材料主要是沥青油毡和细石混凝土。目前，新型防水材料层出不穷，特别是高分子化学材料在防水工程中的应用，把建筑防水技术推上了一个新的台阶。建筑防水材料发展迅速，品种已达80多种。产品可分为沥青防水卷材、高分子片材、防水涂料和胶结密封材料四大类。依据新型防水材料的特点，也开发了一些新工艺、技术和设备，有的已形成工法，如热熔工法、冷粘贴工法、高频热焊工法以及松铺、点贴、条贴、机械固定等新的施工方法。

(2) 装饰材料的发展促进了装饰施工技术。

吊顶方面，轻钢龙骨、铝合金龙骨等已普及，而罩面材料更有石膏、塑料、金属等罩面板。饰面方面，彩色釉面砖、陶瓷锦砖等应用较多，胶黏剂品种繁多，可视需要选用；大理石、花岗岩的干挂柔性连接施工工艺使质量得到进一步提高。涂料的发展更是日新月异，施工方法有喷涂、滚涂、刷涂、弹涂等方法，可取得不同质感。明框和隐框玻璃幕墙近年在我国发展速度甚快，为规范其设计、材料、施工和质量要求，我国已颁布了有关规程，施工和检验技术水平亦有很大提高。

(3) 钢结构施工技术接近或达到国际先进水平。

如大型塔式起重机的使用，使3层一节的钢柱得以吊装就位，高强度螺栓连接代替部分焊接，成为钢结构安装的主要手段之一。

在建筑工程领域，钢结构以其独特的优越性，特别是高层、超高层、轻型钢结构、大跨度空间结构等，因施工速度快、节约环保、综合经济技术指标佳、建筑造型美观、抗震性能好等被越来越广泛重视和应用。我国钢结构的施工水平发展很快，已能独立承建一些超高层和大跨度空间结构。

大空间钢结构中以钢管为杆件的球节点平板网架、多层变截面网架及网壳等是我国空间钢结构用量最大的结构形式，施工技术已达到国际先进水平。轻钢结构具有重量轻、强度高、安装速度快等优点，也已大量使用。此外，钢结构的吊装、连接和防护技术也已达到了很高的水平。

(4) 现代科学技术已在高层建筑施工中逐步得到应用。

如采用激光技术作导向进行对中和测量，采用计算机技术进行土方开挖监测、大体积混凝土施工中的测温以及滑模施工中的精度控制等。

计算机用于施工企业始于1975年的工程预算软件。现在概预算软件已成功应用CAD（computer aided design，计算机辅助设计）技术将平、立面图等数据输入并自动计算工程量。工程网络计划软件亦应用较早较多，目前水平与国外基本相当。还开发有工程投标报价系统、物资管理信息系统、智能化项目管理软件、施工平面图绘制软件、工程成本管理软件，以及财务、统计、劳动力管理、质量管理、文档资料等软件。

在施工技术方面，从20世纪80年代后期已开始引入计算机技术，如微机控制混凝土搅拌、大体积混凝土测温、高层建筑垂直偏差测量控制、施工组织设计编制、试验数据自动采集等。

（5）墙体施工与脚手架技术。

砖墙砌筑属于传统施工技术，在今天仍大量使用，为了节约资源、减少实心黏土砖的用量，我国近年来积极进行墙体施工技术改革，发展混凝土小型砌块，在提高隔热保温性能，解决墙体渗、漏、裂等方面已取得显著成效。建筑脚手架亦是建筑施工中的重要工具。

2. 建筑技术的发展趋势

以最小的代价谋求经济效益与生态环境效益的最大化，是现代建筑技术活动的基本原则。在这一原则的规范下，现代建筑技术的发展呈现出一系列重要趋势，剖析和揭示这些发展趋势有助于认识和推动建筑技术的进步。

（1）高技术化发展趋势。

建筑施工技术的高技术化发展基本的表现形式是新技术革命成果向建筑领域的进行全方位和多层次渗透，凸显了技术运动的现代特征。这样的渗透推动着建筑施工技术体系内涵与外延的快速拓展。出现了功能多元化、驱动电力化、布局集约化、控制智能化、操作机械化、结构精密化、运转长寿化的高新技术化发展趋势。

新技术是建筑施工高技术化发展的一个基本形式，主要包括空间结构技术、建筑节能技术、地下空间技术等。尤其是计算机的应用大大提高了建筑施工工程的建设、信息服务和科学管理的水平。

（2）生态化发展趋势。

生态化促使建材技术向开发高质量、低消耗、长寿命、高性能、生产与废弃后的降解过程对环境影响最小的建筑材料方向发展；要求建筑设计目标、设

计过程以及建筑工程的未来运行，都必须考虑对生态环境的消极影响，尽量选用低污染、耗能少的建筑材料与技术设备，提高建筑物的使用寿命，力求使建筑物与周围生态环境和谐一致。

建筑施工设计的目标，设计的进程和施工的整个过程，都必须考虑到对生态环境的影响，尽量减少污染，减少能量的消耗，选择适当环保的建筑材料和技术设备。建筑材料的开发也必须考虑到生态因素，向低消耗、低污染、长寿命、性能完善和废弃物影响程度小的方向去设计发展，来提高建筑物的寿命，并且与周围生态和谐共存。

（3）工业化发展趋势。

工业化是当代建筑施工行业的一个主要的发展方向，它力图把互换性和流水线引入建筑活动中，以标准化的要求提高劳动生产率来加快建设速度，提高经济效益和社会效益。

建筑施工技术的工业化是以科技为先导，采用最为先进的技术、工艺、设备，不断提高建筑施工的标准水平，优化资源配置，实行科学管理的方案。

（4）复杂化发展趋势。

随着建筑业的发展，传统的地质勘查、机械制造、冶金、运输、园艺等实践活动不断渗透到建筑领域。其相应的技术形态也被逐步纳入建筑技术体系，使建筑技术的外延得以扩展，体现了建筑技术的包容性与综合性。

复杂化是建筑技术综合性、动态性累积的必然结果。随着我国经济的不断增长，各个行业也处于日新月异的发展之中。作为从事建筑安装工程施工的物质生产部门的建筑业不仅仅是我国国民经济的基础，它也带动和支持着其他产业部门的发展。随着科学技术的不断提高，建筑业也在不断地走向创新的道路。近年来，新技术的出现和新工艺的产生给建筑业带来巨大冲击，也产生了巨大的推动力，促使我国的建筑施工技术有了新的发展。

复杂性是建筑施工技术综合性和包容性积累的结果。目前，我国的建筑业处于迅猛发展的阶段，传统的机械制造、运输、园艺、地质勘查、冶金等活动也不断被应用于建筑施工设计中。因此，这些外沿学科的相应的技术形态也被纳入建筑技术体系，无限扩张了建筑施工技术的外延，体现了建筑施工技术的包容性和综合性。

3. 我国建筑施工技术的发展进程

（1）建筑施工机械化水平的提高。

早期存在于施工现场的运输方式通常是依靠扁担和人工搬运的。到了20世纪60年代，水平作业开始由扁担转变为手推车的形式，而垂直作业开始由人工搬运转变为井架卷扬机运输。20世纪70年代初期，有些公司已经尝试使用自制的塔式起重机，但是由于条件限制，一直到70年代中期才开始推广和使用起来，水平作业也被“翻斗车”所替代。直到进入20世纪80年代的中后期，施工现场已经基本实现水平运输机械化。

（2）工厂化、专业化施工都在迅速发展。

我国的建筑业早期基本模式都是一个综合性的施工团队承包相关的工程，但是社会效果较差。随着经济全球化和专业化施工的不断深入，专业化的公司在20世纪90年代后不断地应运而生，因此工厂式的施工水平不断提高，分包项目也不断增多。目前大的工程可分为几十个分包工程，这样的模式取得了更好的社会效果，使我国的建筑业逐步走向辉煌。

商品混凝土的快速发展为现代的建筑施工做出了重要的贡献，到现在已经逐渐演变为内外墙体全面浇筑施工，楼板也取消预制而采用现浇的方法施工。这种钢筋混凝土全面现浇剪力墙结构体系，在各类建筑施工中得到广泛应用。预拌混凝土和泵送技术的进一步发展，更加体现了施工技术的专业化、现代化，是发展工业化施工的一条重要的途径。

（3）施工模板的发展。

20世纪90年代初期，在减少了模板的拼缝架构之后，钢筋混凝土构件表面的平整度得到了保证。随后又将木面板改成全钢定型组合模板，以弥补木面板容易变形和钢框接合不牢的问题，并且沿用至今。随着项目管理水平的提高，由木质多层板及方木制作的模板应运而生，其可以获取更好的经济效益，并且方便实用。20世纪80年代中期，现浇楼板模板的立柱就普遍采用钢管的形式，90年代后期还采用了一种“飞模”的施工工艺，都得到了广泛的应用。

（4）装饰工程的创新。

装饰工程既涉及施工技术问题，还涉及装饰材料的生产问题。20世纪50—70年代，勾缝或水泥抹灰打底，面层为水刷石、干粘石或少量剁斧石被应用于多层混合结构中。70年代以后，高层建筑增多，干粘石替代了水刷石。80年代后，水刷石也被各种涂料和面砖替代。随着经济的发展，石材饰面也在80年代中期开始出现。

除此之外，内墙的装饰也在快速发展，20世纪90年代之前的水泥地面已经不常用到，更多的是采用地板、石材和地砖。20世纪80年代曾经出现贴墙

纸的高潮，后来出现了更多的选择。吊顶装饰多用于公共建筑，石材建筑多用于豪华的公共场所，室内装饰也逐渐转变为以人造光面石材为主。

（5）绿色建筑施工理念。

我国于20世纪90年代开始贯彻执行建筑节能的技术政策。20世纪90年代中期，“外墙内保温”因施工比较方便而得到广泛采用，但是21世纪初，其弊端显露较多，于是改用“外墙外保温”的施工技术。但是这种保温技术至今还处于探索阶段，还未达到很满意的效果。同时，施工技术引入绿色环保理念，节能、节水、节材和环保也逐渐被重视并应用于施工之中。

第2章　建筑平面设计

2.1　建筑平面设计概述

1. 建筑平面的形成

建筑平面表示建筑物在水平方向各部分的组合关系，并集中反映建筑物的使用功能关系，是建筑设计中的重要一环。因此，从学习和叙述的先后考虑，建筑设计首先从建筑平面设计的分析入手。但是在平面设计过程中，还需要从建筑三度空间的整体来考虑，紧密联系建筑剖面和立面，调整修改平面设计，最终达到平、立、剖面的协调统一。

建筑平面图是建筑设计的基本图样之一，也是建筑师的专业语言之一。设计阶段不同，建筑平面图所表达的内容和深度也不相同，同样，图纸的比例不同，建筑平面图所表现的内容和深度也有所区别。但是，不论处于何种阶段和采用哪种比例，建筑平面图所表达的基本内容是永远不变的，那就是对立体空间的反映，而不单纯是平面构成的体系。

建筑平面图，一般的理解是用一个假想的水平切面在一定的高度位置（通常是窗台高度以上，门洞高度以下）将房屋剖切后，做切面以下部分的水平面投影图。其中，剖切到的房屋轮廓实体以及房屋内部的墙、柱等实体截面用粗实线表示，其余可见的实体，如窗台、窗玻璃、门扇、半高的墙体、栏杆以及地面上的台阶踏步、水池及花池的边缘甚至室内家具等实体的轮廓线则用细实线表示，如图2.1所示。

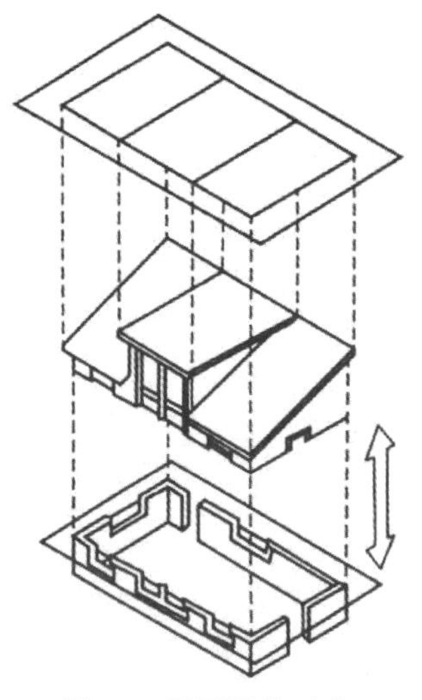

图2.1　平面图的形成

2. 建筑平面组成及建筑面积

民用建筑设计所包含的空间设计可划分为主要使用房间的设计、辅助使用房间的设

计以及交通联系空间的设计三大部分。

主要使用房间通常是指在建筑中起主导作用，决定建筑物性质的房间。民用建筑的使用房间随建筑功能的变化而变化，虽在一定程度上增加了平面设计的难度，但也为设计的多样化提供了条件。

辅助使用房间主要是为房间的使用者提供服务，属于建筑物的次要部分，如卫生间、厨房、库房、配电房、机房等。

交通联系空间是联系建筑内部各房间之间、楼层之间和建筑内外的交通设施，它承担平时交通和紧急情况下疏散的任务，在设计时应慎重对待。交通联系部分主要由走廊、楼梯、门厅、过厅、电梯及自动扶梯等组成。

建筑面积由使用部分面积、交通联系部分面积、房屋结构构件所占面积三部分组成。使用部分面积是指除交通面积和结构面积之外的所有空间面积之和，包括主要使用房间和辅助使用房间的面积。交通联系部分面积称为交通系统所占的面积。房屋结构构件具有承重、围护和分隔的作用，是建筑平面的重要组成部分。在平面上主要有墙体、柱子等，这些构件也占有一定的面积。

建筑平面利用系数（K）：数值上等于使用面积与建筑面积的百分比，见式（2.1）。

$$K=\frac{\text{使用面积}}{\text{建筑面积}}\times 100\% \tag{2.1}$$

式中：使用面积是指除交通面积和结构面积之外的所有空间面积之和；建筑面积是指外墙包围的各楼层面积总和。

2.2　空间的平面设计

各种类型的建筑空间按使用功能一般可以划分为主要使用空（房）间、辅助使用空（房）间和交通联系空间，通过交通联系空间将主要使用空（房）间和辅助使用空（房）间连成一个有机的整体。主要使用空（房）间，如住宅中的起居室、卧室，学校建筑中的教室、实验室等；辅助使用空（房）间，如厨房、厕所、储藏室等。交通联系空间是建筑物中各个房间之间、楼层之间和房间内外联系通行的面积，即各类建筑物中的走廊、门厅、过厅、楼梯、坡道，以及电梯和自动扶梯等所占的面积。

2.2.1 主要使用房间的设计

1. 主要使用房间的分类

按房间的使用功能要求来分，主要使用房间主要有如下几类。

（1）生活用房间。

如住宅的起居室、卧室；宿舍和宾馆的客房等。

（2）工作、学习用房间。

如各类建筑中的办公室、值班室；学校中的教室、实验室等。

（3）公共活动房间。

如商场中的营业厅；剧场、影院的观众厅、休息厅等。

上述各类房间的要求不同，如生活、工作和学习用房间要求安静、朝向好；公共活动房间人流比较集中，因此室内活动组织和交通组织比较重要，特别是人员的疏散问题较为突出。

2. 主要使用房间的设计要求

（1）房间的面积、形状和尺寸要满足室内使用、活动和家具、设备的布置要求。

（2）门窗的大小和位置，必须使出入房间方便，疏散安全，采光、通风良好。

（3）房间的构成应使结构布置合理、施工方便，要有利于房间之间的组合，所用材料要符合建筑标准。

（4）要考虑人们的审美要求。

3. 房间面积的确定

房间面积与使用人数有关。通常情况下，人均使用面积应按有关建筑设计规范确定。下面是住宅建筑、办公楼、中小学、幼儿园的一些面积指标。

（1）住宅建筑。

根据《住宅设计规范》（GB 50096—2011），住宅套型及房间的使用面积应不小于表2.1的规定。

表2.1 住宅套型及房间的使用面积

套型及房间	使用面积不应小于/m^2
由卧室、起居室（厅）、厨房和卫生间等组成的住宅套型	30
由兼起居的卧室、厨房和卫生间等组成的住宅最小套型	22
双人卧室	9
单人卧室	5
起居室（厅）	10
由卧室、起居室（厅）、厨房和卫生间等组成的住宅套型的厨房	4
由兼起居的卧室、厨房和卫生间等组成的住宅最小套型的厨房	3.5
设便器、洗面器的卫生间	1.8
设便器、洗浴器的卫生间	2
设洗面器、洗浴器的卫生间	2
设洗面器、洗衣机的卫生间	1.8

（2）办公楼。

办公楼中的办公室按人均3.5 m^2使用面积考虑，会议室按有会议桌每人1.8 m^2、无会议桌每人0.8 m^2使用面积计算。

（3）中小学。

中小学中各类房间的使用面积指标分别是：普通教室为1.1～1.2 m^2/人、实验室为1.8 m^2/人、自然教室为1.57 m^2/人、史地教室为1.8 m^2/人、美术教室为1.57～1.80 m^2/人、计算机教室为1.57～1.80 m^2/人、合班教室为1.0 m^2/人。

（4）幼儿园。

幼儿园中活动室的使用面积为50 m^2/班，寝室的使用面积为50 m^2/班，卫生间为15 m^2/班，储藏室为9 m^2/班，音体活动室为150 m^2，医务保健室为12 m^2/班，厨房使用面积为100 m^2左右。

4. 房间的形状和尺寸

影响房间的平面形状和尺寸的主要因素有室内使用活动特点、家具布置方式以及采光、通风等。除此之外，有时还要考虑人们对室内空间的直观感觉。住宅的卧室、起居室，学校建筑的教室、宿舍等，大多采用矩形平面的房间。

在决定矩形平面的尺寸时，应注意宽度及长度尺寸必须满足使用要求和符合模数的规定。以普通教室为例，第一排座位距黑板的最小距离为2 m，最后一排座位距黑板的距离应不大于8.5 m，前排边座与黑板远端夹角控制在不小于30°，且必须注意从左侧采光。另外，教室宽度必须满足家具设备和使用空间的要求，常用6.0 m×9 m～6.6 m×9.9 m等规格。办公室、住宅卧室等房间，一般采用沿外墙短向布置的矩形平面，这是综合考虑家具布置、房间组合、技术经济条件和节约用地等多方面因素决定的。常用开间进深尺寸为2.7 m×3 m，3 m×3.9 m，3.3 m×4.2 m，3.6 m×4.5 m，3.6 m×4.8 m，3 m×5.4 m，3.6 m×5.4 m，3.6 m×6.0 m等。

剧院观众厅、体育馆比赛大厅，由于使用人数多，有视听和疏散要求，常采用较复杂的平面，这种平面以大厅为主，附属房间多分布在大厅周围。

5. 门窗在房间平面中的布置

（1）门的宽度、数量和开启方式。

①门的最小宽度取决于通行人流股数、需要通过门的家具及设备的大小等因素。如住宅中，卧室、起居室等生活房间，门的最小宽度为900 mm；厨房、厕所等辅助房间，门的最小宽度为700 mm（上述门宽尺寸均是洞口尺寸）。

②室内面积较大、活动人数较多的房间，必须相应增加门的宽度或门的数量。当室内人数多于50人，房间面积大于60 m^2时，按《建筑设计防火规范（2018年版）》（GB 50016—2014）规定，最少应设两个门，并放在房间的两端。对于人流较大的公共房间，考虑到疏散的要求，门的宽度一般按每100人取600 mm计算。门扇的数量与门洞尺寸有关，一般1000 mm以下的设单扇门，1200～1800 mm的设双扇门，2400 mm以上的宜设四扇门。

③门的开启方式。一般房间的门宜内开；影剧场、体育馆观众厅的疏散门必须外开；会议室、建筑物出入口的门宜做成双向开启的弹簧门。门的安装应以不影响使用为前提，门边垛最小尺寸应不小于240 mm。

（2）窗的大小和位置。窗在建筑中的主要作用是采光与通风。其大小可按采光面积比确定。采光面积比是指窗口透光部分的面积和房间地面面积的比值，其数值必须满足表2.2的要求。

表2.2　民用建筑中各类房间的采光等级和采光面积比

采光等级	采光工作特征		房间名称	天然照度系数	采光面积比
	工作或活动要求的精确程度	要求识别的最小尺寸/mm			
Ⅰ	极精密	<0.2	绘画室、制图室、画廊、手术室	5～7	1/5～1/3
Ⅱ	精密	0.2～1	阅览室、医务室、专业实验室	3～5	1/6～1/4
Ⅲ	中等精密	1～10	办公室、会议室、营业厅	2～3	1/8～1/6
Ⅳ	粗糙	>10	观众厅、休息厅、厕所等	1～2	1/10～1/8
Ⅴ	极粗糙	—	储藏室、门厅走廊、楼梯间	0.25～1	1/10以下

为满足室内通风要求，应尽量做到有自然通风，一般可将窗与窗或窗与门对正布置。

2.2.2　辅助房间的平面设计

辅助房间的设计原理和方法与主要房间的基本相同，但对于室内有固定设备的辅助房间，如厕所、盥洗室、浴室和厨房等，通常由固定设备的类型、数量和布置来控制空间的形式。

1. 公共卫生用房设计

公共卫生用房主要包括厕所、盥洗室、浴室等。这些空间可以单独设置，也可共同布置，形成公共卫生间。

（1）厕所设计。

①卫生设备的类型：主要有大便器、小便器及洗手盆和污水池等。

②卫生设备的数量：根据使用人数以及建筑物的类型，按相应的建筑设计规范中规定的设备个数指标计算确定。

③卫生设备的布置：根据卫生设备的类型和数量，考虑使用和管道布置等方面的要求，进行卫生设备的布置。

④厕所的平面尺寸示例如图2.2所示。

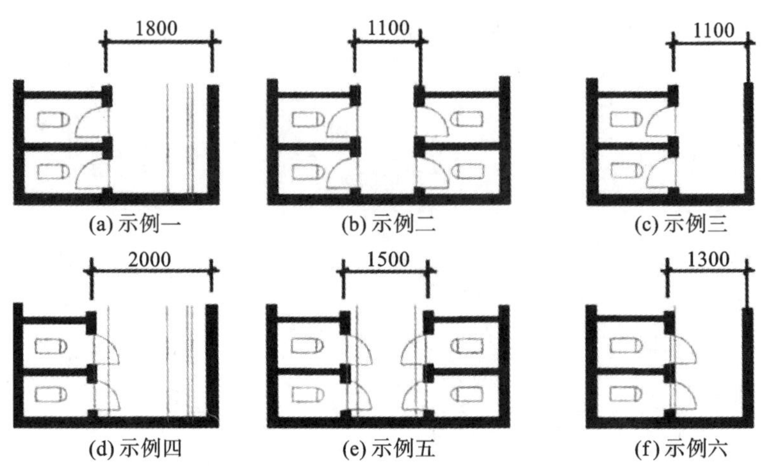

(a) 示例一 (b) 示例二 (c) 示例三
(d) 示例四 (e) 示例五 (f) 示例六

图 2.2 厕所的平面尺寸（单位：mm）

⑤厕所的平面位置：厕所应布置在建筑物中隐蔽且方便使用的位置，宜与走道、楼梯、大厅等交通部分相联系，如布置在建筑物的转角处、走道的端部等靠近楼梯或出入口的位置。使用量大的厕所应有天然采光和不向邻室对流的直接自然通风，并尽量利用较差的朝向，以保证主要房间有较好的朝向。供少数人使用的厕所可间接采光或采用人工照明，但应考虑设置排气设备，以确保厕所内的空气清新。男女厕所常并排布置，并宜与盥洗室、浴室毗邻。在建筑物中的位置应上下对齐，以节约管道和方便施工。

（2）盥洗室、浴室设计。

盥洗室的卫生设备主要是洗脸盆或盥洗槽，具体的类型、数量按建筑标准和使用人数来配备。浴室的主要设备是淋浴器，此外，还需设置存衣、更衣设备，设备的数量与使用人数有关。盥洗室、浴室的平面尺寸可根据卫生设备的尺寸、数量、布置及人体活动尺度来确定。

2. 专用卫生用房设计

专用卫生用房常用于住宅及标准较高的旅馆客房、医院和疗养院的病房等。室内的卫生设备主要有坐式大便器、洗脸盆和浴缸等。

专用卫生用房主要根据卫生设备的布置形式、尺寸及人体活动所需尺度确定平面尺寸。卫生设备的布置应使管线集中，并保证室内有足够的活动面积，同时需考虑维修方便。卫生间可沿内墙布置，采用人工照明和通风道通风，亦可沿外墙布置，采用直接采光和自然通风。

3. 专用厨房设计

专用厨房是指住宅、公寓等建筑中每户使用的厨房。厨房的主要功能是炊事，有些还兼有进餐功能。厨房应设置炉灶、洗涤池、案台及排油烟机等设备，其平面布置形式主要有单排、双排、“L”形、“U”形。

厨房设计应满足三个方面的要求：一是有足够的面积，以满足设备布置和操作要求；二是设备布置应符合炊事操作流程，并保证必要的操作空间；三是厨房应有直接采光和自然通风，并宜布置在靠近户门且朝向较差的位置。

2.2.3　交通联系空间的设计

一幢建筑物除具有满足使用功能的各种房间外，还需要有交通联系空间把各个房间之间以及室内外空间联系起来。建筑物内部的交通联系空间包括：水平交通空间——过道（走廊）；垂直交通空间——楼梯、电梯、自动扶梯、坡道；交通枢纽空间——门厅、过厅等。

1. 交通联系空间设计总的要求

（1）交通路线简洁明确，人流通畅，联系通行方便。

（2）紧急疏散时迅速、安全。

（3）满足一定的采光、通风要求。

（4）力求节省交通面积，同时综合考虑空间造型问题。

2. 各种交通联系空间平面设计的具体要求

（1）过道（走廊）。

过道必须满足人流通畅和建筑防火的要求。单股人流的通行宽度为550～600 mm。例如，住宅中的过道，考虑到搬运家具的要求，最小宽度应为1100～1200 mm。根据不同建筑类型的使用特点，过道除了用作交通联系，也可以兼有其他的使用功能。例如，学校教学楼中的过道，兼有学生课间休息活动的功能；医院门诊部分的过道，兼有病人候诊的功能。除了按交通要求设计，过道宽度还要根据建筑物的耐火等级、层数和过道中通行人数的多少决定。

民用建筑常用走道宽度如下：当走道两侧布置房间时，学校为2.10～3.00

m，门诊部为2.40～3.00 m，办公楼为2.10～2.40 m，旅馆为1.50～2.10 m；作为局部连系或住宅内部走道宽度不应小于0.90 m；当走道一侧布置房间时，走道的宽度应相应减小。

走道的采光和通风主要为天然采光和自然通风。外走道由于只有一侧布置房间，可以获得较好的采光、通风效果。内走道由于两侧均布置有房间，如果设计不当，就会造成光线不足、通风较差，一般通过走道尽端开窗，利用楼梯间、门厅或走道两侧房间设高窗来解决。

（2）楼梯。

楼梯是多层建筑中常用的垂直交通联系手段，应根据使用要求选择合适的形式、布置适当的位置，根据使用性质、人流通行情况及防火规范，综合确定楼梯的宽度及数量，并根据使用对象和使用场合选择最舒适的坡度。

一般供单人通行的楼梯宽度应不小于850 mm，双人通行为1100～1200 mm。一般民用建筑楼梯的最小净宽应满足两股人流疏散要求，但住宅内部楼梯可减小到850～900 mm。

（3）门厅、过厅。

①门厅。

门厅作为交通枢纽，其主要作用是接纳、分配人流，室内外空间过渡及各方面交通（过道、楼梯等）的衔接。同时，根据建筑物使用性质不同，门厅还兼有其他功能，如医院门厅常设挂号、收货、取药的房间，旅馆门厅兼有休息、会客、接待、登记、售货等功能。除此之外，门厅作为建筑物的主要出入口，其不同空间的处理可体现不同的意境和形象，如庄严、雄伟与小巧、亲切等不同的气氛。因此，民用建筑中门厅是建筑设计重点处理的部分。

门厅的大小应根据各类建筑的使用性质、规模及质量标准等因素来确定，设计时可参考有关面积定额指标。

门厅的布局可分为对称式与非对称式两种。对称式的布置常采用轴线的方法表示空间的方向感，如将楼梯布置在主轴线上或对称布置在主轴线两侧，彰显严肃的气氛；而非对称式门厅布置没有明显的轴线，布置相对灵活。

根据人流交通，楼梯可布置在大厅中任意位置，使室内空间富有变化。在建筑设计中，常常由于自然地形、布局特点、功能要求、建筑性质等各种因素的影响采用对称式门厅和非对称式门厅。

门厅的设计要求：首先，在平面组合中，门厅应处于明显、居中和突出的位置，一般应面向主干道，使人流出入方便；其次，门厅内部设计要有明确的

导向性，交通流线组织要简明醒目，减少人流相互干扰；再次，门厅还要有良好的空间气氛；最后，门厅作为室内过渡空间，应在入口处设门廊、雨篷。

②过厅。

过厅通常设置在走道与走道之间或走道与楼梯的连接处。它起交通路线的转折和过渡作用。为了改善过道的采光、通风条件，有时也可以在走道的中部设置过厅。

2.3　功能组织与平面组合设计

2.3.1　功能组织原则

在进行平面的功能组织时，要根据具体设计要求，掌握以下几个原则。

1. 房间的主次关系

在建筑中，由于各类房间使用性质的差别，有的房间处于主要地位，有的则处于次要地位，在进行平面组合时，根据它们的功能特点，通常将主要使用房间放在朝向好、比较安静的位置，以取得较好的日照、通风条件。公共活动的主要使用房间的位置应在出入和疏散方便、人流导向比较明确的部位。例如，学校教学楼中的教室、实验室等，这些应是主要的使用房间；其余的管理用房、办公室、储藏室、厕所等，属于次要房间。

2. 房间的内外关系

在各种使用空间中，有的部分对外性强，直接为公众使用，有的部分对内性强，主要是内部工作人员使用。按照人流活动的特点，对外性较强的部分尽量布置在交通枢纽附近，对内性较强的部分则布置在较隐蔽的部位，并使之靠近内部交通区域。如商业建筑营业厅是对外的，人流量大，应布置在交通方便、位置明显处，而库房、办公室等管理用房则布置在后部次要入口处。

3. 房间的联系与分隔

在建筑物中，那些供学习、工作、休息用的主要使用部分希望获得比较安静的环境，因此应与其他使用部分适当分隔。在进行建筑平面组合时，首先将组成建筑物的各个使用房间进行功能分区，以确定各部分的联系与分隔，使平

面组合更趋合理。例如学校建筑，可以分为教学活动、行政办公以及生活后勤等几部分，教学活动和行政办公部分既要分区明确、避免干扰，又要考虑分属两个部分的教室和教师办公室之间的联系方便，它们的平面位置应适当靠近一些；对于使用性质同样属于教学活动部分的普通教室和音乐教室，由于音乐教室上课时对普通教室有一定的声响干扰，它们虽属同一个功能区，但在平面组合中要求有一定的分隔。

4. 房间使用顺序及交通路线的组织

在建筑物中，不同使用性质的房间或各个部分，在使用过程中通常有一定的先后顺序，这将影响到建筑平面的布局方式，平面组合时要很好地考虑这些先后顺序，应以公共人流交通路线为主导线，不同性质的交通路线应明确分开。例如，火车站建筑中有人流和货流之分，人流包括问询、售票、候车、检票进入站台上车的上车流线，以及由站台经过检票出站的下车流线等；有些建筑物对房间的使用顺序没有严格的要求，但是也要安排好室内的人流通行面积，尽量避免不必要的往返、交叉或相互干扰。

2.3.2 平面组合设计

由于各类建筑的使用功能不同，房间之间的相互关系也不同。有的建筑由一个个大小相同的重复空间组合而成，彼此之间没有明确的使用顺序关系，各房间形成既联系又相对独立的封闭型空间，如学校、办公楼；有的建筑由一个大房间及多个从属房间组合而成，从属房间主要环绕着这个大房间布置，如电影院、体育馆；而有的建筑，房间按一定序列排列而成，即排列顺序完全按使用联系而定，如展览馆、火车站等。平面组合就是根据使用功能特点及交通路线的组织，将不同房间组合起来。这些平面组合大致可以归纳为如下几种形式。

（1）走道式组合。

走道式组合的主要特点是使用房间与交通联系部分明确分开，各房间沿走道（走廊）一侧或两侧并列布置，房间门直接开向走道，通过走道相互联系；各房间基本不被交通穿越，能够较好地保持相对独立性。优点是各房间有直接的天然采光和通风，结构简单，施工方便等。因此，这种形式广泛应用于一般性的民用建筑，尤其是房间面积不大、数量较多的重复空间组合，如学校、宿

舍、医院、旅馆等。

(2) 套间式组合。

套间式组合的特点是用穿套的方式按一定的序列组织空间。各房间之间相互穿套，不再通过走道联系。这种形式通常适用于房间的使用顺序和连续性较强、使用房间不需要单独分隔的情况，如展览馆、火车站、浴室等。套间式组合按其空间序列的不同又可分为串联式和放射式两种。串联式是按一定的顺序关系将房间连接起来，而放射式是将各房间围绕交通枢纽呈放射状布置。

(3) 大厅式组合。

大厅式组合是以公共活动的大厅为主，穿插布置辅助房间。这种组合的特点是主体房间使用人数多、面积大、层高大，辅助房间与大厅相比，尺寸大小悬殊，常布置在大厅周围，并与主体房间保持一定的联系。

(4) 单元式组合。

将关系密切的房间组合在一起成为一个相对独立的整体，称为单元。将一种或多种单元按地形和环境情况在水平或垂直方向重复组合起来成为一幢建筑，这种组合方式称为单元式组合。

单元式组合的优点是能提高建筑标准化，节省设计工作量，简化施工，同时功能分区明确，平面布置紧凑。单元与单元之间保持相对独立，互不干扰。除此之外，单元式组合布局灵活，能适应不同的地形，从而形成多种不同组合形式，被广泛应用于大量的民用建筑，如住宅、学校、医院等。

以上是民用建筑常用的平面组合形式，随着时代的发展，使用功能必然会发生变化，加上新结构、新材料、新设备的不断出现，新的形式将会层出不穷，如自由灵活的大空间分隔形式、庭院式空间组合形式等。

2.3.3　建筑平面组合与结构选型的关系

建筑结构在很大程度上影响着建筑的平面组合。因此，平面组合在考虑满足使用功能要求的前提下，应选择经济合理的结构方案，并使平面组合与结构布置协调一致。目前，民用建筑常用的结构类型有三种，即混合结构、框架结构、空间结构。

(1) 混合结构。

建筑物的主要承重构件有墙、柱、梁板、基础等，其中以砖墙和钢筋混凝土梁板的混合结构最为普遍。这种结构类型的优点是构造简单、造价较低，缺点是房间尺寸受钢筋混凝土梁板经济跨度的限制，室内空间小，开窗也会受到限制，因此仅适用于房间开间和进深尺寸较小、层数不多的中小型民用建筑，如住宅、中小学、医院等。

根据受力的方式，混合结构可分为横墙承重、纵墙承重、纵横墙承重三种方式。对于房间开间尺寸部分相同，且符合钢筋混凝土梁板经济跨度的重复小开间建筑，常采用横墙承重。而当房间进深较统一，进深尺寸较大且符合钢筋混凝土梁板的经济跨度，但开间尺寸多样，布置要灵活时，可采用纵墙承重，如对开间要求较大的教学楼、办公楼等。

（2）框架结构。

框架结构的主要特点是承重系统与非承重系统有明确的分工，如梁、柱等支承建筑空间的骨架是承重系统，而分隔室内外空间的围护结构和轻质隔墙则是非承重系统。这种结构类型强度高、整体性好、刚度大、抗震性好、平面布局灵活、开窗较自由，但钢材、水泥用量大，造价较高，适用于开间、进深较大的商店、教学楼、图书馆等公共建筑，以及多高层住宅、旅馆等。

（3）空间结构。

随着建筑技术、建筑材料和结构理论的进步，新型高效的建筑结构飞速发展，出现了各种大跨度的新型空间结构，如薄壳、悬索、网架等。这类结构用材经济，受力合理，并为建设大跨度的公共建筑提供了有利条件。

2.4 建筑平面组合与场地环境的关系

任何建筑物都不是孤立存在的，它与周围的建筑物、道路、绿化、建筑小区等密切联系，并受到其他自然条件的限制，如地形、地貌等。

1. 场地大小、形状和道路走向

场地的大小和形状，对建筑物的层数、平面组合有极大影响。在同样能满足使用要求的情况下，建筑功能分区可采用较为集中、紧凑的布置方式，或采用分散的布置方式，一方面，这与气候条件、节约用地以及管道设施等因素息息相关，另一方面，还和基地的大小和形状相关。并且，基地内人流、车流的主要走向是确定建筑平面出入口和门厅位置的重要因素。

2. 建筑物的朝向和间距

影响建筑物朝向的因素主要有日照和风向。不同季节，太阳的位置、高度都发生着有规律的变化。根据我国所处的地理位置，采取南向、南偏东向或南偏西向能够让建筑物获得良好的日照。

日照间距通常是确定建筑物间距的主要因素。建筑物日照间距的要求，目的是保证冬季时后排建筑物在底层窗台高度处也能有一定的日照时间。房间日照时间的长短，是由房间和太阳相对位置的变化关系决定的，这个相对位置以太阳的高度角和方位角表示，如图2.3（a）所示。它和建筑物所在的地理纬度、建筑方位以及季节、时间有关。通常以当地冬至日正午12时的太阳高度角，作为确定建筑物日照间距的依据，如图2.3（b）所示。日照间距的计算公式见式（2.2）。

$$L = H/\tan\alpha \tag{2.2}$$

式中：L为建筑间距；H为前排建筑物檐口和后排建筑物底层窗台的高差；α为冬至日正午的太阳高度角（当建筑物为正南向时）。

在实际建筑总平面设计中，通常是结合日照间距、卫生要求和地区用地情况，对建筑间距L和前排建筑高度H的比值作出规定，如L/H等于0.8、1.2、1.5等，L/H称为间距系数。

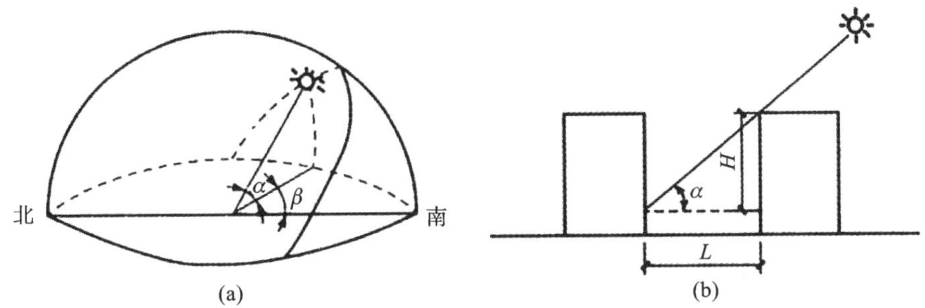

图2.3　日照和建筑物的间距

注：β—太阳方位角。

3. 基地的地形条件

在坡地上进行平面组合应依山就势，充分利用地势的变化，减少土方工程量，处理好建筑朝向、道路、排水和景观等要求。坡地建筑的布置方式主要有

两种，分别为平行于等高线和垂直于等高线。当基地坡度小于25%时，建筑物平行于等高线布置，土方量小，造价经济。当基地坡度大于25%时，建筑物采用平行于等高线布置，对朝向、通风采光、排水不利，且土方量大，造价高。因此，宜采用垂直于等高线或斜交于等高线的布置方式。

第3章　建筑剖面设计

建筑剖面设计是建筑设计的重要组成部分，以房间竖向形状和比例，房屋层数和各部分标高，房屋采光、通风方式的选择，保温、隔热、屋面排水、主体结构与围护结构方案及建筑竖向空间组合与利用等为研究内容。它的主要目的是根据建筑功能要求、规模大小以及环境条件等因素确定建筑各组成部分在垂直方向上的布置。它与立面设计和平面设计联系紧密，并相互制约、相互影响。所以，在剖面设计中，必须同时考虑其他设计方面，才能使设计更加完善、合理。

建筑剖面设计和竖向组合直接影响到使用功能、建筑造价、建筑用地、城市规划和城市景观。因此，建筑剖面设计要依据国家的法规和标准，在满足使用功能的同时，降低建筑造价和减少建筑用地，创造良好的内部和外部空间形象。

3.1　房间的剖面形状

房间的剖面形状包括矩形与非矩形两类。一般情况下大多数民用建筑都采用矩形，因为矩形剖面形状极其简单、规整，便于竖向空间组合，而且结构简单、施工方便、节约空间，有利于布置梁板。非矩形剖面形状常用于有特殊要求的房间。

房间的剖面形状主要是根据房间的使用功能要求来确定的，同时，也要考虑具体的物质技术、经济条件和空间的艺术效果等方面的影响，讲究既要适用又要美观。影响房间剖面形状的因素具体如下。

3.1.1　使用要求对剖面形状的影响

建筑的剖面形状主要是由使用功能决定的。由于人的活动行为以及家具和设备的布置，要求地面和顶棚均以水平的平面形状最为有利，为此，绝大多数建筑的房间，如住宅的居室、学校的教室、宿舍、办公楼、商店、旅馆中的客房等，剖面形状大多采用矩形。而有些建筑对剖面形状有特殊的要求，如影剧院的观众厅、体育馆的比赛大厅、报告厅和教学楼的阶梯教室等，这些房间除平面形状、大小要满足视距和视角外，地面也要有一定的坡度，以此保证良好的视觉需要，同时，对视听质量也有特殊的要求。对于这些有特殊功能要求的房间，则应根据使用要求选择合适的剖面形状。

1. 地面坡度的确定

地面的升起坡度与设计视点的选择、座位排列方式（即前排与后排对位或错位排列）、排距、视线升高值（即后排与前排的视线升高值）等因素有关。

设计视点是指按设计要求所能看到的极限位置，它代表了可见与不可见的界限，是视线设计的依据。各类建筑由于功能不同，观看对象性质不同，设计视点的选择也不一致。在电影院，一般把银幕底边的中点作为设计视点，这样可以保证观众看到整个银幕；在体育馆要进行多种比赛，视点选择以较多人观看的篮球比赛为依据，通常设计视点定在篮球场边线或边线上空 300～500 mm 处；阶梯教室的视点常选在教师的讲台桌面上方，大致距地面 1100 mm 处。房间的设计视点最低的是体育馆，它的剖面具有比较陡的阶梯形看台。

设计视点选择影响着视觉质量和观众厅地面升起的坡度与经济性。视点高度的选择要保障人的视线不受遮挡，一般视点选择越低，视觉范围越大，地面升起坡度越大；视点选择越高，视觉范围越小，地面升起坡度就越小。

设计视点确定以后，还要进行地面起坡计算。首先要确定每排视线升高值 C。视线升高值 C 的确定与人眼到头顶的高度和视觉标准有关。C 值是后排观众的视线与前排观众眼睛之间的视高差，一般取 120 mm。当座位错位排列（即后排人的视线擦过前面隔一排人的头顶部而过）时，C 值取 60 mm；当座位对位排列（即后排人的视线擦过前排人的头顶部而过）时，C 值取 120 mm。这样都可以满足人的视线不被遮挡的要求。错位排列布置与对位排列布置相比，错位排列布置地面起坡要缓一些。可见，C 值越大，设计视点越低，则地面升起就越大，反之则越小。地面起坡计算通常采用图解法、分阶递归法、相似三角形法等。

2. 顶棚形式的确定

影剧院、会堂等建筑的观众厅对音质要求较高，而房间的剖面形状对音质

影响很大。为保证室内声场分布均匀，避免出现声音空白区、回声及聚焦等现象，在剖面设计中要注意顶棚、墙面和地面的处理。为有效地利用声能，加强各处直达声，必须使大厅地面逐渐升高，对于影剧院、会堂等，声学上的这种要求和视线上的要求是一致的，按照视线要求设计的地面一般能满足声学的要求。此外，顶棚的高度和形状是保证听清、听好的一个重要因素。顶棚的形状应根据声学设计的要求来确定，避免采用凹曲面及拱顶等形状。为了实现声音的均匀反射，通常把台口和天棚做成反射面；又由于声音的入射角等于声音的反射角，所以天棚不能设计成内凹的顶棚形式，而是设计成水平或多个倾斜于舞台方向的平面形状。进行反射声的组织和设计，可使整个观众厅声场分布均匀并能获得足够的混响时间，同时也有助于确定影剧院、会堂等顶棚不规则的剖面形状。

图3.1为音质要求与剖面形状的关系。其中，图3.1（a）声音反射不均匀，有聚焦；图3.1（b）声音反射比较均匀；图3.1（c）平顶棚适用于容量小的观众厅；图3.1（d）降低台口顶棚，并使其向舞台面倾斜，声场分布均匀；图3.1（e）采用波浪形顶棚，反射声能均匀分布于大厅各座位。后两种形状都比较常用。

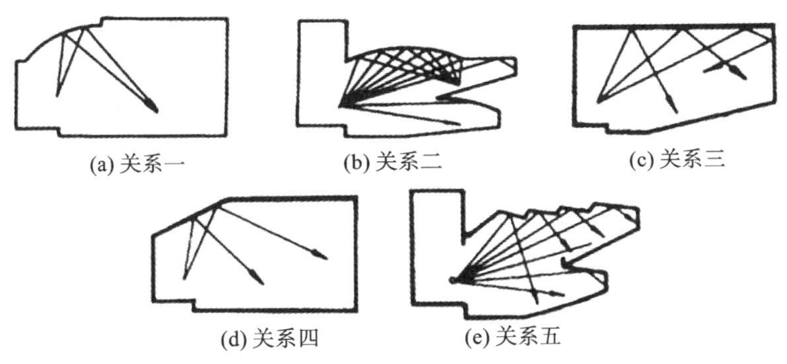

图3.1　音质要求与剖面形状的关系

3.1.2　结构形式、建筑材料对剖面的影响

民用建筑屋顶的剖面形状一般有平屋顶、坡屋顶、曲面屋顶等。这些形状一般和构成它们的结构形式、建筑材料等有很大关系。

1. 结构形式的影响

钢筋混凝土梁式平屋顶由于钢筋混凝土的自重较大，其跨度空间一般不会很大；坡形、梯形的钢制屋架与桁架，由于自重较轻，可获得较大的跨度空间；而空间钢网架是空间整体在工作，所以可以获得更大的跨度空间。

拱形屋顶包括圆拱和三角拱两种形式。拱形屋顶形状虽然受力比较合理，但因为拱端产生很大的侧推力，需要很大的水平反力来维持平衡，所以很难获得较大的跨度。穹顶形空间钢网架是较理想的大空间屋顶形式，可以获得较大的空间跨度。

屋顶结构体系是大空间建筑较难解决的问题，因其覆盖面积很大，屋顶荷载会很大。悬索结构体系和空间网架结构体系解决了大空间屋顶的这个难题。于是，就出现了抛物曲面和穹顶屋面的屋顶形式。

同时，框架结构体系、筒体结构体系解决了一般结构体系难以增加高度的难题，使建筑的层数和高度获得了突破性的进展，出现了高度可达几百米的高层建筑和超高层建筑。

2. 建筑材料的影响

天然材料或者经过加工的砖石建造的房屋比较稳定，但是其跨度、空间和高度都受到很大的限制，并且一般多显得厚重、封闭。随着钢铁和水泥的出现，材料受拉强度低的问题被解决，可以不再用厚重的墙体来平衡屋顶产生的侧推力，人们采用钢和钢筋混凝土建成了大跨度、大空间、高层和超高层的各种形状的建筑物。

3.1.3 采光、通风要求对剖面的影响

1. 采光形式的影响

一般建筑都需要自然采光，而采光一般又都是通过在墙面或者在屋顶上开窗来实现的。进深不太大的房间，采用侧窗进行采光。当房间进深较大时，需双侧设窗采光。当房间进深很大时，侧窗不能满足要求，常设置各种形式的天窗。当房间净高较高而采光不足时也可增设高侧窗。屋顶天窗的形状各不相

同，有矩形天窗、拱形天窗、屋面点状天窗等。它们改变了房间的屋面形状，使房间的剖面形状具有比较明显的特点，如图3.2所示。

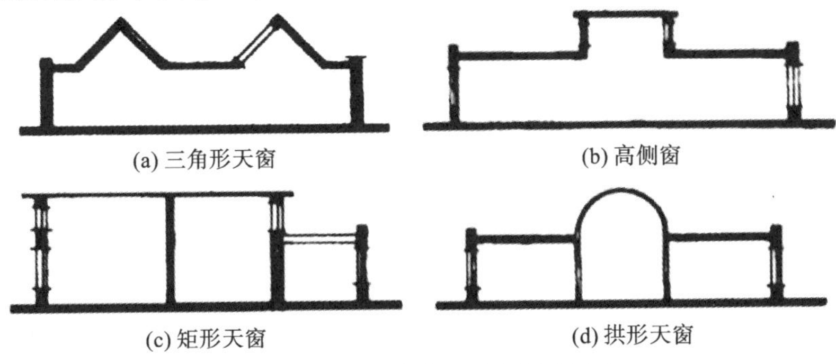

图 3.2　不同采光方式对剖面的影响

2. 通风方式的影响

为了通风的需要，房间必须设置出气口和进气口。通常情况下，可在房间的两侧墙设窗，进行空气对流，也可在一侧设窗，让空气上下对流。温湿和炎热地区的民用房屋，经常利用空气的气压差，在室内组织穿堂风。对于有特殊要求的房间或湿度较大、温度较高、烟尘较多的房间，除了在两侧墙面开窗，还须在屋顶开设出气孔，一般又以天窗的形式增加空气的气压差，这样就改变了房间屋顶的本来形状。

3.2　建筑各部分高度的确定

建筑各部分高度主要指房间层高和净高、建筑细部高度（包括窗台高度、雨篷高度、建筑内部地面高差，以及建筑室内外地面高差等）。

3.2.1　房间层高和净高的确定

房屋的剖面设计，首先需要确定房间的净高与层高。房间的层高是指该层楼地面到上一层楼地面之间的垂直距离。房间的净高是指楼地面到结构层（梁、板）底面或顶棚下表面之间的垂直距离。由图3.3可见房间层高与净高的相互关系，即层高等于净高加上楼板厚度（或梁高）。

房间的高度是否恰当，直接影响到房间的使用、经济性以及室内空间的艺

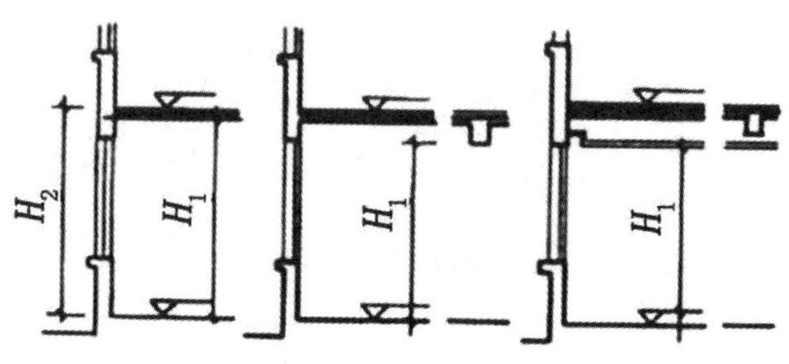

图 3.3 房间层高和净高

注：H_1—房间净高；H_2—房间层高。

术效果。通常情况下，房间高度的确定主要考虑以下几个方面。

1. 室内使用性质和活动特点的要求

房间的净高与人体活动的尺度有很大关系。为保证人们的正常工作，一般情况下，室内最小净高应使人举手接触不到顶棚为宜，即不低于 2.2 m。

不同类型的房间，由于使用人数不同，房间面积大小不同，对净高的要求也不相同。一般生活用房，如住宅中的卧室、起居室，因使用人数少，房间面积小，又无特殊要求，故净高较低，一般应不小于 2.4 m，常取 2.8～3.0 m，层高在 2.8 m 左右。宾馆客房居住部分净高一般应不小于 2.4 m。集体宿舍采用单层床时，其层高不应高于 2.8 m；采用双层床时，层高要求高一些，但也不应高于 3.3 m。学校的教室一般为教学用房，由于使用人数较多，面积较大，需要的空气容量较大，净高宜高一些，一般小学教室净高取 3.1 m，中学教室净高取 3.4 m。对于阶梯教室或阶梯报告厅，因为使用人数更多，并且座位需要起坡，则室内的净高要求更高。公共建筑的门厅是接纳、分配人流及联系各部分的交通枢纽，也是人们活动的集散地，人流较多，高度可较其他房间适当提高。大型商场为公共建筑，使用人数很多，房间面积很大，层高应更高一些，一般为 4.2～4.5 m。

房间内的家具设备和人们使用时所需的必要空间，也直接影响着房间的净高与层高。如学生宿舍，通常设双层床，为保证上、下床居住者的正常活动，室内净高应大于 3.0 m，但也不应高于 3.3 m。对于演播室，其顶棚下要装很多灯具，要求距顶棚要有足够的高度，同时，为了防止灯光直接投射到演讲人的视野范围而引起严重的眩光，灯光源距演讲人的头顶的距离要求至少为 2.0 m，这样演播室的净高不应小于 4.5 m。医院手术室净高应考虑手术台、无影灯以

及在手术操作过程中所需要的空间。对于游泳馆的比赛大厅，其房间净高要考虑跳水台的高度。对于比赛馆等体育建筑，由于观众席的起坡和比赛功能要求，要求比赛大厅有更高的净高、更大的空间，如球类比赛大厅净高要高于各种球类可能运行的最高极限。对于有空调的房间，通常需要在顶棚内布置水平风管，所以在确定层高时，要考虑风管尺寸和必要的检修空间。

2. 采光、通风、空气容量等卫生要求

房间的高度应满足天然采光和自然通风的需要，这样才能保证房间内必要的学习、生活条件和正常的卫生条件。室内光线的强弱和照度是否均匀，除了与平面中窗户的宽度和位置有关，还和窗户在剖面中的高低有关。房间里光线的照射深度，主要靠侧窗的高度来保证。侧窗上沿越高，光线照射深度越大；上沿越低，则光线照射深度越小。为此，进深大的房间或要求照明较高的房间在不开设天窗时，常提高窗的高度，相应房间的高度亦应加大。当房间采用单侧光时，通常窗户离地面的高度应大于房间进深长度的一半；当房间允许两侧开窗时，房间的净高不小于总进深的1/4。

房间的通风要求和室内进出风口在剖面上的高低位置，对房间的净高有一定的影响。如潮湿和炎热地区的民用房屋，常常利用空气的气压差组织室内穿堂风，因此常在内墙上开设高窗，或在门上设置亮子，房间的净高相对高一些。

此外，容纳人数较多的公共建筑，应考虑房间内正常的空气容量，保证必要的卫生标准。空气容量的取值与房间用途有关，如中小学教室为3～5 m^2/人，电影院观众厅为4～5 m^2/座。根据房间容纳人数、面积大小及空气容量标准，就可确定符合国家卫生标准要求的房间净高。一般使用人数较多、空气容量标准要求高的房间，其要求房间的净高也就更大。

3. 结构层高度及其布置要求

结构层高度主要包括楼板、屋面板、梁和各种屋架所占的高度。层高一般等于净高加上结构层高度，因此，在满足房间净高要求的前提下，其层高尺寸随着结构层的变化而变化。结构层越高，则层高越大。

在结构安全可靠的前提下，减少结构层的高度会增加房间的净高和降低建筑造价，所以合理地选择、布置结构承重方案十分重要。一般开间、进深较小的房间，多采用墙体承重，在墙上直接搁板，结构层所占高度较小；开间、进

深较大的房间，多采用梁板布置方式，板布置在梁上，梁支承在墙上，结构高度较大，确定层高时，应考虑梁所占的空间高度。

4. 经济性要求

层高和楼层的竖向组合是影响建筑造价的一个很重要的因素。进行剖面设计时，在满足使用要求、采光、通风、室内观感等前提下，应尽可能降低层高和室内外地面高差。首先，降低层高减少了建筑材料的用量和施工量，同时减少了墙体自身的荷载，所以又减少了基础的宽度，减少了围护结构面积，节约材料，降低能耗。其次，降低层高，导致建筑物的总高度降低，这从日照间距的意义上来讲，又能缩小建筑物的间距，节约了建筑用地。一般砖混结构的建筑，层高每减小 100 mm，可节省投资 1%。

5. 室内空间比例的要求

空间的比例尺度对人的心理行为影响很大。在确定房间高度时，还要考虑房间的高度、宽度与长度的合适比例，给人正常的空间感觉。房间不同的比例尺度，给人的心理感觉是不相同的。例如，高而窄的空间易使人产生兴奋、激昂向上的情绪，具有严肃感，但过高则会使人感到空旷、冷清、迷茫；宽而低的空间，使人感到宁静、开阔、亲切，但过低，会使人感到压抑、沉闷。不同类型的建筑，需要不同的空间比例。纪念性建筑要求利用高大的空间形成严肃、庄重的气氛；大型公共建筑的休息厅和门厅要求具有开阔、明朗的气氛。因此，在确定房间净高时，应根据空间的使用功能要求，利用各种空间比例和空间限定，创造给人不同心理感受的优良空间环境。一般民用建筑的空间尺度，以高宽比在 1∶3～1∶1.5 之间较为适宜。总之，要合理巧妙地运用空间比例的变化，使物质功能与精神要求结合起来。

3.2.2 建筑细部高度的确定

1. 窗台高度

窗台的高度主要根据室内的使用要求、人体尺度和家具或设备的高度来确定。民用建筑中生活、学习或工作用房的窗台高度，一般大于桌面高度，小于人们的坐姿视平线高度，常采用 900 mm 左右，这样的尺寸和桌子的高度配合关系比较恰当。浴室、厕所及紧邻走廊的窗户为了避免视线干扰，窗台常常设

得比较高，常采用1500～1800 mm。幼儿园建筑根据儿童尺度，活动室的窗台高度常采用600 mm左右。对疗养院建筑和风景区的一些建筑物，以及住宅建筑中的朝南面的起居室，由于要求室内阳光充足或便于观赏室外景色，常降低窗台高度至300 mm或设置落地窗。一些展览建筑，由于需要利用墙面布置展品，则将窗台设置到较高位置，使室内光线更加均匀，这对大进深的展室采光十分有利。以上由房间用途确定的窗台高度，如与立面处理矛盾，可根据立面需要，对窗台做适当调整。当窗台低于800 mm时，应采取防护措施。

2. 雨篷高度

雨篷的高度要考虑到与门的关系，过高遮雨效果不好，过低则有压抑感，而且不便于安装门灯。为了便于施工和使构造简单，可以将雨篷与门洞过梁结合成一个整体。雨篷标高宜高于门洞标高200 mm左右。出于建筑外观考虑，雨篷也可以设于2层，甚至更高的高度，获得尺度更大的过渡空间。

3. 建筑内部地面高差

建筑内部同层的各个房间地面标高应尽量取得一致，这样行走比较方便。对于一些易积水或者需要经常冲洗的房间，如浴室、厨房、阳台及外走廊等，它们的地面标高应比其他房间的地面标高低20～50 mm，以防积水外溢，影响其他房间的使用。不过，建筑内部地面还是应尽量平坦，高差过大会不便于通行和施工。

4. 建筑室内外地面高差

一般民用建筑常把室内地面适当提高，这既是为了防止室外雨水流入室内，防止墙身受潮，又是为了防止建筑物因沉降而使室内地面标高过低，同时为了满足建筑使用及增强建筑美观的要求。室内外地面高差要适当，高差过小难以保证满足基本要求，高差过大又会增加建筑高度和土方工程量。对大量的民用建筑而言，室内外地面高差一般为300～600 mm。一些对防潮要求较高的建筑物，需参考有关洪水水位的资料以确定室内地面的标高。建筑物所在场地的地形起伏较大时，需要根据地段内道路的路面标高、施工时的土方量以及场地的排水条件等因素综合分析后，选定合适的室内地面标高。一些纪念性及大型的公共建筑，从建筑造型考虑，常加大室内外高差，增多台阶踏步数目，以取得主入口处庄重、宏伟的效果。

3.3 建筑层数的确定和建筑剖面的组合方式

3.3.1 建筑层数的确定

确定建筑的层数要考虑的主要因素很多，概括起来有以下几个方面。

1. 建筑物的使用性质

建筑物的使用性质对房屋的层数有一定的要求。如影剧院、体育馆、车站等建筑，具有较大的面积、空间，人流集中，为便于迅速、安全地疏散，宜建造成单层、低层建筑；如托儿所、幼儿园，考虑儿童的生理特点和安全的需要，同时为便于儿童与室外活动场地的联系，其层数不应超过三层；医院、学校建筑为了使用和管理人员方便，也应以单层或低层为主；一般住宅、办公楼等建筑，使用人数不多，室内空间高度较低，使用较分散，此类建筑以采用多层建筑为好；宾馆、贸易大厦等建筑，由于人员活动相对独立、集中，区域活动性较强，因此常常建成高层公共建筑；某些公寓式建筑也常由于所在地点的不同和允许占地面积的限制而建成高层建筑。

2. 基地环境和城市规划的要求

城市设计和城市规划对建筑层数和建筑高度都有明确要求，特别是位于城市主要街道两侧、广场周围、风景园林区和历史建筑保护区的建筑，必须重视与环境的关系，做到与周围建筑物、道路、绿化相协调，建筑物之间满足日照间距的要求，同时还要符合城市总体规划的统一要求。

3. 建筑结构类型、材料和施工的要求

建筑结构类型和材料是决定房屋层数的主要因素。例如，一般混合结构是以墙或柱承重的梁板结构体系，墙体多采用砖或砌块，自重大，整体性差，常用于建造七层及七层以下的民用建筑，如多层住宅、中小学教学楼、中小型办公楼和医院建筑等。

多层或高层建筑，可采用梁柱承重的框架结构、剪力墙结构、框架一剪力墙结构及筒体结构等结构体系。

4. 防火要求

按照《建筑设计防火规范（2018年版）》（GB 50016—2014）的规定，建筑层数应根据建筑性质和耐火等级来确定，如表3.1所示。

表3.1　民用建筑的耐火等级、最多允许层数和防火分区最大允许建筑面积

<table>
<tr><th>名称</th><th>耐火等级</th><th>允许建筑高度或层数</th><th>防火分区的最大允许建筑面积/m²</th><th>备注</th></tr>
<tr><td>高层民用建筑</td><td>一级、二级</td><td>按本规范第5.1.1条确定</td><td>1500</td><td rowspan="2">对于体育馆、剧场的观众厅，防火分区的最大允许建筑面积可适当增加</td></tr>
<tr><td rowspan="3">单、多层民用建筑</td><td>一级、二级</td><td>按本规范第5.1.1条确定</td><td>2500</td></tr>
<tr><td>三级</td><td>5层</td><td>1200</td><td></td></tr>
<tr><td>四级</td><td>2层</td><td>600</td><td></td></tr>
<tr><td>地下或半地下建筑（室）</td><td>一级</td><td>—</td><td>500</td><td>设备用房的防火分区最大允许建筑面积不应大于1000 m²</td></tr>
</table>

注：1.表中规定的防火分区最大允许建筑面积，当建筑内设置自动灭火系统时，可按本表的规定增加1.0倍；局部设置时，防火分区的增加面积可按该局部面积的1.0倍计算。

2.裙房与高层建筑主体之间设置防火墙时，裙房的防火分区可按单、多层建筑的要求确定。

5. 经济条件要求

建筑的造价与层数关系密切。建筑层数与节约土地关系密切。层数与建筑造价的关系还体现在群体组合中，所以，确定建筑的层数要考虑经济条件。

总之，在确定房屋层数时，在满足建筑物使用要求的前提下，要综合考虑各方面的影响因素，确定经济、合理、安全、可靠的结构类型和层数。

3.3.2　建筑剖面的组合形式

建筑剖面的组合形式主要是由建筑物中各类房间的高度和剖面形状、房屋的使用要求和结构布置特点等因素决定的，归纳起来主要有以下几种形式。

1. 单层建筑的剖面组合形式

建筑空间在剖面上没有进行水平划分则为单层建筑。单层建筑空间比较简单，所有流线都只在水平面上展开，室内与室外直接联系，常用于面积较小的建筑，用地条件宽裕的建筑以及大跨度、需要顶部采光通风的建筑等。对于层高相同或相近的单层建筑，为简化结构，便于施工，最好做等高处理，即按照主要房间的高度来确定建筑高度，其他房间的高度均与主要房间保持一致，形成单一高度的单层建筑。对于建筑各部分层高相差较大的单层建筑，为避免等高处理造成空间浪费，可根据实际情况进行不同的空间组合，形成不等高的剖面形式。

2. 多层和高层建筑的剖面组合形式

多层和高层建筑空间相对比较复杂，其中包括许多用途、面积和高度各不相同的房间。如果把高低不同的房间简单地按使用要求组合起来，势必会造成屋面和楼面高低错落、流线过于崎岖、结构布置不合理、建筑体形凌乱复杂的结果。因此在建筑的竖向设计上应当考虑各种不同高度房间合理的空间组合，以取得协调统一的效果。实际上，在进行建筑平面空间组合设计和结构布置时，就应当对剖面空间的组合及建筑造型有所考虑。多层和高层建筑的剖面组合，首先是尽量使同一层中的各房间高度取得一致，或将平面分成几个部分，每个部分确定一个高度，然后进行叠加或错层组合。

（1）叠加组合。

如果建筑在同一层房间的高度都相同，不论每层层高是否相同，都可以采用直接叠加组合的方式，上下房间、主要承重构件、楼梯、卫生间等应对齐布置，以便设备管道能够直通，使布置经济合理。许多建筑如住宅、办公楼、教学楼等每层平面与高度都基本上一样，在设计图纸中以标准层平面来代替中间层，剖面只需按要求确定层数、垂直叠加即可。这种剖面空间组合有利于结构布置，也便于施工。

有些建筑因造型需要，或要满足其他使用要求，建筑各层采用错位叠加的方式。上下错位叠加既可以是上层逐渐向外出挑，也可以是上层逐渐向内收进。如住宅建筑的顶层向内收进，或逐层向内收进，形成露台，以满足人们对露天场地的需求。一些公共建筑采用上下错位叠加的方式进行造型处理，可以获得非常灵活的建筑形体。

（2）错层组合。

当建筑受地形条件限制，或标准层平面面积较大，采用统一的层高不经济时，可以分区分段调整层高，形成错层组合。错层组合关键在于连接处的处理，对于错层间高差不大、层数也较少的建筑，可以在错层间的走廊通道处设少量台阶来解决高差；当错层间高差达到一定高度并且每层都相同时，可以结合楼梯的设计，使楼梯的某一中间休息平台高度与错层高度相同，巧妙地利用楼梯来连接不同标高的错层；当建筑内部空间高度变化较大时，也应尽量综合考虑楼梯设计，利用不同标高的楼梯平台连接不同高度的房间。

（3）跃层组合。

跃层组合主要用于住宅建筑中，这种剖面组合方式节约公共交通面积，各住户之间的干扰较少，通风条件好，但结构比较复杂，施工难度较大，通常每户所需的面积较大，居住标准较高。

3. 建筑中特殊高度空间的剖面处理

在建筑空间中，有时会出现一些特殊的空间，如面积较大的多功能厅以及大部分建筑都具有的门厅，这些空间因为面积比较大，或者使用要求比较特殊，从而需要比其他空间更高的层高，在建筑设计时需要特别处理好这些空间与其他使用空间的剖面关系。

一般来说，为了满足这些空间的特殊高度要求，常采取以下几种手法。

（1）将有特殊高度要求的空间相对独立设置，与主体建筑之间可以用连接体进行过渡衔接，这样，它们各自的高度要求都可以得到满足，互不干扰。

（2）将有特殊高度要求的空间所在层的层高提高，例如为了满足门厅的高度要求，将底层层高统一提高，底层其他使用空间高度与门厅高度保持一致。在两者高度要求相差不大的情况下可以使用这种方式，结构与构造的处理上比较容易，但如果两者高度要求相差较大，则空间浪费比较多。

（3）局部降低地坪，以满足特定空间的需要。这种方式如果能结合地形进行设计，则可以巧妙地将地形变化的不利因素转化为有利因素，满足建筑空间的多种需求。

（4）在建筑剖面中，遇到有特殊高度要求的房间，还可以将其做成多层通高，一个空间占用多层高度。如门厅常常为了显示其空间的高大宏伟而高达2～3层，在剖面中充分考虑门厅高度与其他层高的关系，既可以满足各个房间不同的高度要求，又充分利用了建筑空间，避免了空间浪费。

高层建筑中通常把高度较低的设备房间布置在同一层，称为设备层，同时兼做结构转换层，使得高度相差较大的房间布置在建筑的上部，采用不同的结构体系。

对于高度要求较高的空间，如体育馆和影剧院建筑中的比赛厅、观众厅，与其他辅助性空间高度相差悬殊，而且主体空间本身剖面形状呈不规则矩形，有相当大的底部倾斜、起坡，这时可以将辅助性的办公、休息、厕所等空间布置在看台以下或大厅四周，以实现大小空间的穿插和紧密结合。

3.4 建筑空间的组合与利用

在建筑平面设计中，已对建筑空间在水平方向的组合关系以及结构布置等有关内容进行了分析，而对于剖面设计，将着重从垂直方向考虑各种高度房间的空间组合、楼梯在剖面中的位置及建筑空间的利用问题。

3.4.1 建筑空间的组合

1. 高度相同或高度相近的房间组合

同等高度、有着相似使用性质的房间，如教学楼中的一般教室和实践教室、住宅中的起居室和卧室等，可以组合在一起。高度接近但非完全相等、使用上有较大相似性的房间，可适当调整房间之间的高差，尽可能统一这些房间的高度，以达到经济合理和方便施工等效果。如图 3.4 所示的某教学楼平面，其中教室、阅览室、储藏室、厕所等房间，由于结构布置时从这些房间所在的平面位置考虑，要求将这些房间组合在一起，因此把它们调整为同一高度。教学楼中与一般教室有较大高度差的阶梯大教室，则单独处理，以单层的方式附建于教学楼一侧。行政办公部分从功能分区考虑，平面组合上应和教学活动部分有所分隔，且这部分房间的高度一般都比教室部分略低，它们和教学活动部分的层高高差可通过踏步来解决。音乐教室虽层高与普通教室相同，但属于喧闹的环境，从使用功能分区上宜把它组合在主体建筑的尽端。以上空间组合方式能满足各房间的使用要求，比较经济，结构布置也较合理。

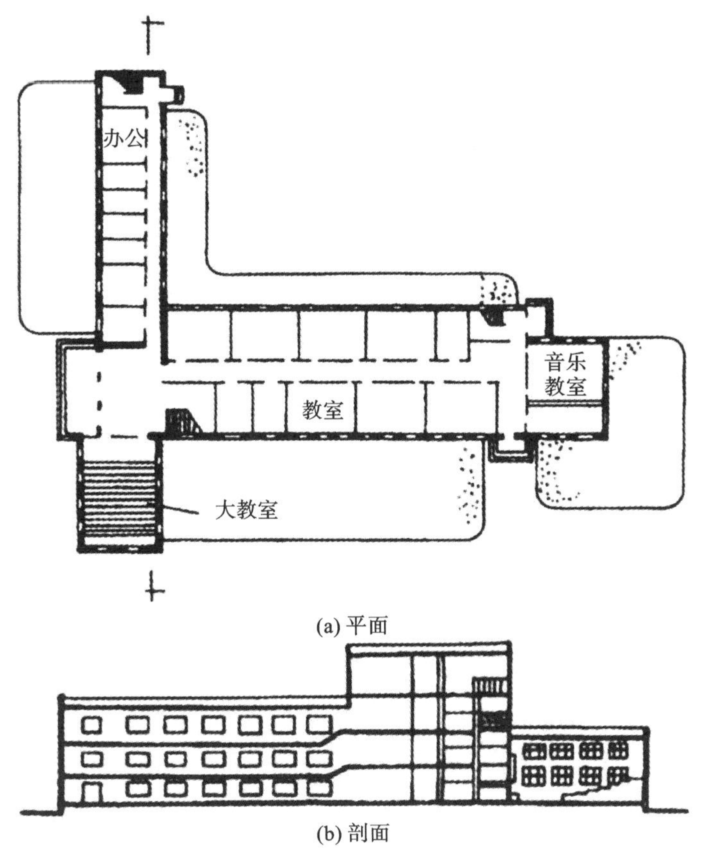

(a) 平面

(b) 剖面

图 3.4　中学教学楼空间组合示例

2. 高度相差较大的房间组合

高度相差较大的房间，在单层房间组合时，以联系方便、使用合理、互不干扰为原则，根据房间实际使用要求所需的高度，设置不同高度的屋顶，层高不一定非要相同。在剖面上，屋面可以呈现出不同高度的变化。

图 3.5所示的某体育馆剖面中，比赛大厅在高度和体量方面与休息、办公以及其他各种辅助用房相比有极大差别。结合大厅看台升起的剖面特点，在看台下面和大厅四周布置各种不同高度的房间是常见的安排。

在多层和高层房屋的剖面中，高度相差较大的房间可以根据不同高度房间的数量多少和使用性质，在高度方向进行分层组合。例如在高层酒店建筑中，常在楼下的一、二层或顶层组织房间高度较高的餐厅、会议室、健身房等部分，又按标准层的层高组合高度较一致、数量最多的客房部分。高度较低的设

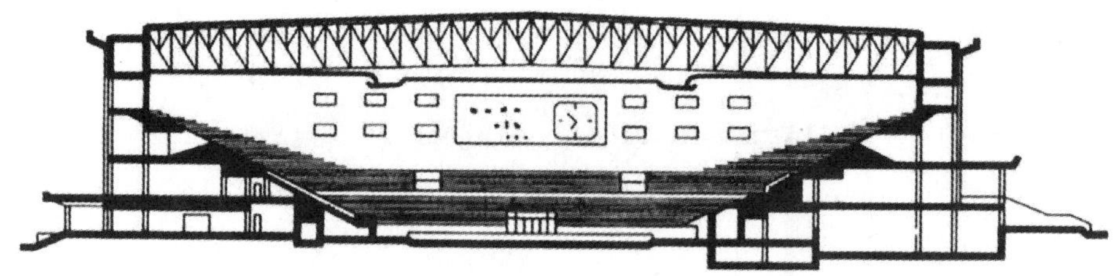

图 3.5　体育馆剖面中不同高度房间的组合

备用房则被组织在同一层，即设备层。

在多层和高层房屋中，上下层的厕所、浴室等房间应尽可能对齐，以便设备管道能够直通，使布置经济合理。

3. 楼梯在剖面中的位置

楼梯在建筑平面中的位置以及建筑平面的组合关系，是影响楼梯在剖面中位置的两个重要因素。

由于采光、通风等要求，通常楼梯沿外墙设置。在建筑剖面中，要注意楼梯坡度和房屋层高、进深的相互关系，也要设置好人们在楼梯下出入或错层搭接时的平台标高。

当楼梯在房屋剖面的中部时，须采取必要措施解决楼梯和中部房间的采光、通风问题。通常在楼梯边安排小天井。四层以下的低层房屋也可以在楼梯上部的屋顶开设天窗，通过梯段之间留出的楼梯井采光。

综上所述，无论是简单的空间组合还是复杂的空间组合，都应考虑以下几点：一是进深相同的房间要尽量地组合到一起，有利于简化结构和上下层的空间组合；二是上下承重结构要对齐，尤其是承重墙体和外墙体，使之承重更加合理；三是上下层用水空间要尽量对齐，避免使上下水管道弯折，既有利于下水管道的畅通，又节省了管线。

3.4.2　建筑空间利用

充分利用建筑空间，扩大使用面积，能在建筑占地面积和平面布置不变的情况下，充分实现房屋投资的经济效益。建筑空间的利用，主要涉及建筑的平面设计和剖面设计，常见的空间利用方法有以下几种。

1. 充分利用房间内空间

除人们活动和家具设备布置等必需的空间外，房间内其余可利用的空间仍可巧妙地利用起来。如在住宅设计中，房间上部的空间常设置吊柜、搁板，柜中、板上空间可被用作储物空间。

在建筑物中，当墙体的厚度较大时，它们占用的室内空间也较多，所以人们常常利用墙体结构空间设置壁橱、窗台柜、暖气槽等，这样既充分利用了墙体空间，又节约了面积。

为了充分利用房间内山尖部分的空间，我国许多地方的民居常在山尖部分设置搁板、阁楼，或者使用延长屋面、局部挑出等手法，争取更多的使用面积。这些优秀的传统设计手法值得借鉴。

对于一些公共建筑，由于功能要求不同，对空间的大小要求也不一样。如图书馆的阅览室、宾馆的大厅等，它们都有很大的空间高度，但与它们相联系的辅助用房都比较小，所以人们经常利用在大厅周围布置夹层的办法来组织空间，以提高大厅的利用率，丰富室内空间的艺术效果。

2. 充分利用走廊、门厅和楼梯间的空间

由于建筑物整体结构布置的需要，房屋中的走道层高通常和房间的层高相同。房间由于使用需要，其层高要求较高，而狭长的走道却不需要与房间有一样的层高，因此，走道上部空间就可充分利用。图3.6（a）所示为旅馆走道上空设技术管道层作为设置通风、照明设备和铺设管线的空间；图3.6（b）所示为利用住宅入口处的走道上空设置吊柜，不仅增加了住户的储藏空间，而且由于入口低矮的空间与居室形成对比，更加衬托出居室宽敞明亮的空间效果。

楼梯间的底部和顶部的空间通常可作他用。若楼梯间底层休息平台的下面不用作出入口，可考虑布置成贮藏室、厕所等辅助房间。楼梯间顶层也有一层半空间的高度，增设一个梯段以通往楼梯间顶部，即可利用部分空间布置成贮藏室等辅助房间。

一些公共建筑的门厅和大厅，当厅内净高较高时，也可以在厅内的部分空间中设置夹层或走马廊，以扩大门厅或大厅内的活动面积和交通联系面积，如此既便于暗设管线，又满足了人流集散和空间处理等要求。

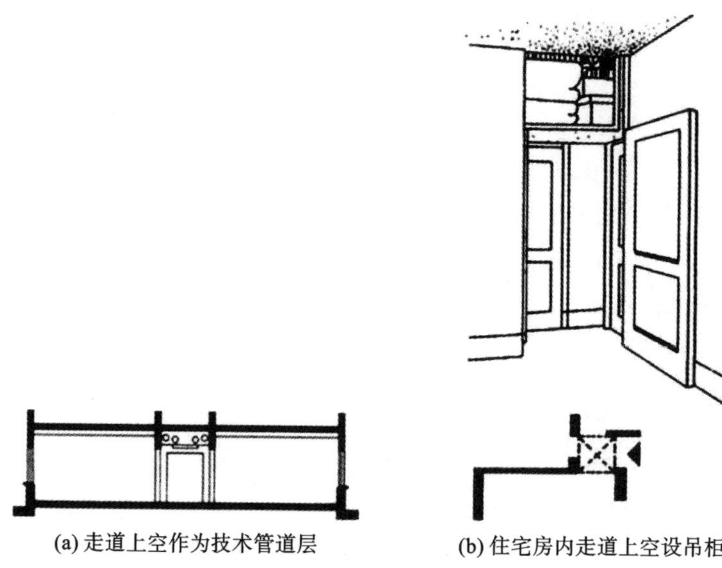

(a) 走道上空作为技术管道层　　(b) 住宅房内走道上空设吊柜

图 3.6　走道上部空间的利用

第4章　建筑体形和立面设计

建筑的体形用透视图或轴侧图等立体图来表达，而建筑的立面图是对建筑物的外观所做的正投影图，它是一种平行视图。习惯上，人们把反映建筑物主要出入口或反映建筑物面向主要街道那一面的立面图称为正立面图，其余的立面图相应地称为侧立面图和背立面图。其实，严格地说，立面图是以建筑物的朝向来标定的，例如南立面图、北立面图、东立面图、西立面图。立面图主要反映建筑物的整体轮廓、外观特征、屋顶形式、楼层层数，以及门窗、雨篷、阳台、台阶等局部构件的位置和形状等内容。

制约建筑物的体形和立面，即房屋外部形象的因素，首先是建筑物内部使用功能和技术经济条件，其次是基地环境、整体规划等外界因素。建筑物形体的大小、高低，体形组合的简单或复杂，通常是以房屋内部使用空间的组合要求为依据，立面上门窗的开启和排列方式，墙面上构件的划分和安排，主要也是以使用要求、所用材料和结构布置为前提。

建筑体形和立面设计，并不等于房屋内部空间组合的直接表现，它必须符合建筑造型和立面构图方面的规律，如均衡、韵律、对比、统一等，把适用、经济、美观三者有机地结合起来。

4.1　影响建筑体形和立面设计的因素

建筑美是一种形式美，是人的眼睛可以看见的、一种客观存在的美，它融合、渗透、统一于建筑物的使用功能、物质技术之中，即内容与形式的统一。建筑美具有强烈的地方性、时代性和民族性，建筑体形和立面设计主要受以下几个因素的影响。

1. 建筑使用功能

建筑物的外部体形是怎样形成的呢？它不是凭空产生的，也不是由设计者随心所欲决定的，是内部空间合乎逻辑的反映，有什么样的内部空间，就有什么样的外部体形，面对不同类型建筑各有特点的外部体形，设计者应当充分利用，以赋予建筑个性特征，设计出因具有不同使用功能而各具特色的建筑。建筑物无须贴上标签，人们却能通过观看其外部体形来区分它们的使用类型，知道“这是一幢幼儿园”或“这是一幢医院”，其缘由正在于此。如住宅建筑，具有简洁朴素的外形和亲切宁静的气氛，以适合人的生活和休息；工业建筑通过体形组合和门窗设置而反映出某种生产的工艺特点，设计者充分利用这种特点来表现工业建筑的性格特征，适应工业生产需要所特有的烟囱、水塔、冷却塔以及各种气罐、油罐等构筑物，都有助于加强工业建筑的性格特征；体育馆建筑，通常都是以比赛厅所具有的巨大而又特殊的体量以及各种类型的大跨度空间结构的外形来表现这一类型建筑的性格特征；医院建筑，通常采用走道式空间组合形式，功能联系较复杂的，一般不采取严格对称的形式。

2. 建筑材料性能、结构构造和施工技术

建筑是运用各种建筑材料并通过一定的结构形式、施工技术条件等手段来完成的，这是它与一般艺术品的区别。因此，建筑材料、建筑结构、施工手段等物质技术条件从根本上、较大程度地制约了建筑体形及立面设计，各种材料、结构和施工的特点也将在建筑体形及立面设计中得以彰显。

（1）建筑材料性能。

建筑材料的不同造就了不同的建筑外观。如中国传统建筑多采用木材，具有使用灵活、搭建方便等特点；在山区多采用石材搭建房屋；而自工业革命后，现代建筑材料种类大大增加，如钢铁、玻璃、薄膜等，建筑外观发生了很大变化。

（2）建筑结构构造。

结构的差异直接影响建筑外部形象。一般中小型建筑多采用混合结构，由于受到墙体承重及梁板经济跨度的局限，混合结构建筑室内空间小，层数不多，开窗面积受到限制。通过外墙面的色彩、材料质感、水平与垂直线条及门窗的合理组织等立面处理，可表现出这类建筑简洁、朴素、稳重的外观特征。

钢筋混凝土框架结构由于墙体仅起围护作用，它的立面开窗较自由，既可形成大面积独立窗，也可组成带形窗，甚至底层可以全部取消窗间墙而形成完全通透的形式。框架结构建筑通常给人以简洁、明快、轻巧的外观形象，正得益于这种较大的空间处理灵活性。

现代新结构、新材料、新技术的发展给建筑外形设计带来了更大的灵活性

和多样性。特别是各种空间结构的大量运用，更加丰富了建筑的外观形象，使建筑造型千姿百态。如国家游泳中心——水立方，建筑外表面采用聚四氟乙烯的超稳定有机物薄膜，中间充气形成了气枕，边界固定在铝合金边框上，再固定在多边形结构构件上，形成“水泡”的表皮外观。白天，馆内可获得明亮而柔和的光线；夜晚，通过内外灯光的照射建筑产生通体晶莹朦胧的效果。如德国慕尼黑安联球场，利用建筑表皮作为信息传达的媒介，将面积约4200m^{2}的巨大曲面形体用1056块菱形半透明的ETFE（ethylene-tetra-fluoro-ethylene，乙烯-四氟乙烯共聚物，俗称F-40）充气嵌板包裹，总数达2160组的板内嵌发光装置可以发出白色、蓝色、红色或浅蓝色光。同时，发光状态（强度、闪烁频率、持续时间）都可以通过仪器控制。这样，建筑外表面就像一片巨大的LED（light emitting diode，发光二极管）屏，从不同色彩组合中及时向两队球迷反映是否是自己的主队在比赛，并宣泄着场内比赛气氛，即使在远离比赛地点的区域也可以受到比赛热烈气氛的感染。

（3）施工技术。

由于施工技术本身的局限性，各种不同的施工方法对建筑造型都具有一定的影响。采用各种工业化施工方法的建筑，如滑模建筑、升板建筑、盒子建筑等都有各自不同的外形特征。

3. 基地环境和城市规划

建筑本身就是构成城市空间和环境的重要因素，它不可避免地要受到城市规划、基地环境的某些制约。建筑要充分体现地区特色，反映当地文化和历史沉淀。此外，任何建筑都必定坐落在一定的基地环境之中，要处理得协调统一，与环境融为一体，就必须和环境保持密切的联系。所以建筑基地的地形、地质、气候、方位、朝向、形状、大小、道路、绿化以及原有建筑群等，都对建筑外部形象有极大的影响。

建筑是不能孤立存在的，它必然处于一定的环境之中，不同的环境会对建筑产生不同的影响。建筑师在设计房子的时候必须充分考虑建筑与环境之间的关系问题，力求所设计的建筑与环境协调一致，甚至与环境融为一体，浑然天成。如果做到了这一点就意味着已经把人工美与自然巧妙地结合在一起，将大大提高建筑艺术的感染力，甚至带动周边环境的美化与提升；反之，如果与环境的关系处理得不好，甚至格格不入，那么，不论建筑本身如何完美，也无法取得良好的效果。

位于自然环境中的建筑要因地制宜，随地形起伏变化，高低错落、层次分明地布置建筑，使之与环境融为一体。如美国著名建筑师莱特设计的流水别墅，建于幽深的山泉峡谷之中，造型多变，高低悬挑的钢筋混凝土平台纵横错落、互相穿插，凌跃于奔泻而下的瀑布之上，建筑与山石、流水、树林巧妙结合，完美融于环境之中。

美国C•F托马斯住宅，坐落于狭长的湖岸末端，该地四面环山，山湖相映，有着难得的优美景致。为充分利用这一自然优势，建筑背山面水，平面呈“丁”字形，以便从各主要房间透过窗口来观赏远山近景。另外，还以悬挑的形式使建筑物的一端伸向湖内，既可以使视野更加开阔，又可以使建筑与环境紧密结合。通过建筑把湖山连为一体，背山临水的建筑与环境关系十分协调。

4. 国家建筑标准和相应的经济指标

各种不同类型的建筑物，根据其使用性质和规模，必须严格把握国家规定的建筑标准和相应的经济指标，防止片面强调建筑的艺术性而忽略建筑设计的经济性。应在合理满足使用要求的前提下，用较少的投资建造美观、简洁、朴素、大方的建筑物。建筑物从总体规划、建筑空间组合、材料选择、结构形式、施工组织直到维修管理等都包含着经济因素。建筑外形设计应本着勤俭的精神，严格掌握质量标准，尽量节约资金。对于大量性建筑、大型公共建筑或国家重点工程等不同项目，应根据它们的规模、重要程度和地区特点等分别在建筑用材、结构类型、内外装修等方面加以区别对待，防止滥用高级材料造成浪费。同时，也要防止片面节约，盲目追求低标准造成使用功能不合理，破坏建筑形象和增加建筑物的维修管理费用。一般来说，对于大量性建筑，标准可以低一些，而对于国家级纪念性、历史性建筑和省市级建筑，标准可以高一些。

4.2 建筑构图的基本法则

在平时生活中，人们对一幢房屋的整体造型总是会产生美与不美的印象，究竟什么样的建筑才算美，如何才能创造形式美的建筑，这是每个设计工作者非常关心的问题。建筑造型是有其内在规律的，人们要想创造出美的建筑，需

要遵循什么样的法则呢？

建筑构图法则既是指导建筑造型设计的原则，又是检验建筑造型美观与否的标准。在建筑设计中，除了满足功能要求、考虑技术经济条件以及总体规划和基地环境等因素，还要符合美学法则。

古典建筑的有机统一性主要表现为整齐划一、严谨对称，各部分有秩序地隶属于整体，添一分则多，减一分则少，特别是对称形式的构图，不仅均衡稳定，而且左右相互制约，关系极其明确、稳定。

近代建筑虽不强求对称，但却同样遵循有机统一的原则——组成整体的各部分巧妙地穿插交织、相互制约，有条不紊地结合成为一个和谐统一的整体。

现代某些新建筑，它的有机统一性似乎更加接近自然界的有机体——摒弃人工创造所独具的整齐一致、见棱见角等特征，而取自由曲线的形式，但有机统一的原则依然不变。

建筑设计中常用的一些构图法则如下。

4.2.1　统一与变化

1. 以简单的几何形状求统一

正方形不仅是一种明确肯定的几何形状，而且还可以给人以庄重、稳定的感觉，一般纪念性建筑，常借助这种形状的构图而达到完整统一。正三角形也是一种明确、肯定的几何形状，但由于室内所具有的锐角以及墙面的互不平行，往往与功能要求相矛盾，一般的建筑均不采用这种组合形式。但在某些情况下如果处理得巧妙，则可以把各种要素纳入互成60°斜角的秩序中去，这同样可以获得高度的有机统一性。

古代许多著名的建筑都曾借助简单的几何形状而获得高度的统一性，直到近代，尽管功能要求日益复杂多样，但建筑师仍未放弃通过它来获得构图上的完整统一。

正方形、正三角形，乃至正多边形，各条边长必须相等；圆的周长与直径相比必然为π。这些都是构成几何形状必须具备的相互之间的制约关系，这本身也表现为一种秩序，这种秩序一旦遭到破坏，统一性将随之而消失。

一些古代杰出的建筑，大多采用简单、肯定的几何形状构图而达到了完整、统一的境界。如罗马·圣彼得大教堂，早期建筑基本上借助于一系列的圆形与正方形的巧妙结合而获得了完整性和有机统一性；如罗马潘泰翁神庙，作为建筑物的主体——神殿部分，不仅平面呈圆形，而且整个剖面（包括半球形穹窿顶）比例也接近圆形，从而通过圆获得了高度的完整统一性；如埃及的金字塔群，一系列的金字塔，虽然各自的大小不同，但均取规则的正方锥体，这样就排除了偶然性；如印度的泰姬·玛哈尔陵，借助于正方形、多边形等简单几何形状的组合而达到完整统一。近代建筑突破古典建筑形式的束缚，虽然出现了许多不规则的构图形式，但在条件合适的情况下，也不排斥运用圆、正方形、正三角形等几何形状的构图来谋求统一和完整性。

中国国家大剧院，由歌剧院、音乐厅、戏剧场和其他活动空间组成，功能复杂，如何达到建筑体形与内容的完美统一，在设计之初一直是一个争论不休的问题。法国著名建筑师保罗·安德鲁的设计方案是用一个椭球形钢结构壳体覆盖所有建筑，壳体东西方向长为212.20 m，南北方向长为143.64 m，地上高度为46.68 m，地下最深处为32.50 m。为了避免单调，在壳体中部设置玻璃幕墙，营造出舞台帷幕徐徐拉开的视觉效果。壳体周边是3.55万 m^2的人工湖及大片绿色植物的文化休闲广场，既美化了大剧院外部景观，也体现了人与自然和谐共融的设计理念。

2. 主次分明，以陪衬求统一

在建筑设计领域中，从平面组合到立面处理，从内部空间到外部体形，从群体布局到细部装饰，为了达到统一应处理好主次关系。由若干要素组合而成的整体，如果把作为主体的大体量要素置于中央突出地位，而把其他次要要素从属于主体，这样就可以使之成为有机统一的整体，它们应当有重点与一般的差别，有主与从的差别，有核心与外围组织的差别。否则，各要素同等对待、平均分布，即使排列得很有秩序、整整齐齐，也难免会流于松散、单调而失去统一性。

（1）运用轴线突出主体。

从古到今，对称的手法在建筑中运用较为普遍，一些纪念性建筑也常采取这种手法，如中国国家博物馆，利用轴线处的空廊将两侧对称的陈列室联系起来，通过两侧对空廊的衬托，既突出了主体又创造了完整的外观形象；如华盛顿苏格兰礼拜堂，以体量高大的主体位于中央，次要要素从两侧附于主体，主次关系极为明确，从而构成有机统一的整体。

（2）以低衬高突出主体。

在外形设计中，利用建筑功能要求上所形成的高低不同，有意识强调某部

分使之形成重点，而其他部分处于从属地位，这种采取体量差别形成以低衬高的处理手法是取得完整统一的有效措施。如斯德哥尔摩市政厅，以低矮的两翼依附于转角处的高塔，左右虽不对称，但主次关系十分明确。如荷兰的希尔浮森市政厅，用低矮的群体建筑衬托主体建筑的高大，主次关系异常分明，体形组合完整统一。

（3）利用形象变化突出主体。

通常曲线比直线引人注目，易于激发人们的兴趣。在建筑体形设计上运用圆形、折线形或比较复杂的曲线均可获得突出主体的效果，法国建筑师勒维尔设计的加拿大多伦多市政厅议会大厅在两个对峙的圆弧建筑拥抱下呈蘑菇状造型。建筑师将倒圆锥体曲面作为楼盖，正好与议会厅所需要的地面升起相吻合，顶部以球面壳覆盖。这样恰好构成了与议会厅功能相适应的空间形态，而且体积十分紧凑。倾斜的议会厅底平面为人们提供了可以自由活动的外部场所。

4.2.2　均衡与稳定

建立在砖石结构基础上的古代建筑，只有以下大上小、逐渐收分的形式才能保持稳定，并具有安全感，如我国古代的砖塔，愈接近地面愈大，并逐层收分，这无论是在实际上还是给人的感觉上都是稳定、安全的。

从稳定的角度上看，一般建筑都做得基座较大、上部较小，如北京天坛的祈年殿、巴黎的埃菲尔铁塔。但随着新结构、新材料的发展，传统的稳定观受到了挑战。许多底层架空、看似头重脚轻的建筑物都稳稳地矗立在大地上，利用悬挑结构“上大下小”的建筑也出现在人们的视线之中。美籍华人建筑大师贝聿铭设计的两个作品：一个是巴黎罗浮宫玻璃金字塔，金字塔高21 m，底宽30 m，四个侧面由673块菱形玻璃拼组而成；另一个是美国达拉斯市政厅，建筑每层都向外伸展逐渐形成倾斜的斜面，创意新颖。由于科学的发展和技术的进步，人们对于这种形式建筑已经司空见惯，因而并不会产生不安全的感觉；两个外观截然不同的建筑，却都给人稳定的感觉，达到了高度的完整统一。

“下大上小”这种在长期实践中形成的观念一直延续了几千年，直到近代还被人们当作一种建筑美学原则来遵循。尽管结构形式改变了，但这种传统的稳定的概念却依然支配着人们的设计思想。我国传统古建筑主要采用木结构，但在新建筑中由于受到西方古典建筑影响，也以下大上小的形式来求得稳定感，直到21世纪初一些有远见卓识的建筑师试图摆脱传统稳定观念的束缚才有所突破。时至今日，由于钢或钢筋混凝土框架结构普遍运用，一种与传统的稳定观念相抵触的上实下空建筑已广泛流传。材料、结构的发展激发人们去探索以往所不敢设想的新形式，从而改变了传统的稳定概念。更有甚者，还有少数建筑物尽管由于充分利用各种技术的可能性而得以建成，并且有实际上的稳定性，但即使用现代的眼光来看也很难获得心理上的稳定性和安全感。这种建筑究竟在多大程度上能够引起人们的美感，还是一个值得研究的问题。

均衡与稳定除了来自自然（山、树等）的启示，还和人类的认识发展有密切联系，这就是说它不只是停留在对自然形式作简单的模仿上，而且还通过理性活动做出合乎力学原理的推论。静态的均衡有对称均衡和非对称均衡两种形式，如图4.1所示：(a）支点位于中点，左右两侧同形等量，可形成绝对对称的平衡；(b）支点位于中点，左右两侧等量而不同形，可形成基本对称的平衡；(c）左右两侧同形而不等量，支点偏于一侧，可形成非对称的平衡；(d）左右两侧既不同形又不等量，支点偏于一侧，可形成非对称的平衡。

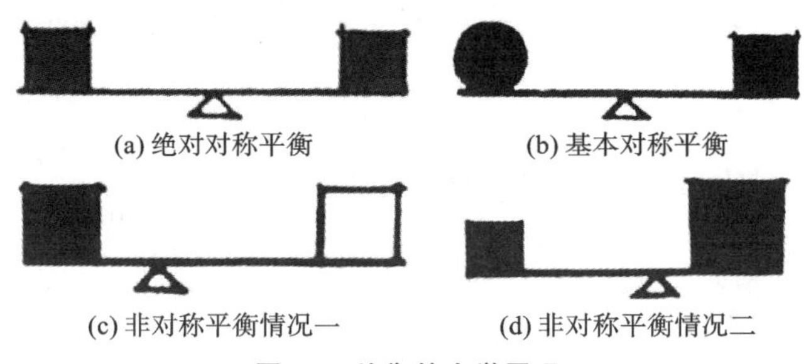
(a) 绝对对称平衡　(b) 基本对称平衡
(c) 非对称平衡情况一　(d) 非对称平衡情况二

图4.1　均衡的力学原理

(1）对称均衡。

对称的均衡，可以给人严谨、完整、庄严的感觉，但由于受到对称关系的限制，往往与功能有矛盾，适应性不强。毛主席纪念堂为对称均衡的实例，不仅建筑物本身采取严格的对称形式，并且在建筑物入口前广场的两侧各设置大型群雕一座，从而以体形上左右对称的均衡而有力地加强了纪念堂建筑庄严、肃穆的气氛。

通过对称，一方面求得平衡，另一方面组合成为一个有机的整体，这是我国古典建筑优良的传统之一，特别是对于宫殿、寺院等建筑，通过对称尚可获

得庄严、肃穆的气氛。西方古典建筑，也非常注重对称形式的运用，一直延续到近代，某些纪念性建筑还因对称形式的格局而具有均衡的外观和庄严雄伟的气势。在当前的某些建筑实践中，对于少数功能要求不严格的建筑，依然可以通过对称而求得均衡和稳定。国外新建的某些政府办公楼建筑，尽管功能要求较复杂，若设计得巧妙还是可以以对称式的均衡而获得庄严的气势。

（2）非对称均衡。

由于建筑的使用功能不同、地形条件受限、性格特征差异、人们审美观的变化等，会有许多建筑不宜采用对称均衡的形式，因而就出现了非对称均衡。非对称均衡形式应用广泛，建筑显得轻巧、活泼、灵动，由于制约关系不甚严格，功能的适应性较强。中国伊斯兰教经学院主楼建筑，由于地形条件限制而不允许采用对称形式，则以不对称的形式来求得均衡。

除此之外，如果说古典建筑往往着重从一个方向——正前方来考虑建筑的均衡问题，那么近代建筑则更多地考虑到从各个方向来看建筑的均衡问题。有很多现象都是在运动中求得平衡的，如旋转的陀螺、行驶着的自行车、展翅飞翔的鸟等，这种形式的均衡称为动态均衡。在建筑领域中，采用砖石结构的西方古典建筑，多遵循静态均衡的原则；随着结构技术的发展和进步，动态均衡对于建筑处理的影响日益显著。如纽约肯尼迪国际机场候机楼，针对建筑物的功能特点，设计人以象征主义的手法把建筑物体形处理成为展翅欲飞的鸟，该建筑外观尽管上大下小，但却没有不稳定的感觉，这正是由它所具有的动态均衡所致。如美国耶鲁大学冰球馆形如海龟，屋盖大而造型优美。

由赖特设计的古根海姆美术馆，螺旋形状的展厅上部大、下部小，并且偏于建筑物的一侧，如果用评价古典建筑的观点来看，既不稳定又不均衡，但如果联系到近代技术的发展，特别是从动态均衡的观点来看则全然没有上述的缺陷，反倒可以使人感受到一种活力。

日本建筑师丹下健三设计的东京代代木国立综合体育馆，是由游泳比赛馆、室内球技馆及其他设施组成的大型综合体育设施。主馆由两根钢筋混凝土桅杆支承，其间有两根主吊索。它们从双桅杆向下斜拉到“触角”尖端，两坡式的悬索屋顶构成了平缓而优美的曲面。整个屋顶造型蕴含着日本传统建筑的风格，但又非常具有现代气息。附馆的屋顶更特别，全部屋面由中间一根桅杆支承，悬索扭曲呈海螺状，显得轻巧流畅，具有动态美。

4.2.3 对比与微差

对比与微差是两个互相联系的概念，对比表现为突变，微差表现为渐变。如两块同等明暗的灰色调，处于浅色背景中的显得暗一些，处于深色背景中的显得亮一些，同一对象由于所处的色彩环境不同，使人产生不同的感觉，这正是利用明暗对比所造成的影响；同一物体被包围在大小不等的两个圆中，处于小圆包围之中的显得大一些，处于大圆之中的显得小一些，同一对象由于所处的空间环境不同，使人产生不同的感觉，这是大小对比所造成的视觉效果。对比与微差只限于同一性质的差别之间，具体到建筑设计，主要表现在以下几个方面。

（1）大小之间对比。

大小之间对比主要涉及建筑空间体量的大小、门窗的大小、细部装修的大小等。如高直教堂的内檐装修，运用大小不同的尖拱进行组合，充满了对比与微差，既和谐统一又富于变化。特别是以极小的拱窗而衬托出高大的空间体量，更能借对比而显示出宏大的尺度感。苏州留园入口部分空间曲折、狭长，大小变化不甚显著，当进入园的主要部分时，会感到豁然开朗。这种欲扬先抑的手法就是依靠大小空间的对比，特别是以小空间来衬托大空间而收效的。

（2）不同形状之间对比。

不同形状之间对比主要涉及建筑房间的形状、门窗的形状、建筑体形的变化等。如北京火车站立面片段，利用方形窗、弧形拱窗的对比与变化以丰富建筑物的立面处理。利用形状的对比与微差以求得变化，这是一个普遍适用的原则，古今中外的建筑都不例外，只不过在国外近现代建筑中这种手法运用得更灵活一些，即不仅限于方、圆等简单的几何形状，而且还通过其他一些形状之间的对比与微差关系的处理以求得多样性的变化。

（3）不同方向之间对比。

方向的对比与微差也是充斥于建筑处理的各个方面的。梁与柱就表现为水平与垂直的强烈对比，竖向的棱线与横向的眉线以及各种细部处理都可借方向的对比而取得效果。如罗马尼亚派拉旅馆，横向的公共活动部分与竖向的高层客房部分，构成体形组合上强烈的方向对比，从而取得了良好的效果。

（4）直与曲之间对比。

直与曲之间对比主要涉及体形及内外檐装修。如罗马蒂伯提那新高速火车

站，立面处理极其简单，但由于曲线形状的屋顶结构与支承它的立柱以及它背后的带形窗之间，构成曲线与直线之间的对比关系，并不显得单调。

（5）虚与实之间对比。

虚与实的对比，主要指建筑开窗与墙面的处理。建筑物的表面不外乎由两类不同的要素所组成，一类是透空的孔、洞、窗、廊，另一类是坚实的墙、柱，前者表现为虚，后者表现为实。巧妙地处理这两部分的关系，就可以借虚与实的对比与变化而取得良好的效果。在我国传统形式的建筑中，以大面积实的山墙与门洞、前廊等构成虚实对比的关系，从而使建筑具有生动活泼的外观。

（6）不同色彩或质感之间对比。

我国传统建筑在色彩处理方面大体上可以分为两大类：一类是宫殿、寺院建筑，色彩极其富丽堂皇；另一类是园林、民居建筑，色彩则较朴素、淡雅。新建的一些大型公共建筑，由于功能、材料的发展变化，在色彩、质感处理上既继承了传统又有很大的革新，这主要表现为明快和淡雅。为适应不同建筑类型，一类采用暖色调（如人民大会堂、毛主席纪念堂等），另一类采用冷色调（如民族文化宫、农展馆等）。

对于一般建筑来讲，其色彩、质感的处理主要是通过建筑材料本身所固有的色彩、质感之间的互相衬托、对比来获得效果的，这里就存在着材料的选择与相互之间的组合问题。一般常用的建筑材料，如砖的颜色有橙、灰两种，色较深而质地较粗糙，与之相对比的则是局部的抹面色较浅而质地较细腻。某些地区还可以就地取材运用天然石料、木材等以获得色彩、质感上的对比与变化。另外，在色彩处理上还应充分地考虑到民族文化传统的影响。

除色彩外，某些建筑还借助质感的对比与变化而取得效果。有些建筑色彩很单一，更依赖于质感的对比与变化来取得效果，有借助于天然材料本身质地粗细的差别来进行对比的，也有通过后天人工来改变材料的纹理或质地而获得某种效果的。如赖特设计的流水别墅，有意识地利用天然石料所具有的极其粗糙的质感特点与光滑的抹面进行对比，从而突出了建筑质感的变化，取得了不俗的效果。

对比和微差是相对的，两者之间没有一条明确的界线，也不能用简单的数学关系来说明。如圣·索菲亚教堂，在外立面组合上，半圆形的门窗洞口、大小相间，有对比又有微差；在空间处理上以极小的圆窗和低矮的前廊与巨大室内空间相对比，当人们经过前廊进入大厅时，便顿时觉得宏伟开朗。如图4.2所示，从色调来讲以黑与白作为两个极，黑与白表现为对比关系，在黑与白之间可以有若干个由浅到深逐渐变化的中间色调，相邻的中间色调由于变化很小则表现为微差的关系。如果说微差之间具有连续性，而对比则意味着连续性的中断，凡是中断出现的地方就会产生引人注目的突变。

图4.2　黑白的对比与微差

图4.3所示为大小的对比与微差，凡能保持连续性的变化表现为微差，而连续性的中断，如A与E、E与H、A与H那样，则出现对比。

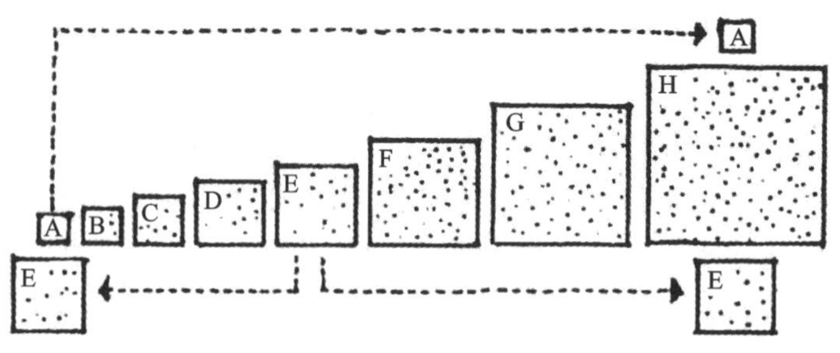

图4.3　大小的对比与微差

图4.4所示为方向的对比与微差，图中依次排列着长宽比例各不相同的长方形，能够保持连续性变化的是微差，不能保持连续性变化的，如A与I则表现为对比。

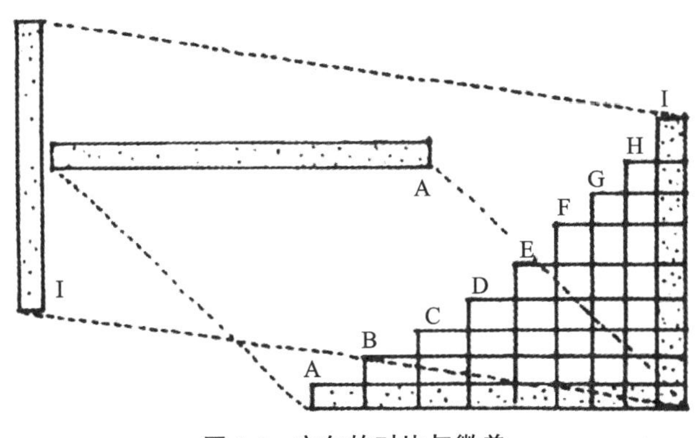

图 4.4　方向的对比与微差

图4.5所示为形状的对比与微差，A、B、C、D具有连续性，表现为微差，D与E或E与A则表现为对比。

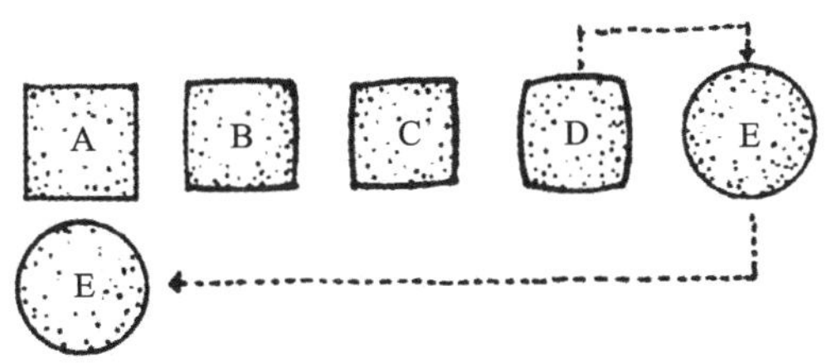

图 4.5　形状的对比与微差

图4.6所示为直曲的对比与微差，A、B、C、…、H之间保持连续性变化表现为微差，积微差而出现突变，如A与H则表现为对比。

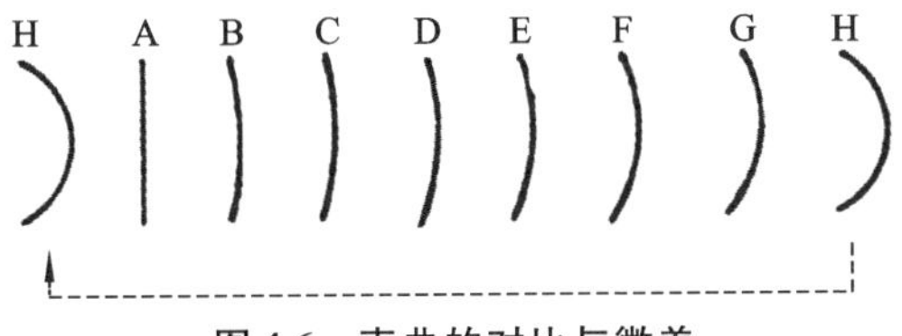

图 4.6　直曲的对比与微差

4.2.4　韵律与节奏

韵律一般指建筑构图中有秩序的变化和有规律的重复，从而有条理性、连续性，使连续与重复形成有节奏的韵律感，从而激发人们的美感。自然现象虽然可以给人以启示，但是人们不会满足于对自然作简单的模仿，而必然要经过再创造而产生各种形式上具有韵律美的图案，这些图案概括起来可以有以下几种类型。

(1) 连续的韵律。

连续的韵律的主要特征是以一种或几种要素连续重复地排列。如北京火车站的立面片段设计，整个立面是由窗间墙和窗组成的重复韵律，既增强了节奏感，又能正确地反映内部空间的特点。如图4.7所示，在室内装饰设计中，运用连续韵律而取得和谐统一的效果：图4.7（a）所示为建筑剖面设计，图4.7（b）所示为建筑天花处理，两者均分别以某一种或几种要素的重复出现而具有某种韵律感。

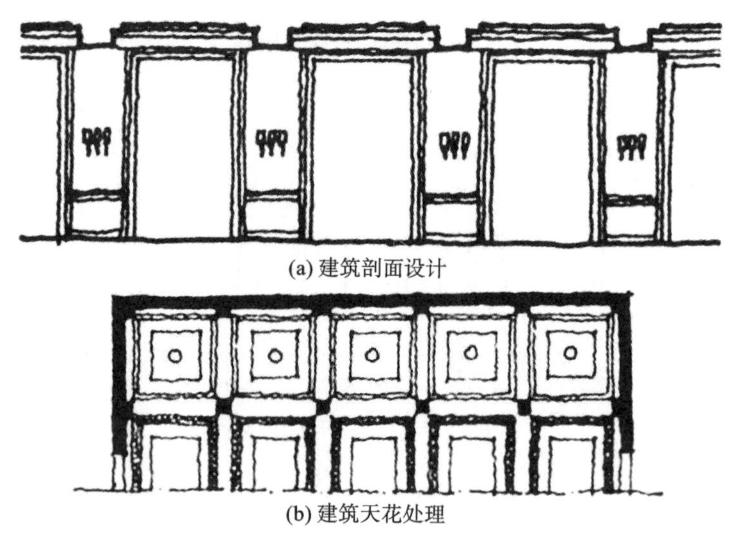
(a) 建筑剖面设计

(b) 建筑天花处理

图4.7　室内墙面与天花

(2) 渐变的韵律。

连续重复的要素按照一定的秩序或规律逐渐变化，比如长与短、宽与窄、密与疏、浓与淡、大与小等。我国古代的砖塔，大小与高度递减的圆拱与层层出檐交替重复出现，既取得了渐变的韵律感从而丰富了建筑的外轮廓线变化，又满足了建筑结构稳定的要求。上海市体育馆，建筑的墙面处理采用特殊形状的格片，既富有变化又具有由窄到宽、再由宽到窄的渐变的韵律感。

(3) 交错的韵律。

交错的韵律是指连续重复的组合要素互相交织、穿插，忽隐忽现而产生的韵律感，形如编织物沿经纬两个方向互相交错，一隐一显。在我国传统建筑中比较常见的木棂窗，按照木结构接榫的规律，巧妙地利用水平与垂直两个方向构件的交错与穿插而形成一种交错的韵律。当前一些民用建筑的立面处理，利

用立柱、窗间墙、窗台线、遮阳板等要素互相穿插而形成了交错的韵律感。如广州东方宾馆新楼，一部分墙面采用横向分割的处理手法，以横向连通的槛墙打断竖向的立柱，以获得安定的感觉；另一部分墙面则采用纵、横交错的处理手法。广交会展馆侧厅的墙面处理，以遮阳板作纵、横交织，从而形成一种交错的韵律，采用竖向分割的处理手法，能够使人产生一种向上或兴奋的感觉。

(4) 起伏的韵律。

起伏的韵律是指保持连续变化的要素时起时伏，具有明显起伏变化的特征而形成的某种韵律感。如都灵展览馆，屋顶结构具有起伏的韵律感，这种韵律来自一个方向为拱形、另一个方向为波形两种线条交织而成的完美图案。如罗马蒂伯提那新高速火车站，天花的处理巧妙利用新结构的特点，既完美又富有起伏的韵律感，这种韵律来自明暗相间的带形图案。

丹麦建筑师约恩·伍重设计的悉尼歌剧院，其基地处在凸向大海的班尼朗岛上，三面环水，面临海湾，形成独特的环境特色：蓝天白云、大桥海水、千船竞发。伍重用象征性的手法，背弃了现代主义建筑家信奉的“形式因循功能”的准则，颠覆了传统歌剧院的形象模式。他从海湾环境出发，采用三组形似贝壳的钢筋混凝土薄壳设计。这些“贝壳”依次排列，前三个由小到大，一个盖着一个，面向海湾，最后一个则背向海湾屹立，看上去很像是两组打开壳倒放着的蚌，最小一组贝壳由两对薄壳组成。三组贝壳形状相似，大小相近，以同样的造型重复出现，既保持了动态均衡，又给人以强烈的节奏感和韵律感。其出色的外形，既像一堆贝壳，又像一组迎风扬帆而驶的船队，其形象与其所在的环境融合，似乎再没有更好的替代方案了。这个独特的建筑形象今天已永载史册，成为悉尼乃至澳大利亚的象征。

4.2.5 比例与尺度

任何物体，不论它呈何种形状都存在着三个方向——长、宽、高的度量，比例所研究的正是这三个方向度量之间的制约关系。所谓推敲比例就是通过反复研究而寻求出这三者之间最理想的关系。以几何关系的制约性来分析建筑的比例，是西方古典建筑常用的一种手段，具有确定比例关系的圆、正方形、三角形等通常被用来作为分析建筑比例的一种楷模。另外，要素之间若呈相似形即可获得和谐的效果，这分别表现为它们的对角线或者相互平行，或者互相垂直。

首先，建筑整体比例，主要是体现在各组成要素的长、宽、高之间的相对关系上。这种关系如果处理不当，对于整个建筑将有决定性的影响。其次，各要素本身内部分割也应当考虑到各部分自身的比例以及相互之间的关系。最后，还必须处理好每一个细部的比例关系，只有处理好上述的所有的比例关系，才能获得高度统一的效果。

一个抽象的几何形体，无从显示其尺度感，然而一旦给予建筑处理，人们便可以通过这种处理而获得某种尺度感，比如踏步、栏杆、座椅及窗间墙等，由于功能要求一般具有比较确定的大小及尺寸，在立面处理时应当充分利用这些人们习见的要素来显示建筑物的真实大小，从而获得某种尺度感。某些建筑，由于功能要求而具有较大的空间或层高，这反映在立面上如果仍然采用一般建筑的处理手法，则不能正确地显示出应有的尺度感。

4.3 建筑体形及立面设计方法

体形是指建筑物的轮廓形状，它反映了建筑物总的体量大小、组合方式以及比例尺度等。而立面是指建筑物外表面的细部处理，它是由许多构件组成的，包括门窗、墙柱、阳台、遮阳板、雨篷、檐口、勒脚、花饰等，建筑立面设计就是恰当地确定这些构件的比例和尺度，运用节奏与韵律、虚实对比等构图规律，设计出体形完整、形式与内容统一的建筑立面。在建筑外形设计中，可以说体形是建筑的雏形，而立面设计则是建筑物体形的进一步深化。因此只有将二者作为一个有机的整体考虑，才能获得完美的建筑形象。

4.3.1 建筑体形设计

1. 建筑体形的组合

（1）单一体形。

单一体形是将复杂的内部空间组合到一个完整的体形中去。外观各面基本等高，平面多呈正方形、矩形、圆形、Y形等。这类建筑的特点是具有明显的主次关系和组合关系，造型统一、简洁、轮廓分明，给人以鲜明而强烈的印象，也可以将复杂的功能关系、多种不同用途的大小房间，合理地、有效地加以简化、概括在简单的平面空间形式之中，便于采用统一的结构布置。美国杜

勒斯航空港，将候机厅、贵宾接待室、餐厅、商店、宿舍、辅助用房等不同功能的房间组合在一个长方体空间中，简洁的外形，四周有规律的倾斜列柱衬以大面积的玻璃窗，加上顶部的弧形大挑檐，形成了鲜明、轻盈的外观形象。

（2）单元组合体形。

单元组合体形是一般建筑（如住宅、学校、医院等）常采用的一种组合方式。它是将几个独立体量的单元按一定方式组合起来。这种组合体形具有以下特点：首先，结合基地大小、形状、朝向、道路走向、地形变化，建筑单元可随意增减，高低错落，既可形成简单的一字形体形，也可以形成锯齿形、台阶式体形，因此，组合灵活；其次，建筑物没有明显的均衡中心及体形的主次关系，这就要求单元本身具有良好的造型；最后，由于建筑单元的连续重复，形成了强烈的韵律感。

（3）复杂体形。

复杂体形是由两个以上的体量组合而成的，形态丰富，更适用于功能关系比较复杂的建筑物。由于复杂体形存在着多个体量，则必然存在体量与体量之间相互协调与统一问题。在组合中应注意以下几方面的问题。

①根据功能要求将建筑物分为主要部分和次要部分，分别形成主体和附体，主体部分以其体量高大和地位突出而成为整体中的重点和核心，附体部分从属于主体，古典建筑多是以这种方法而达到主次分明的。古典建筑为了达到体量组合上的完整统一，时常借助于轴线引导来获得条理性和秩序。进行组合时应突出主体、有重点、有中心、主次分明、巧妙结合以形成有组织、有秩序且不杂乱的完整统一体。中国美术馆，高大的主体部分位于中央（涂成黑网格），各从属部分（留白）以不同形式与主体相连接，从而形成完整统一的整体。

②运用体量的大小、形状、方向、高低、曲直、色彩等方面的对比，可以突出主体，破除单调感，从而求得丰富、变化的造型效果。乌鲁木齐航空站，充分利用调度塔的竖向体量与其他部分的横向体量的强烈对比而打破单调。荷兰某市政厅，巧妙地通过纵横、左右、前后三重方向性的对比与变化而极大地丰富了体形组合。天津电信楼，以体量大小对比、方向对比、直线与曲线的对比，而使体形富有变化。巴西议会大厦，以办公楼的竖向板式体量和一正一反的碗状议会厅形成强烈的直与曲、高与低的对比，使建筑生动、活泼。

运用对比手法，同样不能脱离内部功能的合理性，体量的大小和形状取决于不同的内部空间，离开了这点去生搬硬套某种形式都是不可取的，且达不到

预期的效果。为此，要想在体量组合上获得对比与变化，则必须巧妙地利用功能特点来组织空间、体量，从而借它们本身在大小之间、高低之间、横竖之间、直曲之间、不同形状之间等的差异来进行对比，以打破体量组合上的单调而求得变化。体量组合的对比与变化主要表现在以下三个方面：首先，方向的对比与变化，这是最基本的一个方面，可以有横竖、左右、前后三个方向的对比与变化；其次，形状的对比与变化，少数建筑由于功能特点可以利用不同形状体量的对比取得变化；最后，直曲的对比与变化，个别建筑可以通过直曲的对比来获得变化。

③体形组合要注意均衡与稳定的问题。因为所有建筑物都是由具有一定重量的材料建成的，一旦失去均衡就会使建筑物轻重不均，失去稳定感。无论是传统建筑或新建筑在体量组合上都应当考虑到均衡问题，所不同的是传统手法往往侧重于静态稳定的均衡，而新建筑则考虑到动态稳定的均衡。

2. 建筑体形的转折与转角处理

建筑的体形转折和转角，主要是指建筑物为适应基地的形状或道路的转弯变化而形成的弯折和角度。如在丁字路口、十字路口或任意角落的转角地带设计建筑时，应巧妙地利用地形来对建筑进行恰当的转折和转角处理，以创造出既适合地形环境，又特点鲜明的建筑体形。

若建筑体形单一，可以将单一的几何式建筑体形沿着道路、自然地形的变化，进行曲折变形和延伸，并保持着体形的等高特征，形成简洁流畅、自然大方、统一完整的建筑外观体形。

转角地带的建筑体形，也可采用以小衬大、以低衬高、主次分明的手法，使主体更加醒目。对于较高的建筑物，常采用局部体量升高以形成塔楼的形式，使其在转角处显得非常突出、醒目，并形成建筑群布局的高潮，控制整个建筑物及周围道路和广场等。

3. 体形的联系与交接

复杂体形中各体量的大小、高低、形状各不相同，如果连接不当，不仅影响到体形的完整，而且将会直接损害到使用功能和结构的合理性。组合设计中常采取以下几种连接方式。

（1）直接连接。

在体形组合中，将不同体量的面直接相连为直接连接。这种方式具有体形

分明、简洁、整体性强的优点，常用于功能上要求各房间联系紧密的建筑。

(2) 咬接。

各体量之间相互穿插，体形较复杂，但组合紧凑，整体性强，较前者易于获得有机整体的效果，是组合设计中较为常用的一种方式。

(3) 以走廊或连接体相连。

这种方式的特点是各体量之间相对独立而又互相联系，走廊的开敞或封闭、单层或多层，常随不同功能、地区特点及创作意图而定，建筑给人以轻快、舒展的感觉。

4.3.2　建筑的立面设计

建筑的立面由许多构件组成，这些建筑构件包括门、窗、墙（柱）、阳台、遮阳板、雨篷、檐口、勒脚等。立面设计是恰当地确定这些部件的尺寸大小、比例关系以及材料色彩等。通过形状的变换、面的虚实对比、线的方向变化等，求得外形的统一与变化和内部空间与外形的协调统一。

建筑立面设计的步骤，一般是先根据初步确定的建筑内部空间组合的平面、剖面关系，如建筑的尺度、高低、门窗位置等，描绘出建筑各个立面的基本轮廓；然后以此为基准，推敲立面各部分的比例关系，各个立面的连接、协调和统一；再着重对墙面、门窗大小进行调整，确定各构件的装修材料、色彩，进行细部处理；最后对重点部位进行重点处理，从整体到局部、从大面到细节，反复推敲，逐步深入。

1. 立面的比例与尺度处理

立面各部分之间的比例，以及墙面的划分都必须根据内部功能特点，在体形组合的基础上，考虑结构、构造、材料、施工等因素，仔细推敲，设计与建筑性格相适应的建筑立面比例效果。在不影响功能和结构的基础上对建筑构件进行调整，可使整个立面比较均匀、协调。建筑立面常借助于门窗、踏步、栏杆等的尺度，反映建筑物的正确尺度感。

图4.8为某大学宿舍楼的建筑立面，根据宿舍楼的内部特征，表现在外立面上是整齐划一的窗和墙体。墙体和窗户的大小比例协调，为避免单调，将楼梯间的窗做成扁窗，既符合楼梯间的采光要求，又在立面上有所变化。由此可见，立面处理必须做到表里一致，即正确反映内部空间的划分以及相应结构体

系所确定的开间、层高的网格，另外，还必须通过处理使之具有统一和谐的形式。

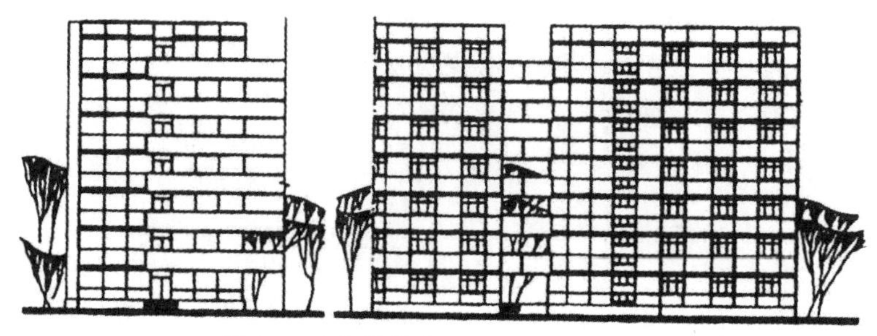

图 4.8　立面墙体与窗的比例协调一致

2. 立面的虚实与凹凸处理

建筑立面中“虚”指的是窗洞口、门廊、阳台等；“实”指的是墙面、柱子、屋面等。虚与实主要是由功能和结构要求决定的，巧妙地利用房屋的功能特点把虚实凹凸要素有机地组合在一起，并利用它们的对比与变化，形成一个和谐统一的整体，获得坚实有力的外观形象。在设计中要正确处理好以下几方面的内容。

(1) 以虚为主、虚多实少的表现手法，能够获得灵动、自由、活泼的效果。我国采用木结构的传统建筑，一般以虚为主，但由于局部采用了实墙面，是可借虚实之间的对比而获得变化的。园林建筑和加油站建筑由于其功能特点，一般以虚为主，只要借少量的实墙面即可获得良好的虚实对比效果。如乌鲁木齐航空站，面对停机坪一面的候机厅、调度塔，由于其功能特点，以虚为主，仅以少量实墙面与之对比，从而取得良好的效果。

(2) 以实为主、实多虚少的表现手法，能获得稳定、严肃、高大的效果，常用于纪念性建筑及重要的公共建筑。如坦桑尼亚国会大厦，以大面积实墙和狭长的窗，形成强烈的以实为主的外观形象。

(3) 虚实平分的处理，会给人以呆板、单调的感觉。如果在功能允许的情况下，宜将虚和实的部分分开集中，使房屋产生一定的变化。北京和平宾馆，虚的部分集中在底层和顶层，实的部分相对集中于客房，中部虚实相当，立面既有变化，又和谐统一。杭州大剧院，由于功能特点，部分以实为主，实中有虚；部分以虚为主，虚中有实，于是虚、实交织在一起就可以产生良好的效果，观众、舞台部分是以实为主，而门厅、休息厅部分则是以虚为主。

国外某些建筑师，无论对于虚实的对比与变化或是对于凹凸的对比与变化，都给予高度的重视。比如日本九州学会会堂，由于将实的部分相互穿插，并巧妙地把窗户嵌入适当的部位，不仅使虚、实两种要素有良好的组合关系，而且凹凸的变化也十分显著。把虚实的对比与变化和凹凸关系的处理结合在一起考虑，从而使得建筑物具有极强烈的体积感。美国得梅因艺术中心扩建部分，这幢建筑的虚实、凹凸关系的处理很有特色——把一面墙当作一个整体来考虑，虚实两部分由于组合得十分巧妙，形成了一幅完美的图案，不仅具有韵律感，而且还具有强烈的体积感。

虚实与凹凸的处理对建筑外观效果的影响极大，虚与实、凹与凸既是互相对立的，又是相辅相成和统一的。虚实凹凸处理必然要涉及墙面、柱、阳台、凹廊、门窗、挑檐、门廊等的组合问题。为此，必须巧妙地利用建筑物的功能特点把以上要素有机地组合在一起，并利用虚与实、凹与凸的对比与变化，而形成一个既有变化又和谐统一的整体。在住宅建筑中，为了打破单调，通常可以利用凹廊、阳台的设置来取得虚与实或凹与凸的对比与变化，另外，住宅建筑的山墙一般较少开窗，它和正立面也可构成虚实对比的关系，底层设置商店，则可利用其大面积的橱窗与上层构成虚实对比的关系。

3. 立面的线条处理

由于体量的交接、立面的凹凸、色彩和材料的变化以及结构与构造的需要，建筑立面客观上存在若干方向不同、大小不等的线条，如阳台、凸窗、檐口、立柱，以及带形窗和窗间墙等。恰当运用这些不同类型的线条，并加以适当的艺术处理，将给建筑立面韵律的组织、比例尺度的权衡带来不同的效果。以水平线条为主的立面，常给人以舒展与连续、宁静与亲切的感觉；以垂直线条为主的立面形式，则给人以挺拔、高耸、向上的感觉；以曲线为主的立面，一般给人以轻快、柔和、流畅、活跃的感觉；以网格线为主的立面形式，给人以生动、活泼、有序的感觉。从粗细、曲折变化来看，粗线条表现厚重、有力；细线条具有精致、柔和的效果；直线表现刚强、坚定；曲线则显得优雅、轻盈。在设计中合理运用各种线条在位置、粗细、长短、方向、曲直、疏密、繁简、凹凸方面的变化，能使建筑立面更加丰富多彩。

4. 立面的色彩与质感处理

色彩对人的心理和情绪的影响是很大的，不同色彩会给人以不同感受。例如：红、橙、黄为暖色，有靠近感，会使人感到兴奋；青、蓝、紫为冷色，有后退感，会使人感到宁静；同等的距离，着暖色墙面比着冷色墙面使人感到近一些。色彩的使用必须和房屋的功能性质以及整个周围环境气氛协调统一才能有效地、完整地表达某种设想和意图。

质感是不同建筑材料各自所特有的，建筑的材料不同，质感也不相同，可以借助材料质感的对比与变化来丰富建筑的立面。有些建筑，在入口上部的墙面以人工方法模仿乱石墙，改变墙面的凹凸关系，从而获得良好的光影变化，这对强调入口、丰富立面变化都起到提示和引导的作用，通过处理后具有良好的质感效果；一些地域建筑就地取材，利用天然石料来砌筑台基，并以其粗糙的质感与其他部分构成对比而获得效果。

建筑外观的色彩设计，包括大部分墙面基调色的选择和墙面上不同色彩的构图等两方面，设计中应注意以下问题。

（1）通过对比可以求得变化。

对比有两种，一是明暗对比，二是色彩对比。在一般情况下为了保持统一，往往都是在大面积调和的基础上通过局部小面积的对比而求得变化。采用暖色调的房间可以营造紧张、热烈或兴奋的气氛，因而一般适合文娱、体育类建筑。采用冷色调的房间可以营造幽雅、宁静的气氛，因而比较适合居住、病房、阅览室等。如红砖清水墙或白色搓砂面的住宅，常在阳台、檐口和窗台处加以重点抹面，以色彩对比使建筑物显得活泼且富有变化。比如勒·柯布西耶所设计的法国马赛公寓——一幢高层的板式建筑，尽管开窗处理力求变化，但由于居住建筑的功能所限，仍不免有单调的感觉，然而由于大胆地把凹廊两侧的墙面涂上色泽鲜明、纯度很高的色彩，这幢表面粗糙的混凝土建筑大放异彩。

（2）色彩的运用必须与建筑性质相一致。

医疗建筑一般采用浅色或白色作为基调，给人以安定感；娱乐性建筑通常选用暖色调，运用色彩对比的手法来渲染建筑的气氛；一般民居常采用灰白色的基调以体现朴素、淡雅的气氛，立面处理借抹面与砖两种不同色彩、质感的材料之间互相对比衬托而收到悦目的效果。比如某办公建筑，以浅色抹面为主，局部采用清水砖墙，由于两者互相交织、穿插，从而取得了良好的效果，同时山墙、檐口、立柱采用白色水刷石抹面，槛墙采用清水砖墙，不同色彩、质感相互交织、穿插，效果较好；又如某宾馆建筑，以白色水刷石抹面与橙色砖相互结合而形成的立面具有良好的效果。

(3) 色彩的运用必须注意与环境的密切协调。

如位于天安门广场的人民大会堂、毛主席纪念堂、中国国家博物馆等建筑，在用色上均与天安门城楼和故宫内的建筑协调一致，从而使建筑群体取得和谐统一的效果。

5. 立面的重点与细部处理

外轮廓线是反映房屋体形的一个重要因素，留给人的印象极为深刻。特别是在远处、早晨、晚上、雨雾天气看到房屋时，由于细部的凹凸转折变得相对模糊，这时房屋的外轮廓线则显得尤其突出，因此应当力求使建筑物具有良好的外轮廓线。

我国传统建筑的轮廓线的变化极为丰富优美，它不仅反映在整体上有各种形式的屋顶和由曲折而产生的柔和的曲线，同时在细部处理上也极富变化。

古希腊建筑轮廓线的处理和我国古建筑有许多相似的地方，如在山花中央和两端饰以人物或小兽，这对于丰富建筑物外轮廓线的变化起着十分重要的作用。

毛主席纪念堂吸取了传统的手法，在檐口的转角处借花饰而微向上翘，从而使轮廓线具有起伏的变化。

西方某些古代或近代建筑都喜欢在关键部位设置塔楼，这很可能就是出于获得优美轮廓线变化的需要。

国外的新建筑，由于在形式方面日趋简洁，因而更加着眼于以体形组合和轮廓线的变化来获得大体的效果。具体地讲，与传统建筑相比较，一方面，新建筑在处理外轮廓线的时候，更多地强调大的变化，而不拘泥于细部的转折；另一方面则是更多地考虑到在运动中来观赏建筑物的轮廓线的变化，而不限于仅从某个角度来看建筑物，这就是说比较强调轮廓的透视效果，而不仅是看它的正投影。挪威某公共建筑，在夕阳照射下建筑物仅仅剩下一个黑白剪影，但由于轮廓线的处理比较成功，还是给人留下深刻的印象。美国孟菲斯风格大楼，在菱形的平面上巧妙地设置了阳台，特别是借助于轮廓线的处理而使建筑不论从哪一个角度看都显得生机勃勃。

第5章　地基与基础工程施工

5.1　土方工程施工

土方工程施工工程量大、施工条件复杂，新建一个大型工程项目，土方量往往可达几十万甚至几百万立方米。并且，土方工程多为露天作业，施工受地区的气候条件影响，而土本身是一种天然物质，种类繁多，受工程地质和水文地质条件的影响也很大。综上，施工前必须根据本工程的上述条件制定合理的施工方案，实行科学管理，以在缩短工期、降低工程成本与保证工程质量间取得平衡，并收获良好的经济效果。

5.1.1　土方工程施工方法

1. 场地平整施工

1）施工准备工作

（1）场地清理，包括拆除施工区域内的房屋，拆除（或改建）通信和电力设施、上下水道及其他建筑物，迁移树木，清除含有大量有机物的草皮、耕植土、河塘淤泥等。

（2）修筑临时设施，包括混凝土搅拌站、各种作业棚、建筑材料堆场及仓库等生产性临时设施，以及宿舍、食堂、办公室、厕所等生活性临时设施。

应修筑好施工现场内的临时道路，同时做好现场供水、供电、供气等管线的架设，再推进开工。

2）场地平整施工方法

场地平整由土方的开挖、运输、填筑、压实等施工过程组成，系综合施工过程。其中土方开挖是主导施工过程。

土方开挖通常有人工、半机械化、机械化和爆破等方法。

大面积的场地平整，宜采用大型土方机械，如推土机、铲运机或单斗挖土机等施工。

(1) 推土机施工。

推上机是土方工程施工的主要机械之一，是在履带式拖拉机上安装推土铲刀等装置而成的机械。按铲刀的操纵机构不同，可分为索式推土机和液压式推土机两种。索式推土机的铲刀借自重切入土中，在硬土中切土深度较小。液压式推土机用液压操纵，能使铲刀强制切入土中，切入深度较大。同时，液压式推土机铲刀可以调整角度，具有更大的灵活性，是目前常用的一种推土机。

推土机操纵灵活，运转方便，所需工作面较小，行驶速度快，易于转移，能爬30°左右的缓坡，因此应用范围较广。它适用于开挖一至三类土，多用于挖土深度不大的场地平整，开挖深度不大于1.5 m的基坑，回填基坑和沟槽，堆筑高度在1.5 m以内的路基、堤坝，平整其他机械卸置的土堆；推送松散的硬土、岩石和冻土，配合铲运机进行助铲；配合挖土机施工，为挖土机清理余土和创造工作面。此外，卸下铲刀后，推土机还能牵引其他无动力的土方施工机械进行土方其他施工过程。

推土机的运距宜在100 m以内，运距为40～60 m效率最高。为提高生产率，可采用下述方式。

①下坡推土。推土机顺地面坡势沿下坡方向推土，借助机械往下的重力作用，可增大铲刀切土深度和运土数量，提高推土能力和缩短推土时间，一般可提高生产率30%～40%，但坡度不宜大于15°，以免后退时爬坡困难。

②槽形推土。当运距较远、挖土层较厚时，利用已推过的土槽再次推土，可以减少铲刀两侧土的散漏，采用这样的作业方式可提高效率10%～30%。槽深1 m左右为宜，槽间土埂宽约0.5 m。在推出多条槽后，再将土埂推入槽内，然后运出。

此外，推运疏松土壤且运距较大时，还应在铲刀两侧装置挡板，以增加铲刀前土的体积，减少土向两侧散失。在土层较硬的情况下，可在铲刀前面装置活动松土齿，当推土机倒退回程时，即可将土翻松，这样便可减少切土时阻力，从而提高切土运行速度。

③并列推土。对于大面积的施工区，可使用2～3台推土机并列推土。推土时两铲刀相距150～300 mm，能够减少土的散失，从而增大推土量，提高生产率15%～30%。但平均运距不宜超过50～75 m，亦不宜小于20 m；且推土机数量不宜超过3台，否则倒车不便，行驶不一致，反而影响生产率。

④分批集中，一次推送。若运距较远而土质又比较坚硬，由于切土的深度不大，宜采用多次铲土，分批集中，再一次推送的方法，使铲刀前保持满载，

以提高生产率。

(2) 铲运机施工。

铲运机是一种能够独立完成铲土、运土、卸土、填筑、整平的土方机械。按行走机构可分为拖式铲运机和自行式铲运机两种。拖式铲运机由拖拉机牵引，自行式铲运机的行驶和作业都靠本身的动力设备。

铲运机对行驶的道路要求较低，操纵灵活，生产率较高，可在一至三类土中直接挖、运土，常用于坡度在20°以内的大面积土方挖、填、平整和压实，大型基坑、沟槽的开挖，路基和堤坝的填筑，不适用于砾石层、冻土地带及沼泽地区。坚硬土开挖时要用推土机助铲或用松土机配合。

在土方工程中，常使用的铲运机的铲斗容量为2.5～8.0 m^3。自行式铲运机适用于运距800～3500 m的大型土方工程施工，以运距在800～1500 m范围内的生产率最高；拖式铲运机适用于运距为80～800 m的土方工程施工，而运距在200～350 m时生产率最高。如果采用双联铲运或挂大斗铲运，其运距可增加到1000 m。运距越长，生产率越低，因此，在规划铲运机的运行路线时，应力求符合经济运距的要求。为提高生产率，一般采用下述方法。

①合理选择铲运机的开行路线。在场地平整施工中，铲运机的开行路线应根据场地挖、填方区分布的具体情况合理选择，这对提高铲运机的生产率有很大关系。同时，铲运机应避免在转弯时铲土，铲刀受力不均易引起翻车事故。因此，为了充分发挥铲运机的效能，保证能在直线段上铲土并装满土斗，要求铲土区应有足够的最小铲土长度。

②下坡铲土。铲运机利用地形进行下坡推土，借助铲运机的重力，加深铲斗切土深度，缩短铲土时间。但纵坡不得超过25°，横坡不得超过5°，铲运机不能在陡坡上急转弯，以免翻车。

③跨铲法。铲运机间隔铲土，预留土埂，这样在间隔铲土时可形成一个土槽，减少向外的洒土量，铲土埂时铲土阻力减小。土埂高度小于300 mm，宽度不大于拖拉机两履带间净距。

④推土机助铲。地势平坦、土质较坚硬时，可用推土机在铲运机后面顶推，以加大铲刀切土能力，缩短铲土时间，提高生产率。推土机在助铲的空隙可兼作松土或平整工作，为铲运机创造作业条件。

⑤双联铲运法。当拖式铲运机的动力有富余时，可在拖拉机后面串联两个铲斗进行双联铲运。对坚硬土层，可用双联单铲，即一个土斗铲满后，再铲另一斗土；对松软土层，则可用双联双铲，即两个土斗同时铲土。

⑥挂大斗铲运。在土质松软地区，可改挂大型铲土斗，以充分利用拖拉机的牵引力来提高工效。

（3）单斗挖土机施工。

单斗挖土机是基坑（槽）土方开挖常用的一种机械，按其行走装置的不同，分为履带式和轮胎式两类。根据工作需要，其工作装置可以更换。单斗挖土机按工作装置的不同可分为正铲、反铲、拉铲和抓铲4种。

①正铲挖土机。正铲挖土机的挖土具有前进向上、强制切土的特点，挖掘力大、生产率高。它适用于开挖停机面以上的一至三类土，且须与运土汽车配合完成整个挖运任务。开挖大型基坑时须设坡道，挖土机在坑内作业，因此适宜在土质较好、无地下水的地区工作。当地下水位较高时，应采取降低地下水位的措施，把基坑土疏干。

根据挖土机的开挖路线与汽车相对位置不同，其卸土方式有侧向卸土和后方卸土两种。

挖土机的工作面是指挖土机在一个停机点进行挖土的工作范围。工作面的形状和尺寸取决于挖土机的性能和卸土方式。根据挖土机作业方式不同，挖土机的工作面分为侧工作面与正工作面两种。挖土机侧向卸土方式就构成了侧工作面，根据运输车辆与挖土机的停放标高是否相同又分为高卸侧工作面（车辆停放处高于挖土机停机面）及平卸侧工作面（车辆与挖土机在同一标高）。

在正铲挖土机开挖大面积基坑时，必须对挖土机作业时的开行路线和工作面进行设计，确定出开行通道、开行次序和次数。当基坑开挖深度较小时，可布置一层开行通道，基坑开挖时，挖土机开行3次。第一次开行采用正向挖土、后方卸土的作业方式，为正工作面。挖土机进入基坑要挖坡道，坡道的坡度为1∶8左右。第二、三次开行时采用侧方卸土的平卸侧工作面。

当基坑宽度稍大于正工作面的宽度时，为了减少挖土机的开行次数，可采用加宽工作面的办法，挖土机按“之”字形路线开行。当基坑的深度较大时，则开行通道可布置成多层，如三层通道的布置。

②反铲挖土机。反铲挖土机的挖土特点：后退向下，强制切土。其挖掘力比正铲小，能开挖停机面以下的一至三类土（机械传动反铲只宜挖一至二类土）。无须设置进出口通道，适用于一次开挖深度在4 m左右的基坑、基槽、管沟，亦可用于地下水位较高的土方开挖。在深基坑开挖中，依靠止水挡土结构或井点降水，反铲挖土机通过下坡道，采用台阶式接力方式挖土也是常用方法。反铲挖土机可以与自卸汽车配合，装土运走，也可弃土于坑槽附近。

③拉铲挖土机。拉铲挖土机的土斗用钢丝绳悬挂在挖土机长臂上，挖土时土斗在自重作用下落到地面切入土中。其挖土特点：后退向下，自重切土。其挖土深度和挖土半径均较大，能开挖停机面以下的一至二类土，但不如反铲动作灵活准确。拉铲挖土机适用于开挖较深较大的基坑（槽）、沟渠，挖取水中泥土以及填筑路基、修筑堤坝等。

④抓铲挖土机。机械传动抓铲挖土机是在挖土机臂端用钢丝绳吊装一个抓斗。其挖土特点是直上直下，自重切土。其挖掘力较小，能开挖停机面以下的一至二类土，适用于开挖软土地基基坑，特别是窄而深的基坑、深槽、深井。抓铲还可用于疏通旧有渠道以及挖取水中淤泥等，或用于装卸碎石、矿渣等松散材料。抓铲也有采用液压传动操纵抓斗作业，其挖掘力和精度优于机械传动抓铲挖土机。

⑤挖土机和运土车辆配套的选型。基坑开挖采用单斗（反铲等）挖土机施工时，须用运土车辆配合，将挖出的土随时运走。因此，挖土机的生产率不仅取决于其本身的技术性能，还应与所选运土车辆的运土能力相协调。为使挖土机充分发挥生产能力，应配备足够数量的运土车辆，以保证挖土机连续工作。

2. 土方开挖

1）定位与放线

土方开挖前，要做好建筑物的定位、放线工作。

（1）建筑的定位。

建筑物定位是将建筑物外轮廓的轴线交点测定到地面上，用木桩标定出来，桩顶钉上小钉指示点位，这些桩称为角桩。然后根据角桩进行细部测试。

为了方便地恢复各轴线位置，要把主要轴线延长到安全地点并做好标志，称为控制桩。为便于开槽后施工各阶段中确定轴线位置，应把轴线位置引测到龙门板上，用轴线钉标定。龙门板顶部标高一般定在±0.000 m，便于施工时控制标高。

（2）放线。

放线是根据定位确定的轴线位置，用石灰画出开挖的边线。应根据基础的设计尺寸和埋置深度、土壤类别及地下水情况决定是否留工作面和放坡，从而确定开挖上口尺寸。

（3）开挖中的深度控制。

基槽（坑）开挖时，严禁扰动基层土层，破坏土层结构，降低承载力。要加强测量，以防超挖。控制方法为在距设计基底标高300～500 mm时，及时用水准仪抄平，打上水平控制桩以作为挖槽（坑）时控制深度的依据。当开挖较浅的基槽（坑）时，可在龙门板顶面拉上线，用尺子直接量开挖深度；当开挖较深的基坑时，用水准仪引测槽（坑）壁水平桩，一般距槽底300 mm，沿基槽每3～4 m钉设一个。使用机械挖土时，为防止超挖，可在设计标高以上保留200～300 mm土层不挖，而改用人工挖土。

2）土方开挖方法

基础土方的开挖方法分为人工挖方和机械挖方。具体开挖方法应根据基础特点、规模、形式、深度以及土质情况和地下水位，结合施工场地条件确定。一般大中型工程基坑土方量大，宜使用土方机械施工，配合少量人工清槽；小型工程基槽窄，土方量小，宜采用人工或人工配合小型挖土机施工。

（1）人工挖方。

①在基础土方开挖之前，应检查龙门板、轴线桩有无位移现象，并根据设计图纸校核基础灰线的位置、尺寸、龙门板标高等是否符合要求。

②基础土方开挖应自上而下分步分层下挖，每步开挖深度约300 mm，每层深度以600 mm为宜，按踏步型逐层进行剥土；每层应留足够的工作面，避免相互碰撞出现安全事故；开挖应连续进行，尽快完成。

③挖土过程中，应按事先给定的坑槽尺寸进行检查，尺寸不够时对侧壁土及时进行修挖，修挖槽应自上而下进行，严禁从坑壁下部掏挖“神仙土”（即挖空底脚）。

④所挖土方应两侧出土，抛于槽边的土方距离槽边1 m、堆高1 m为宜，以保证边坡稳定，防止因压载过大产生塌方。除所需的回填土外，多余的土应一次运至用土处或弃土场，避免二次搬运。

⑤挖至距槽底约500 mm时，应配合测量放线人员抄出距槽底500 mm的水平线，并沿槽边每隔3～4 m钉水平标高小木桩。应随时检查槽底标高，开挖不得低于设计标高。如在别处超挖，应用与基土相同的土料填补，并夯实到要求的密实度，或用碎石类土填补，并仔细夯实。如在重要部位超挖，可用低强度等级的混凝土填补。

⑥如开挖后不能立即进行下一工序或在冬、雨期开挖，应在槽底标高以上保留150～300 mm不挖，待下道工序开始前再挖。冬期开挖每天下班前应挖

一步虚土并盖草帘等保温，尤其是挖到槽底标高时，应保证地基土不受冻。

（2）机械挖方。

①点式开挖。厂房的柱基或中小型设备基础坑，因挖土量不大、基坑坡度小，机械只能在地面上作业，一般多采用抓铲挖土机或反铲挖土机。抓铲挖土机能挖一、二类土和较深的基坑；反铲挖土机适于挖四类以下土和深度在4 m以内的基坑。

②线式开挖。大型厂房的柱列基础和管沟基槽截面宽度较小，并且有一定长度，适于机械在地面上作业。一般多采用反铲挖土机。如基槽较浅，又有一定宽度，土质干燥时也可采用推土机直接下到槽中作业，但基槽需有一定长度并设上下坡道。

③面式开挖。有地下室的房屋基础、箱形和筏式基础、设备与柱基础密集，采取整片开挖方式时，除可用推土机、铲运机进行场地平整和开挖表层外，多采用正铲挖土机、反铲挖土机或拉铲挖土机开挖。用正铲挖土机工效高，但需有上下坡道，以便运输工具驶入坑内，还要求土质干燥；反铲和拉铲挖土机可在坑上开挖，运输工具可不驶入坑内，坑内土潮湿也可以作业，但工效比正铲挖土机低。

3. 土方的填筑与压实

1）土料选择与填筑要求

为了保证填土工程的质量，必须正确选择土料和填筑方法。

填方土料应按设计要求验收后方可填入。如设计无要求，一般按下述原则进行确定：碎石类土、砂土（使用细、粉砂时应取得设计单位同意）和爆破石渣可用作表层以下的填料；含水量符合压实要求的黏性土，可用作各层填料；碎块草皮和有机质含量大于8%的土，仅用于无压实要求的填方。含大量有机物的土容易降解变形而降低承载能力。水溶性硫酸盐含量大于5%的土，在地下水作用下，硫酸盐会逐渐溶解消失，形成孔洞，影响密实性。因此这两种土以及淤泥和淤泥质土、冻土、膨胀土等，均不能作为填土。

填土应分层进行，并尽量采用同类土填筑。如采用不同土填筑，应将透水性较大的土层置于透水性较小的土层之下，不能将各种土混杂在一起使用，以免填方内形成水囊。

碎石类土或爆破石渣作填料时，碎石最大粒径不得超过每层铺土厚度的

2/3，使用振动碾时，碎石粒径不得超过每层铺土厚度的3/4；铺填时，大块料不应集中，且不得填在分段接头或填方与山坡连接处。

当填方位于倾斜的山坡上时，应将斜坡挖成阶梯状，以防填土横向移动。

回填基坑和管沟时，应从四周或两侧均匀地分层进行，以防基础和管道在土压力作用下产生偏移或变形。

回填以前，应清除填方区的积水和杂物，如遇软土、淤泥，必须进行换土回填。在回填时，应防止地面水流入，并预留一定的下沉高度（一般不得超过填方高度的3%）。

2）填土压实方法

填土的压实方法一般有碾压、夯实、振动压实以及利用运土工具压实。对于大面积填土工程，多采用碾压和利用运土工具压实；对较小面积的填土工程，则宜用夯实机具进行压实。

（1）碾压法。

碾压法是利用机械滚轮的压力压实土壤，使之达到所需的密实度。碾压机械有平碾、羊足碾和气胎碾。

①平碾。

平碾又称光碾压路机，是一种以内燃机为动力的自行式压路机。按重力等级，平碾主要分为轻型（30～50 kN）、中型（60～90 kN）和重型（100～140 kN）3种。平碾适于压实砂类土和黏性土，适用土类范围较广。

②羊足碾。

羊足碾一般无动力而靠拖拉机牵引，有单筒和双筒两种。根据碾压要求，羊足碾可分为空筒、装砂、注水3种。羊足碾虽然与土接触面积小，但单位面积的压力比较大，土的压实效果好。羊足碾只能用来压实黏性土。

③气胎碾。

气胎碾又称轮胎压路机，它的前轮和后轮分别密排着4个或5个轮胎，既是行驶轮，也是碾压轮。由于轮胎弹性大，在压实过程中，土与轮胎都会发生变形，而随着几遍碾压后铺土密实度会提高，沉陷量逐渐减少，轮胎与土的接触面积逐渐缩小，接触应力则逐渐增大，最后使土料得到压实。由于轮胎在工作时是弹性体，其压力均匀，填土质量较好。

碾压法主要用于大面积的填土压实，如场地平整、路基、堤坝等工程。

用碾压法压实填土时，铺土应均匀一致，碾压遍数要一致，碾压方向应从填土区的两边逐渐压向中心，每次碾压应有150～200 mm的重叠；碾压机械开行速度不宜过快，一般平碾应不超过2 km/h，羊足碾控制在3 km/h之内，否则会影响压实效果。

（2）夯实法。

夯实法是利用夯锤自由下落的冲击力来夯实土壤，主要用于小面积的回填土或作业面受到限制的环境下的土壤压实。夯实法分人工夯实和机械夯实两种。人工夯实所用的工具有木夯、石夯等。机械夯实常用的有夯锤、内燃夯土机、蛙式打夯机、利用挖土机或起重机装上夯板后的夯土机等，其中蛙式打夯机轻巧灵活、构造简单，在小型土方工程中应用广泛。

（3）振动压实法。

振动压实法是将振动压实机放在土层表面，借助振动机构使压实机振动土颗粒，使其发生相对位移而达到紧密状态。这种方法适用于非黏性土振实。

目前，为了将碾压和振动结合起来而设计和制造了振动平碾、振动凸块碾等新型压实机械。振动平碾适用于填料为爆破碎石碴、碎石类土、杂填土或轻亚黏土的大型填方；振动凸块碾则适用于亚黏土或黏土的大型填方。当压实爆破石渣或碎石类土时，可选用重8～15 t的振动平碾，铺土厚度为0.6～1.5 m，先静压，后振动碾压，碾压遍数由现场试验确定，一般为6～8遍。

3）影响填土压实的主要因素

填土压实量与许多因素有关，其中主要影响因素为压实功、土的含水量以及每层铺土厚度。

（1）压实功的影响。

填土压实后的密度与压实机械在其上施加的功有一定关系。当土的含水量一定并开始压实时，土的密度急剧增加，待接近土的最大密度时，压实功虽然增加许多，但土的密度则变化甚小。实际施工中，砂土须碾压或夯实2～3遍，亚砂土须3～4遍，亚黏土或黏土须5～6遍。

（2）含水量的影响。

在同一压实功作用下，填土的含水量会直接影响压实质量。较为干燥的土，土颗粒之间的摩阻力较大，不易压实。当土具有适当含水量时，水起了润滑作用，土颗粒之间的摩阻力减小，从而易压实。土在最佳含水量条件下，使用同样的压实功进行压实所达到的密度最大。

（3）铺土厚度的影响。

土在压实功作用下，其应力随深度增加而逐渐减小，超过一定深度后，土的压实密度与未压实前相差极小。其影响深度与压实机械、土的性质和含水量等有关。铺土厚度应小于压实机械压土时的影响深度。因此，填土压实时每层铺土厚度应根据所选压实机械和土的性质确定，在保证压实质量的前提下，使土方压实机械的功耗最小。

5.1.2　基坑开挖与支护

1. 基坑开挖类型

基坑工程主要包括基坑开挖以及基坑支护两个阶段，在基坑工程施工过程中，要先开挖后支护。基坑开挖能够为地下结构施工作业提供充足的空间，在基坑开挖过程中，开挖的施工方案以及施工顺序会对基坑工程的施工效果产生直接影响。在整个基坑工程施工中，基坑开挖占大部分工期。除此之外，基坑支护结构设计的合理性以及科学性也会受基坑开挖的影响，基坑支护的最终目的是保证基坑开挖工作顺利进行。影响基坑开挖的主要因素包括施工场地的地质水文情况、地下水位、基坑周围的环境条件、施工场地土体性状、基坑开挖的规模以及深度等。

基坑开挖种类主要包括放坡开挖和有围护开挖，如果基坑工程的施工场地是在比较空旷的地区，周围建筑物比较少，甚至没有建筑物，地下没有管线管道，环境条件允许时可以利用放坡开挖方式。但如果基坑工程周边的环境比较复杂，尤其是建筑数量比较多时，会影响整体基坑工程的施工效率，则需要采用围护开挖形式。在基坑围护开挖中，根据基坑有无内支撑，可以将其分为有围护无支撑和有围护内支撑两种形式。基坑支撑一般是用杆件固定围护结构以减少基坑的变形。有围护无支撑支护主要涉及放坡开挖基坑、水泥土重力式围护基坑、土钉锚杆支护基坑、土钉支护基坑、钢板桩拉锚支护基坑等。有围护内支撑基坑指的是在基坑开挖深度的区域内设置临时支撑以及水平支护结构的基坑。根据开挖方式不同，基坑开挖可分为明挖法与暗挖法。无支撑基坑的开挖可以采用明挖法，而内支撑基坑开挖可以利用明挖法、暗挖法以及明暗结合的综合方法。利用明暗法结合的方式进行开挖时，主要指的是在整个区域内部开挖部分利用明挖法，而部分区域使用暗挖法进行开挖。

2. 常用的基坑支护技术

（1）护坡桩支护技术。

为了保证基坑支护的稳定性，可以利用护坡桩支护技术。护坡桩支护技术要点如下。

①要利用混凝土对护壁进行加固处理。

②使用无砂混凝土与碎石进行搭配，构建桩基础结构。

③钻孔施工过程中必须对钻孔位置进行科学设计。当螺旋钻杆达到设计的位置后，要及时开始灌注水泥浆施工。

④在水泥浆灌注过程中要注意严格控制水泥浆的灌注速度以及灌注方向，使钻杆自上而下保持均匀的提升速度，确保灌浆质量。灌浆厚度达到预定标准后，要及时停止灌浆。

⑤在基坑施工过程中，要按照填充顺序完成骨料、钢筋的填充作业，同时要利用高压灌注混凝土，这样才能够保证护坡桩的稳定性以及牢固性。

（2）混凝土灌注桩支护技术。

混凝土灌注桩支护技术是当前基坑支护形式中比较常见的一种技术类型。该技术会对基坑施工的整体质量产生极大影响，因此施工人员在利用混凝土灌注桩支护技术时，必须掌握该技术的施工要点以及质量控制措施。注意要点主要有以下方面。

①混凝土灌注施工需按照相关的规定进行，确保施工操作的规范性以及合理性。

②在实际操作过程中必须要重视施工前的准备工作，在施工现场要对基坑壁进行有效保护，保证基坑壁的牢固性。可以利用混凝土材料加固基坑壁，确保基坑壁坚固后再进行灌注孔施工作业。

③要严格按照施工前设计的柱列间隔进行施工，确保孔道不会出现堵塞物后，再开展下一环节的施工作业。

混凝土灌注桩施工方式比较简单方便，对施工人员的技术要求相对较低，并且利用混凝土灌注桩支护技术能够在很大程度上降低塌孔的概率，确保建筑工程施工的质量。除此之外，在施工过程中必须根据具体的基坑工程对施工方案进行有效调整，例如在实际施工过程中可能会涉及护坡施工，这就要求施工人员要根据实际的施工条件对施工流程进行完善和改进，确保混凝土灌注桩支护技术能够充分发挥作用。

(3) 钢板桩支护技术。

钢板桩支护技术是基坑支护技术中的主要类型之一，能够实现型钢、锁口的有效连接，并且达到一定条件后，还能够形成坚固可靠的桩墙。在钢板桩支护技术应用过程中，可以根据钢板桩的形状将其分为直腹板形、U形以及Z形三种。钢板桩具有较强的水土阻隔作用，并且施工方式非常简单方便。虽然当前在基坑支护形式选择中，钢板桩的应用比较普遍且具有突出优势，但是仍然需要注意其在施工过程中会产生噪声污染，因此在城市中心区场地进行施工时要尽可能避免钢板桩支护技术的应用。为了充分发挥钢板桩支护技术的优势，施工人员必须要对施工场地进行全面考察以及分析，确保钢板桩适合应用在基坑支护施工过程中，提高支护工程的整体质量。

5.1.3 施工排水与降水

基坑排水降水方法，可分为明排水法和地下水控制方法。

1. 明排水法

明排水法（集水井降水法）是采用截、疏、抽的方法来排水。即在开挖基坑时，沿坑底周围或中央开挖排水沟，再在沟底设置集水井，使基坑内的水经排水沟流向集水井内，然后用水泵将水抽出坑外。如果基坑较深，可采用分层明沟排水法，一层一层地加深排水沟和集水井，逐步达到满足设计要求的基坑断面和坑底标高。

为防止基底上的土颗粒随水流失而导致土结构受到破坏，集水井应设置于基础范围之外，地下水走向的上游。根据地下水量、基坑平面形状及水泵的抽水能力，每隔20～40 m可设置一个集水井，集水井的直径或宽度一般为0.6～0.8 m，其深度随挖土的加深而加深，并保持低于挖土面0.7～1.0 m。井壁可用竹、木等材料进行简易加固。当基坑挖至设计标高后，井底应低于坑底1.0～2.0 m，并铺设碎石滤水层（0.3 m厚）或下部砾石（0.1 m厚）、上部粗砂（0.1 m厚）的双层滤水层，避免抽水时间较长而将泥沙抽出，并防止井底的土被扰动。

明排水法设备少，施工简单，应用广泛。但是，当基坑开挖深度大，地下水的动水压力和土的组成可能引起流砂、管涌、坑底隆起和边坡失稳时，则宜采用地下水控制方法。

2. 地下水控制方法

地下水控制方法可分为井点降水、截水和回灌等方式，这些方式均可单独或组合使用。

(1) 井点降水。

井点降水也属于非常普遍的基坑降排水施工方法，该方法适用于地下水水位较高的基坑。具体的施工步骤如下：在挖设基坑之前，施工人员要在基坑周边区域埋设比例合适的滤水管，借助动力抽水设备进行降水，确保基坑内部水位降低到基坑底部，最大限度保障基坑内部土壤的干燥性。

井点降水法有轻型井点、喷射井点、电渗井点、管井井点及深井井点等，其中以轻型井点采用较广，下面将对其进行重点介绍。

轻型井点降低地下水位，是沿基坑周围以一定的间距埋入井点管（下端为滤管）至蓄水层，在地面上用集水总管将各井点管连接起来，并在一定位置设置抽水设备，利用真空泵和离心泵的真空吸力作用，使地下水经滤管进入井管，然后经总管排出，从而降低地下水位。

轻型井点设备由管路系统和抽水设备组成。

管路系统由滤管、井点管、弯联管及总管等组成。滤管是长 1.0～1.2 m、外径为 38 mm 或 51 mm 的无缝钢管，管壁上钻有直径为 12～19 mm 的星棋状排列的滤孔，滤孔面积为滤管表面积的 20%～25%。滤管外面包括两层孔径不同的滤网，其中内层为细滤网，采用 30～40 眼/cm^2的铜丝布或尼龙丝布；外层为粗滤网，采用 5～10 眼/cm^2的塑料纱布。为使流水畅通，管壁与滤网之间用螺旋形塑料管或铁丝隔开，滤管外面再绕一层粗铁丝保护，滤管下端为一铸铁头。井点管用直径 38 mm 或 55 mm、长 5～7 m 的无缝钢管或焊接钢管制成，下端连接滤管，上端通过弯联管与总管相连。弯联管一般采用橡胶软管或透明塑料管，集水总管为直径 100～127 mm 的无缝钢管，每节长 4 m，各节间用橡皮套管连接，并用钢箍箍紧，防止漏水，总管上装有与井点管连接的短接头，间距为 0.8 m 或 1.2 m。

抽水设备由真空泵、离心泵和水气分离器（又称为集水箱）等组成。

(2) 截水。

井点降水会引起周围地层的不均匀沉降，但在高水位地区开挖深基坑必须采用降水措施以保证地下工程的顺利进行。因此，不仅要保证基坑工程的施工，同时也要避免对周围环境引起不利影响。施工时一方面设置地下水位观测

孔，并对邻近建筑、管线进行监测，在降水系统运转过程中随时检查观测孔中的水位，发现沉降量达到报警值时应及时采取措施。如果施工区周围有湖、河等贮水体时，应在井点和贮水体之间设置止水帷幕，以防抽水造成贮水体穿通，引起大量涌水，甚至带出土颗粒，产生流砂现象。在建筑物和地下管线密集区等对地面沉降控制有严格要求的地区开挖深基坑，应尽可能采取止水帷幕并进行坑内降水的方法：一方面可疏干坑内地下水，以利开挖施工；另一方面可利用止水帷幕切断坑外地下水的涌入，大大减小对周围环境的影响。

止水帷幕的厚度应满足基坑防渗要求，当地下含水层渗透性较强、厚度较大时，可将悬挂式竖向截水与坑内井点降水相结合，或采用悬挂式竖向截水与水平封底相结合的方案。

（3）回灌。

场地外缘设置回灌系统也是减小降水对周围环境影响的有效方法。回灌系统包括回灌井点和砂沟、砂井回灌两种形式。回灌井点是在抽水井点设置线外4～5 m处，以间距3～5 m插入注水管，将井点中抽取的水经过沉淀后用压力注入管内，形成一道水墙，以防止土体过量脱水，而基坑内仍可保持干燥。这种情况下抽水管的抽水量约增加10%，可适当增加抽水井点的数量。回灌可采用井点、砂井、砂沟等。

5.1.4　基坑验槽

基坑（槽）开挖完毕后，应由施工单位、勘察单位、设计单位、监理单位、建设单位及质检监督部门等有关人员共同进行质量检验。

（1）表面检查验槽。

根据槽壁土层分布，判断基底是否已挖至设计要求的土层，观察槽底土的颜色是否均匀一致，是否软硬不同，是否有杂质、瓦砾及枯井等。

（2）钎探检查验槽。

用锤将钢钎打入槽底土层内，根据每打入一定深度的锤击次数来判断地基土质情况，此法主要适用于砂土及一般黏性土。

5.2　地基处理与加固

地基处理就是为提高地基强度，改善其变形性能或渗透性能而采取的技术措施。处理后的地基应满足建筑物地基承载力、变形和稳定性的要求。地基处理的主要对象是软弱地基和特殊土地基。软弱地基是指主要由淤泥、淤泥质土、冲填土、杂填土或其他高压缩性土层构成的地基。特殊土地基大部分带有地区特点，包括软土、湿陷性黄土、膨胀土、红黏土和冻土。常见的地基处理方式有换填地基、预压地基、夯实地基、复合地基等。

5.2.1　换填地基

换填地基是指挖除基础底面下一定范围内的软弱土层或不均匀土层，回填其他性能稳定、无侵蚀性、强度较高的材料，并夯压密实形成垫层的地基处理方法。换填地基适用于浅层软弱土层或不均匀土层的地基处理。换填地基按其回填的材料不同可分为灰土地基、砂和砂石地基、粉煤灰地基等。换填垫层的厚度应根据置换软弱土的深度以及下卧土层的承载力确定，厚度宜为0.5～3.0 m。

（1）灰土地基。

灰土的土料采用粉质黏土，不宜使用块状黏土和砂质粉土，不得含有松软杂质，并应过筛，其颗粒直径不得大于15 mm。石灰采用新鲜的消石灰，其颗粒直径不得大于5 mm。灰土体积配合比宜为2：8或3：7。灰土分层（200～300 mm）回填夯实或压实。

（2）砂和砂石地基。

砂和砂石地基宜选用碎石、卵石、角砾、圆砾、砾砂、粗砂、中砂或石屑，应级配良好，不含植物根茎、垃圾等杂质。当使用粉细砂或石粉时，应掺入25%～35%的碎石或卵石，砂石的最大粒径不宜大于50 mm。砂和砂石地基采用砂或砂砾石（碎石）混合物，经分层夯（压）实。

（3）粉煤灰地基。

粉煤灰地基最上层宜覆盖土300～500 mm。粉煤灰垫层中的金属构件、管网宜采取适当防腐措施。大量填筑粉煤灰时应考虑对地下水和土壤的环境影响。粉煤灰地基可用于道路、堆场和小型建筑、构筑物等的换填垫层。

5.2.2　预压地基

预压地基是处理软弱黏性土地基的一种行之有效的方法。该方法是在建筑物施工前，在地基表面分级堆土或其他荷重，使地基土压密、沉降、固结，从

而提高地基强度和减少建筑物建成后的沉降量。待达到预定标准后再卸载终止预压，之后建造建筑物。该法具有使用材料、机具方法简单直接，施工操作方便的优点，但堆载预压需要一定的时间，对深厚的饱和软土，排水固结所需的时间很长，同时需要大量堆载材料。该方法适用于各类软弱地基，包括天然沉积土层或人工冲填土层，广泛用于冷藏库、油罐、机场跑道、集装箱码头、桥台等沉降要求较低的地基。实践证明，利用堆载预压法能取得一定的效果，但能否满足工程要求的实际效果，则取决于地基土层的固结特性、土层的厚度、预压荷载的大小和预压时间的长短等因素。因此，该法在使用上受到一定的限制。

5.2.3　夯实地基

夯实地基分为强夯处理地基和强夯置换处理地基。

（1）强夯处理地基。

强夯处理地基是利用起重设备将重锤（一般为8～40 t）提升到较大高度（一般为10～40 m）后自由落下，将产生的巨大冲击能量和振动能量作用于地基，从而在一定范围内提高地基的强度和降低压缩性，是改善地基抵抗振动液化的能力、消除湿陷性黄土的湿陷性的一种有效的地基加固方法。

强夯处理适用于碎石土、砂土、低饱和度的粉土与黏性土、湿陷性黄土、素填土和杂填土等地基。它具有效果好、速度快、节省材料、施工简便，但施工时噪声和振动大等特点。

强夯处理地基夯锤质量宜为10～60 t，其底面形式宜为圆形，锤底面面积宜按土的性质确定，锤底静接地压力值宜为25～80 kPa，单击夯击能高时取高值，单击夯击能低时取低值，对于细颗粒土宜取较低值。锤的底面宜对称设置若干个上下贯通的排气孔，孔径宜为300～400 mm。

（2）强夯置换处理地基。

强夯置换（或动力置换、强夯挤淤）处理地基是指在夯坑内回填块、碎石，将其强行夯入并排开软土，形成砂石桩与软土的复合地基。强夯置换适用于高饱和度的粉土与软塑、流塑的黏性土等地基变形要求不严格的工程。

强夯置换处理地基必须通过现场试验确定其适用性和处理效果。强夯和强夯置换施工前，应在施工现场有代表性的场地上选取一个或几个试验区，进行试夯或试验性施工。每个试验区尺寸不宜小于20 m×20 m。

强夯置换夯锤底面形式宜采用圆形，夯锤底静接地压力值宜大于80 kPa。

当场地表土软弱或地下水水位较高时，宜进行人工降水或铺填一定厚度的砂石材料，使地下水水位低于坑底面以下2 m。

施工前应查明影响范围内地下构筑物和地下管线的位置，并采取必要措施予以保护。

夯实地基施工结束后，应根据地基土的性质和采用的施工工艺，待土层休止期结束后进行基础施工。

5.2.4 复合地基

复合地基是部分土体被增强或被置换，形成的由地基土和增强体共同承担荷载的人工地基。其按照增强体的不同可分为水泥粉煤灰碎石桩复合地基、灰土挤密桩复合地基、振冲碎石桩和沉管砂石桩复合地基、夯实水泥土桩复合地基、水泥土搅拌桩复合地基、旋喷桩复合地基、桩锤扩充桩复合地基和多桩型复合地基等。复合地基处理要求如下。

1. 水泥粉煤灰碎石桩复合地基

水泥粉煤灰碎石桩，简称CFG桩（cement fly-ash gravel pile），是在碎石桩的基础上掺入适量石屑、粉煤灰和少量水泥，加水拌和后制成的具有一定强度的桩体。CFG桩适合处理黏性土、粉土、砂土和自重固结完成的素填土地基，根据现场条件可选用下列施工工艺。

（1）长螺旋钻孔灌注成桩：适合地下水水位以上的黏性土、粉土、素填土、中等密实以上的砂土地基。

（2）长螺旋钻中心压灌成桩：适合黏性土、粉土、砂土和素填土地基。

（3）振动沉管灌注成桩：适合粉土、砂土和素填土地基。

（4）泥浆护壁成孔灌注成桩：适合地下水水位以上的黏性土、粉土、砂土、填土、碎石土及风化岩等地基。

2. 灰土挤密桩复合地基

灰土挤密桩适合处理地下水水位以上的粉土、黏性土、素填土、杂填土和湿陷性黄土等地基，可处理地基的厚度宜为3～15 m。当以消除土层的湿陷性为目的时，可选用土挤密桩法；以提高地基承载力或增强水稳性为目的时，宜

选用灰土挤密桩法。当地基土的含水量大于24%、饱和度大于65%时，应通过现场试验确定其适用性。

3. 振冲碎石桩和沉管砂石桩复合地基

振冲碎石桩和沉管砂石桩适合挤密松散砂土、粉土、粉质黏土、素填土和杂填土等地基，以及可液化的地基。饱和黏性土地基，如对变形控制不严格，可采用砂石桩做置换处理。

振冲桩桩体材料可采用含泥量不大于5%的碎石、卵石、矿渣和其他性能稳定的硬质材料，不宜采用风化易碎的石料。

振冲碎石桩施工工艺如图5.1所示。

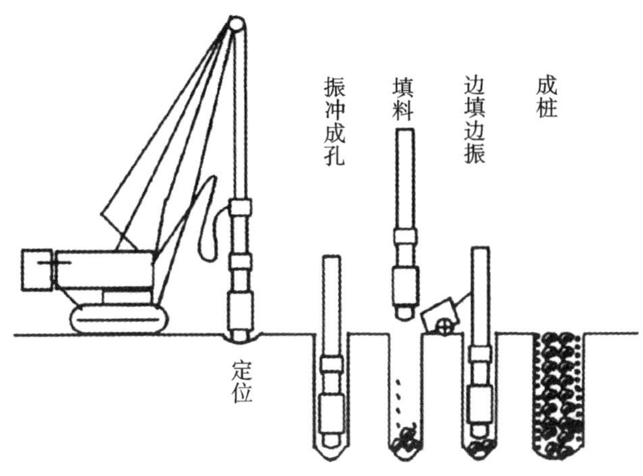

图5.1　振冲碎石桩施工工艺

4. 夯实水泥土桩复合地基

夯实水泥土桩适合处理地下水水位以上的粉土、黏性土、素填土和杂填土等地基。土料有机质含量不应大于5%，不得含有冻土和膨胀土。宜选用机械成孔，处理地基深度不宜大于15 m，当采用洛阳铲人工成孔时，深度不宜大于6 m。

5.2.5　地基局部处理

1. 松土坑的处理

当坑的范围较小时，可将松土坑中的软虚土挖除，直到坑底及四周均见天然土为止，然后采用与坑边的天然土层压缩性相近的土料回填。例如，当天然土为砂土时，用砂或级配砂石回填，回填时应分层夯实，或用平板振动器振实，每层厚度不大于200 mm。如天然土为较密实的黏性土，则用3∶7灰土分层夯实；如为中密的可塑黏性土或新近沉积黏性土，则可用1∶9或2∶8灰土分层夯实。

当坑的范围较大或因其他条件限制基槽不能开挖太宽，槽壁挖不到天然土层时，应将该范围内的基槽适当加宽，加宽的宽度按下述条件决定：当砂土或砂石回填时，基槽每边均按1∶1坡度放宽；当用1∶9或2∶8灰土回填时，按宽：高=0.5∶1坡度放宽；当用3∶7灰土回填时，如坑的长度不大（长度不大于2 m，且为具有较大刚度的条形基坑），基槽可不放宽，但需将灰土与松土壁接触处紧密夯实。

如坑在槽内所占的范围较大（长度在5 m以上），且坑底土质与一般槽底土质相同，也可将地基落深，做1∶2踏步与两端相接，踏步多少应根据坑深而定，但每步高不大于0.5 m，长不小于1.0 m。

在独立基础下，如松土坑的深度较浅，可将松土坑内松土全部挖除，将柱基落深；如松土坑较深，可将一定范围内的松土挖除，然后用与坑边的天然土压缩性相近的土料回填。至于换土的具体深度，应视柱基荷载和松土密实度而定。

以上几种情况，如遇到地下水水位较高，或坑内积水无法夯实，也可用砂石或混凝土代替灰土。寒冷地区冬期施工时，槽底换土不能使用冻土。

对于较深的松土坑（如坑深大于槽宽或1.5 m），槽底处理后，还应当考虑是否需要加强上部结构的强度，以抵抗可能发生的不均匀沉降而产生的内力。

2. 砖井或土井的处理

如砖井在基槽中间，井内填土已经较密实，则应将井的砖圈拆除至槽底以下1 m（或更多一些），在此拆除范围内用2∶8灰土或3∶7灰土分层夯实至槽底，当井的直径大于1.5 m时，则应适当考虑加强上部结构的强度，如在墙内配筋或做地基梁跨越砖井。

当井已经回填，但不密实，甚至还是软土时，可用大块石将下面的软土挤密，再用上述方法回填处理。若井内不能夯填密实，则可在井的砖圈上加钢筋混凝土盖封口，上部再做回填处理。

3. 局部范围内硬土的处理

当柱基或部分基槽下有较其他部分坚硬的土质时，如基岩、旧墙基、老灰土、化粪池、大树根、砖窑底、压实的路面等，均应尽可能挖除，以防建筑物由于局部落于较硬物上造成不均匀沉降，使上部建筑物开裂。硬土挖除后，视具体情况回填砂土混合物或落深基础。

4. 橡皮土的处理

当遇到黏性地基土且其含水量很大时，夯压过程中有颤动现象，类似橡皮无法夯实，这种土俗称“橡皮土”。处理橡皮土时，可采用石灰降低其含水量或翻开土晾晒，然后夯实。如果地基土已经发生颤动，则将橡皮土挖除，填入砂或级配良好的砂石或良好的黏性土。

5.3　浅基础施工

从室外设计地面到基础底面的垂直距离称为基础的埋置深度。一般工业与民用建筑在基础设计中多采用浅基础，因为它造价低、施工简便。常用的浅基础类型有条形基础、独立基础、筏式基础、箱形基础等。

5.3.1　条形基础

条形基础呈连续的带状，也称带形基础。一般用于墙下，也可用于柱下。中小型建筑当上部荷载较小时，可采用砖石、混凝土、灰土、三合土等刚性材料条形基础。当上部荷载较大或地基承载力偏低时，常采用钢筋混凝土条形基础。这种基础的抗弯和抗剪性能良好。

1. 构造要求

（1）混凝土垫层厚度一般为100 mm，强度等级为C15，钢筋混凝土基础强度不宜低于C20。

（2）底板受力钢筋的最小直径不宜小于8 mm，间距不宜大于200 mm。当有垫层时钢筋保护层厚度不宜小于40 mm，无垫层时不宜小于70 mm。

（3）插筋的数目与直径应与柱内纵向受力钢筋相同。插筋的锚固及柱的纵

向受力钢筋的搭接长度，按国家现行《混凝土结构设计标准》（GB/T 50010—2010）中的规定执行。

（4）条形钢筋混凝土基础，在T字形与十字形交接处的钢筋沿一个主要受力方向通长放置。

（5）柱基础纵向钢筋除应满足冲切要求外，尚应满足锚固长度的要求，当基础高度在900 mm以内时，插筋应伸至基础底部的钢筋网，并在端部做成直弯钩；当基础高度较大时，位于柱子四角的插筋应伸到基础底部，其余的钢筋只需伸至锚固长度即可。插筋伸出基础部分长度应按柱的受力情况及钢筋规格确定。

2. 施工要点

（1）基坑（槽）应进行验槽，局部软弱土层应挖去，用灰土或砂砾分层回填夯实至与基底相平。基坑（槽）内浮土、积水、淤泥、垃圾、杂物应清除干净。验槽后地基混凝土应立即浇筑，以免地基土被扰动。

（2）垫层达到一定强度后，在其上弹线、支模、铺放钢筋网片。上下部垂直钢筋应绑扎牢固，并注意将钢筋弯钩朝上。连接柱的插筋，下端要用90°弯钩与基础钢筋绑扎牢固，按轴线位置校核后用方木架呈井字形，将插筋固定在基础外模板上。底部钢筋网片应用与混凝土保护层同厚度的水泥砂浆垫塞，以保证位置正确。

（3）在浇筑混凝土前，应清除模板上的垃圾、泥土和钢筋上的油污等杂物，模板应浇水加以湿润。

（4）浇筑现浇柱下基础时，应特别注意柱子插筋位置是否正确，防止造成位移和倾斜。在浇灌开始时，先铺满一层50～100 mm厚的混凝土并捣实，使柱子插筋下段和钢筋网片的位置基本固定，然后再对称浇筑。

（5）基础混凝土宜分层连续浇筑完成。阶梯形基础的每一台阶高度内应分层浇捣，每浇筑完一台阶应稍停0.5～1.0 h，待其初步获得沉实后再浇筑上层，以防止下台阶混凝土溢出，在上台阶根部出现“烂脖子”。每一台阶浇完，表面应随即原浆抹平。

（6）锥形基础的斜面部分模板应随混凝土浇捣分段支设并顶压紧，以防模板上浮变形，边角处的混凝土应注意捣实。严禁斜面不支模，用铁锹拍实。

（7）基础上有插筋时要加以固定，保证插筋位置的准确性，防止浇捣混凝土时发生移位。混凝土浇筑完毕，外露表面应覆盖并浇水养护。

5.3.2　独立基础

独立基础是柱下基础的基本形式，而杯形基础是独立基础的一种形式。当建筑物承重体系为梁、柱组成的框架和排架或其他类似结构时，其柱下基础常采用独立基础，常见的断面形式有阶梯形、锥形等。当采用预制柱时，则基础做成杯口形，然后将柱子插入，并嵌固在杯口内，称为杯口基础，其形式有一般杯口基础、双杯口基础和高杯口基础等。

柱下钢筋混凝土独立基础的构造要求和施工要点基本同条形基础，杯形独立基础按图进行施工时还应注意以下施工要点。

（1）混凝土应按台阶分层浇筑，对高杯口基础的高台阶部分按整段分层浇筑。

（2）杯口模板可做出两半式的定型模板，中间各加一块楔形板。拆模时，先取出楔形板，然后分别将两半杯口模板取出。为便于周转宜做成工具式的，支模时杯口模板要固定牢固并压浆。

（3）浇捣杯口混凝土时，应注意杯口的位置。由于模板仅上端固定，浇捣混凝土时，四侧要对称均匀地进行，避免将杯口模板挤向一侧。

（4）施工时应先浇筑杯底混凝土并振实，注意在杯底一般有50 mm厚的细石混凝土找平层，应仔细控制标高，如用无底式杯口模板施工，应将杯底混凝土振实，然后浇筑杯口四周的混凝土。杯底混凝土浇筑完后停工0.5～1 h，待混凝土沉实后再浇筑杯口四周混凝土。基础浇捣完毕，在混凝土终凝后将杯口模板取出，并将杯口内侧表面混凝土凿毛。

（5）施工高杯口基础时，由于最上一级台阶较高，可采用后安装杯口模板的方法施工，即当混凝土浇捣接近杯口底时，再安装固定杯口模板，继续浇筑杯口四周混凝土。

5.3.3　筏式基础

当建筑物上部荷载较大，而所在地的地基承载力又比较弱，这时采用简单的条形基础已不能适应地基变形的需要时，常将墙或柱下基础连成一片，使整个建筑物的荷载压在一块整板上，这种满堂式的基础称为筏式基础。筏式基础由钢筋混凝土底板、梁等组成，其外形和构造像倒置的钢筋混凝土楼盖，整体刚度大，能有效地将各柱子的沉降调整得较为均匀。筏式基础一般可分为梁板

式和平板式两类。

1. 构造要求

（1）筏式基础平面布置应尽量对称，以减小基础荷载的偏心距，且基础一般为等厚。筏板厚度应根据抗冲切、抗剪切要求确定，但不应小于300 mm，且板厚与板格的最小跨度之比不宜小于1/20。梁截面按计算确定，梁顶高出底板顶面不小于300 mm，梁宽不小于250 mm。

（2）底板下一般宜设厚度为100 mm的C15混凝土垫层，每边伸出基础底板不小于100 mm，一般取100 mm。

2. 施工要点

（1）施工前，如地下水位较高，可采用人工降低地下水位至基坑底不小于500 mm，以保证在无水情况下进行基坑开挖和基础结构施工。

（2）基坑土方开挖应注意保持基坑底土的原状结构，如采用机械开挖，基坑底面以上200～300 mm厚的土层应采用人工清除，避免超挖或破坏地基土。如局部有软弱土层或超挖，应进行换填，采用与地基土压缩性相近的材料进行分层回填并夯实。基坑开挖应连续进行，如基坑挖好后不能立即进行下一道工序，应在基底以上留置150～200 mm厚土层不挖，待下道工序施工时再挖至设计基坑底标高，以免基土被扰动。

（3）筏式基础施工时，可根据结构情况、施工条件以及进度要求等确定施工方案，一般有两种方法：一是可先在垫层上绑扎底板、梁的钢筋和柱子锚固插筋，先浇筑底板混凝土，待达到25%设计强度后再在底板上支梁模板，继续浇筑完梁部分混凝土；二是采取底板和梁模板一次同时支好，混凝土一次连续浇筑完成，梁侧模板采用支架支承并固定牢固。这两种方法都应注意保证梁位置和柱插筋位置的准确。混凝土浇筑时一般不留施工缝，必须留设时，应按施工缝要求处理，并应设置止水带。

（4）基础浇筑完毕，表面应覆盖并洒水养护，防止地基被水浸泡。

（5）在基础底板上埋设好沉降观测点，定期进行观测、分析，做好记录。

5.3.4 箱形基础

当建筑物荷载很大或浅层地质情况较差以及基础需要埋深很大时，常采用

箱形基础。箱形基础是由钢筋混凝土底板、顶板和若干纵横墙组成的，构成封闭的空心箱体的整体结构，共同承受上部结构的荷载。该基础整体空间刚度大，对抵抗地基的不均匀沉降有利，可消除因地基变形而使建筑物开裂的可能性。箱形基础埋深较大，基础中空，从而使开挖卸去的土重部分抵偿了上部结构传来的荷载。因此，与一般实体基础相比，它能显著减小基底压力，降低基础沉降量。此外，箱形基础的抗震性能较好。箱形基础一般适用于高层建筑或在软弱地基上建造的上部荷载较大的建筑物。当基础的中空部分尺度较大时，可用作地下室。

1. 构造要求

(1) 箱形基础在平面布置上尽可能对称，以减少荷载的偏心距，防止基础过度倾斜。箱形基础的内、外墙应沿上部结构柱网和剪力墙纵横均匀布置，墙体水平截面总面积不宜小于箱形基础外墙外包尺寸水平投影面积的1/10。对基础平面的长宽比大于4的箱形基础，其纵墙水平截面面积不得小于箱形基础外墙外包尺寸水平投影面积的1/18。

(2) 箱形基础的高度应满足结构承载力和刚度的要求，其值不小于箱形基础长度的1/20，并不宜小于3 m。高层建筑同一结构单元内，箱形基础的埋置深度宜一致，且不得局部采用箱形基础。

(3) 基础高度一般取建筑物高度的1/12～1/8，不宜小于箱形基础长度的1/18～1/16，且不小于3 m。

(4) 箱形基础的抗渗等级不宜小于0.6 N/mm^2。

(5) 底板和顶板的厚度应满足柱或墙冲切验算要求，并根据实际情况通过计算确定。底板厚度一般取隔墙间距的1/10～1/8，为300～1000 mm；顶板厚度为200～400 mm。内墙厚度不宜小于200 mm，外墙厚度不应小于250 mm。

(6) 为保证箱形基础的整体刚度，平均每平方米基础面积上墙体长度应不小于400 mm，或墙体水平截面积不得小于基础面积的1/10，其中纵墙配置量不得小于墙体总配置量的3/5。

2. 施工要点

(1) 基坑开挖，如地下水位较高，应采取措施降低地下水位至基坑底部500 mm以下。当地质为粉质砂土有可能产生流砂现象时，不得采用明沟排水，宜采用井点降水措施，并应设置水位降低观测孔。开挖时尽量减少对基坑底土的扰动。当采用机械开挖基坑时，在基坑底部以上200～400 mm厚的土层应用人工挖除并清理，基坑验槽后，应立即进行基础施工。

（2）施工时，基础底板、内外墙和顶板的支模、钢筋绑扎以及混凝土浇筑，可采取分块进行，其施工缝的留设位置和处理应符合钢筋混凝土工程施工及验收规范的有关要求，外墙接缝应设止水带。

（3）基础的底板、内外墙和顶板宜连续浇筑完毕。为防止出现收缩裂缝，一般应设置贯通后浇带，带宽不宜小于800 mm，在后浇带处钢筋应贯通。顶板浇筑后，不少于4周，用比设计强度提高一级的细石混凝土将后浇带填灌密实，并加强养护。

（4）对于大体积混凝土结构，由于其结构截面大、水泥用量多，水泥水化后释放的水化热会产生较大的温度变化和收缩作用，会导致混凝土产生表面裂缝或贯穿性裂缝，影响结构的整体性、耐久性和防水性，影响其使用，甚至会影响结构安全。因此，对大体积混凝土，在浇灌前应对结构进行必要的裂缝控制计算，估算混凝土浇灌后可能产生的最大水化热温升值、温度差和温度收缩应力，以便在施工期间采取有效措施来预防温度收缩裂缝。常用的措施如下。

①水泥可采用矿渣硅酸盐水泥并掺加粉煤灰掺合料，以减少水泥水化热。

②采用缓凝剂以延缓水泥水化热释放并降低放热峰值。

③加强养护和测温工作，保持适宜的温度和湿度条件，使混凝土内外温度差不宜过大（一般控制在20 ℃以内）。

（5）基础施工完毕应立即进行回填土，停止降水时，应验算基础的抗浮稳定性，抗浮稳定性系数不宜小于1.2。如不能满足，应采取有效措施，如继续抽水直至上部结构荷载加上后能满足抗浮稳定系数要求为止，或在基础内采取灌水或加重物等方法，防止基础上浮或倾斜。

5.4 桩基础施工

一般建筑物都应充分利用地基土层的承载能力，尽量采用浅基础。但若浅层土质不良，无法满足建筑物对地基变形和强度方面的要求时，可利用下部坚实土层或岩层作为持力层，这就要采取有效的施工方法建造深基础。深基础主要有桩基础、墩基础、沉井和地下连续墙等几种，其中以桩基础最为常用。

5.4.1　桩基础的作用和分类

1. 作用

桩基础一般由设置于土中的桩和承接上部结构的承台组成，也称桩基。

桩的作用是将上部建筑物的荷载传递到深处承载力较大的持力层上，或使软弱土层挤压，以提高土壤的承载力和密实度，从而保证建筑物的稳定性和减少地基沉降。

承台的作用将桩基中的各根桩连成一个整体，共同承受上部结构的荷载。根据承台与地面的相对位置不同，一般有低承台和高承台桩基之分。前者承台底面位于地面以下，后者则高出地面以上。一般来说，采用高承台主要是为了减少水下施工作业和节省基础材料，常用于桥梁和港口工程中。而低承台承受荷载的条件比高承台好，特别是在水平荷载作用下，承台周围的土体可以发挥一定的作用。一般的房屋和构筑物中，大都采用低承台桩基。

2. 分类

（1）按承载性质分类。

①摩擦型桩。

摩擦型桩又可分为摩擦桩和端承摩擦桩。摩擦桩是指在极限承载力作用下，桩顶荷载由桩侧阻力承受的桩；端承摩擦桩是指在极限承载力作用下，桩顶荷载由桩侧阻力及桩端阻力共同承受的桩。

②端承型桩。

端承型桩又可分为端承桩和摩擦端承桩。端承桩是指在极限承载力作用下，桩顶荷载由桩端阻力承受的桩；摩擦端承桩是指在极限承载力作用下，桩顶荷载主要由桩端阻力承受的桩。

（2）按桩的使用功能分类。

竖向抗压桩、竖向抗拔桩、水平受荷桩、复合受荷桩。

（3）按桩身材料分类。

混凝土桩、钢桩、组合材料桩。

（4）按成桩方法分类。

非挤土桩（如干作业法桩、泥浆护壁桩、套筒护壁桩）、部分挤土桩（如部分挤土灌注桩、预钻孔打入式预制桩等）、挤土桩（如挤土灌注桩、挤土预制桩等)。

(5) 按桩制作工艺分类。

预制桩和现场灌注桩。现在使用较多的是现场灌注桩。

5.4.2 钢筋混凝土预制桩施工工艺

1. 锤击沉桩施工工艺

(1) 特点及原理。

锤击沉桩是利用桩锤下落时的瞬时冲击机械能，克服土体对桩的阻力，使其静力平衡状态遭到破坏，导致桩体下沉，达到新的静压平衡状态，如此反复地锤击桩头，桩身也就不断地下沉。锤击沉桩是预制桩最常用的沉桩方法。该法施工速度快，机械化程度高，适应范围广，现场文明程度高，但施工时有挤土、噪声和振动等公害，在城市中心和夜间施工时有所限制。

(2) 沉桩机械设备。

打桩所用的机具设备主要包括桩锤、桩架及动力装置三部分。

桩锤有落锤、单动汽锤、双动汽锤、柴油打桩锤和液压锤等。

常用的桩架形式有三种：滚筒式桩架、多功能桩架、履带式桩架。桩架选择时应考虑桩锤的类型、桩的长度和施工条件等因素。

(3) 沉桩工艺方法。

①锤击沉桩施工工艺流程。

确定桩位和沉桩顺序→桩机就位→吊桩喂桩→校正→锤击沉桩→接桩→再锤击沉桩→送桩→收锤→切割桩头。

②沉桩顺序。

沉桩顺序直接影响打桩速度和打桩质量，应综合桩距、桩机性能、工程特点和工期要求综合考虑确定。常见的打桩顺序如图5.2所示。

a. 当桩较稀时（桩中心距大于4倍桩径或桩边长时），土壤的挤压影响可忽略不计，可采用由一侧向单一方向打（逐排打设），此法桩的就位和起吊方便，打桩效率高，但土壤向一个方向挤压［见图5.2（a）］。

b. 当桩较密时（桩中心距小于等于4倍桩径或桩边长时），打桩对土体的挤密作用使先打的桩因受水平推挤而造成偏移和变位，或被垂直挤拔造成浮桩，因此，可采用由中间向四周打设，或由中间向两侧对称施打的方法［见图5.2（b）、（c）］。

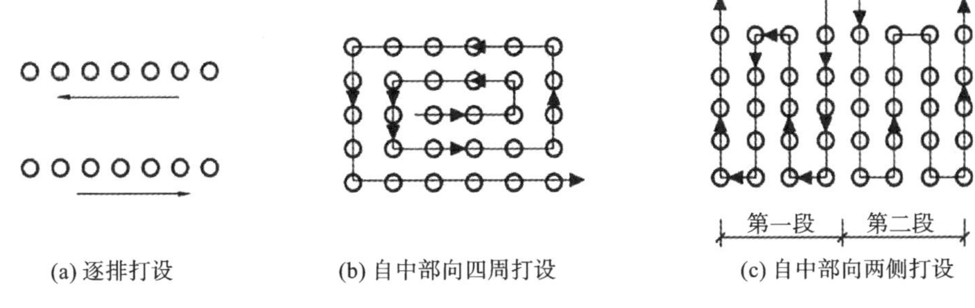

(a) 逐排打设　(b) 自中部向四周打设　(c) 自中部向两侧打设

图5.2　打桩顺序

打设标高不一的桩，应遵循“先深后浅”的原则；对不同规格的桩，应遵循“先大后小、先长后短”的原则。

(4) 打桩。

在桩架就位后即可吊桩，垂直对准桩位中心，缓缓放下插入土中。桩插入时垂直度偏差不得超过0.5%，桩就位后在桩顶安上桩帽，然后放下桩锤轻轻压住桩帽。桩锤、柱帽和桩身中心线应在同一垂直线上。在桩的自重和锤重作用之下，桩沉入土中一定的深度而达到稳定的位置。这时再校正一次桩的垂直度，即可进行打桩。

打桩开始时，应先采用小的落距做轻度锤击，使桩正常沉入土中1～2 m后，经检查桩尖未发生偏移，再逐渐增大落距至规定高度，继续锤击，直至把桩打到设计要求的深度。

打桩有“轻锤高击”和“重锤低击”两种方式。这两种方式即使所做的功相同，所得到的效果却不相同。轻锤高击，所得的动量小，而桩锤对桩头的冲击力大，因而回弹也大，桩头容易损坏，大部分能量均消耗在桩锤的回弹上，故桩难以入土。相反，重锤低击，所得的动量大，而桩锤对桩头的冲击力小，因而回弹也小，桩头不易被打碎，大部分能量都可以用来克服桩身与土壤的摩阻力和桩尖的阻力，故桩很快入土。此外，又由于重锤低击的落距小，因而可提高锤击频率，打桩效率也高，所以打桩宜采用“重锤低击”方式。

打桩系隐蔽工程施工，应做好打桩记录。用落锤、单动汽锤或柴油锤打桩时，从开始即需记录桩身每沉入1 m所需要的锤击数。当桩下沉接近设计标高时，应在规定落距下，测定每1阵（每10击为1阵）的贯入度，使其达到设计承载力所要求的最小贯入度。

(5) 质量要求。

打桩质量包括两个方面的内容：一是能否满足设计规定的贯入度或标高的设计要求；二是桩打入后的偏差是否在施工规范允许的范围内。

打桩的控制原则如下。

①桩尖达到坚硬、硬塑的黏性土、碎石土、中密以上的砂土或风化岩等土层时，应以贯入度控制为主，桩尖进入持力层深度或桩尖标高可做参考；若贯入度已达到而桩尖标高未达到，应继续锤击3阵，其每阵10击的平均贯入度不应大于规定的数值。

②桩端位于其他软土层时，以桩端设计标高控制为主，贯入度可做参考。

③桩打入后的垂直度偏差和平面位置偏差在国家施工规范允许的范围内。

2. 静力压桩施工工艺

（1）特点及原理。

静力压桩施工是在软土地基上，利用静力压桩机或液压压桩机用无振动的静压力（自重和配重）将预制桩压入土中的一种沉桩工艺，在我国沿海软土地基上较为广泛应用。与锤击沉桩相比，静力压桩具有施工无噪声、无振动、节约材料、降低成本、提高施工质量、沉桩速度快等特点，特别适用于城市内桩基工程施工。其工作原理：通过安置在压桩机上的卷扬机的牵引，由钢丝绳、滑轮及压梁将整个桩机的自重（800～1500 kN）反压在桩顶上，以克服桩身下沉时与土的摩擦力，迫使预制桩下沉。

（2）压桩机械设备。

压桩机有两种类型：一种是机械静力压桩机，它由压桩架（桩架与底盘）、传动设备（卷扬机、滑轮组、钢丝绳）、平衡设备（铁块）、量测装置（测力计、油压表）及辅助设备（起重设备、送桩）等组成；另一种是液压静力压桩机，它由液压吊装机构、液压夹持、压桩机构（千斤顶）、行走及回转机构、液压及配电系统、配重铁块等部分组成。

（3）压桩工艺方法。

①静力压桩施工工艺。

测量定位→桩机就位→吊桩插桩→桩身对中调直→静压沉桩→接桩→再静压沉桩→终止压桩→切割桩头。

②静力压桩施工方法。

用起重机将预制桩吊运或用汽车运至桩机附近，再利用桩机自带的起重装置将桩吊入夹持器中，夹持油缸将桩从侧面夹紧，压桩油缸做伸程动作，把桩

压入土层中。伸程完毕，夹持油缸回程松夹，压桩油缸回程，重复上述动作，可实现连续压桩操作，直至将桩压入预定深度土层。

③桩拼接方法。

钢筋混凝土预制长桩在起吊、运输时受力极为不利，因而一般先将长桩分段预制，再在沉桩施工时将桩接长。常用的接头连接方法有以下两种。

浆锚接头：它是用硫黄水泥或环氧树脂配制成的黏结剂，把上段桩的预留插筋黏结于下段桩的预留孔内。

焊接接头：在每段桩的端部预埋角钢或钢板，施工时将上下两段桩的桩端紧密接触，用扁钢贴焊成整体。

④压桩施工要点。

a. 压桩应连续进行，因故停歇时间不宜过长，否则压桩阻力将大幅增长导致桩压不下去或桩机被抬起。

b. 压桩的终压控制很重要。一般对纯摩擦桩，终压时以设计桩长为控制条件；对于长度大于21 m的端承摩擦桩，应以设计桩长控制为主，终压力作为对照；对一些设计承载力较高的桩基，终压力值宜尽量接近压桩机的满载值；对长14～21 m的静压桩，应以终压力达满载值为终压控制条件；对桩周围土质较差且设计承载力较高的，宜复压1～2次为佳，对长度小于14 m的桩，宜连续多次复压，特别对长度小于8 m的短桩，连续复压的次数应适当增加。

c. 静力压桩单桩竖向承载力，可通过桩的最终压力值大致判断。如判断的终止压力值不能满足设计要求，应立即采取送桩加深处理或补桩，以保证桩基的施工质量。

5.4.3　现浇混凝土桩施工工艺

现浇混凝土桩是一种直接在现场桩位上使用机械或人工等方法就地成孔，然后在孔内浇筑混凝土或安放钢筋笼再浇筑混凝土而成的桩。按其成孔方法不同，可分为钻孔灌注桩、沉管灌注桩、人工挖孔灌注桩等。

1. 钻孔灌注桩

钻孔灌注桩是指利用钻孔机械钻出桩孔，并在孔中浇筑混凝土（或先在孔中吊放钢筋笼）而成的桩。根据钻孔机械的钻头是否在土壤的含水层中施工，又分为泥浆护壁成孔和干作业成孔两种施工方法。

（1）泥浆护壁成孔灌注桩。

泥浆护壁成孔灌注桩适用于地下水位较高的地质条件。按钻孔设备可分为冲击钻成孔灌注桩、冲抓钻成孔灌注桩、回转钻成孔灌注桩、潜水钻成孔灌注桩。前三种适用于碎石土、砂土、黏性土及风化岩地基，后一种则适用于黏性土、淤泥、淤泥质土及砂土。

①施工设备。

施工设备主要有冲击钻、冲抓钻、回转钻及潜水钻机。在此主要介绍潜水钻机。

潜水钻机由防水电机、减速机构和钻头等组成。电机和减速机构设在绝缘和密封装置的电钻外壳内，且与钻头紧密连接在一起，因而能共同潜入水下作业。目前常用的潜水钻机钻孔直径400～800 mm，最大钻孔深度50 m。潜水钻机既适用于水下钻孔，也可用于地下水位较低的干土层中钻孔。

②施工工艺。

场地平整→桩位放线→开挖浆池、浆沟→护筒埋设→钻机就位→钻孔、泥浆循环、清除泥渣→清孔→下钢筋笼→浇筑水下混凝土→成桩。

a.埋设护筒：护筒的作用是固定桩孔位置，防止地面水流入，保护孔口，增大桩孔内水压力，防止塌孔和成孔时引导钻头方向。

b.制备泥浆：护壁泥浆是由高塑性黏土或膨润土和水拌和的混合物，也可掺入加重剂、分散剂、增黏剂及堵漏剂等掺合剂。泥浆一般在现场制备，有些黏性土在钻进过程中可形成适合护壁的浆液，则可利用其作为护壁泥浆，即“原土造浆”。

泥浆具有保护孔壁、防止塌孔、排出土渣、冷却与润滑钻头、减少钻进阻力等作用。钻进中，护壁泥浆与钻孔的土屑混合，边钻边排出携带土屑的泥浆；当钻孔达到规定深度后，运用泥浆循环进行孔底清渣。

c.清孔：泥浆护壁成孔清孔时，对于土质较好不易坍塌的桩孔，可用空气吸泥机清孔，气压为0.5 MPa，使管内形成强大高气压向上涌，同时不断地补足清水，被搅动的泥渣随气流上涌从喷口排出，直至喷出清水为止。对于稳定性较差的孔壁应采用泥浆循环法清孔或抽筒排渣，清孔后的泥浆相对密度应控制在1.15～1.25；原土造浆的孔，清孔后泥浆相对密度应控制在1.1左右。

孔底沉渣必须设法清除，端承桩的沉渣厚度不得大于50 mm，摩擦桩沉渣厚度不得大于150 mm。

d.水下浇筑混凝土：泥浆护壁成孔灌注桩的水下混凝土浇筑常用导管法，混凝土强度等级不低于C25，商品混凝土的坍落度一般为180～220 mm。导管一般用无缝钢管制作，直径为200～300 mm，每节长度为2～3 m，最下一节为脚管，长度不小于4 m，各节管用法兰盘和螺栓连接。浇筑混凝土时，导管应始终埋入混凝土中0.8～1.3 m，但最大埋入深度也不宜超过5 m。

（2）干作业成孔灌注桩。

干作业成孔灌注桩适用于成孔深度内无地下水的一般黏性、砂土及人工填土，无须护壁，成孔深度8～20 m、成孔直径300～600 mm，不宜用于地下水位以下的各类土及淤泥质土。

①施工设备。

施工设备主要有螺旋钻机、钻孔扩机、机动或人工洛阳铲等。在此主要介绍螺旋钻机。

常用的螺旋钻机有履带式和步履式两种。前者一般由W1001履带车、支架、导杆、鹅头架滑轮、电动机头、螺旋钻杆及出土筒组成，后者的行走底盘为步履式，在施工的时候用步履进行移动。步履式钻机下装有活动轮子，施工完毕后装上轮子由机动车牵引到下一工地。

②施工工艺。

场地平整→桩位定位放线→钻机就位→取土成孔→检查校正桩位及孔的垂直度→孔底清理→下钢筋笼→浇筑混凝土→成桩。

③质量要求。

a. 桩垂直度容许偏差1%。

b. 孔底虚土容许厚度不大于100 mm。

c. 桩位允许偏差：单柱、条形桩基沿垂直轴线方向和群桩基础边沿的偏差是1/6桩径；条形桩基沿顺轴线方向和群桩基础中间桩的偏差为1/4桩径。

（3）施工中常见问题及处理。

①孔壁坍塌。

在钻孔过程中，如发现排出的泥浆中不断出现气泡，或泥浆突然漏失，这表示有孔壁坍塌的现象。孔壁坍塌的主要原因是土质松散，泥浆护壁不好，护筒周围未用黏土紧密填封及护筒内水位不高。钻进时如出现孔壁坍塌，首先应保持孔内水位并加大泥浆相对密度以稳定钻孔的护壁。如坍塌严重，应立即回填黏土，待孔壁稳定后再钻。

②钻孔偏斜。

钻杆不垂直，钻头导向部分压短、导向性差，土质软硬不一，或者遇上大孤石等，都会引起钻孔偏斜。操作时要保证钻头加工精确、钻杆安装垂直。当钻孔偏斜时，可提起钻头，上下反复扫钻几次，以便削去硬土，如纠正无效，应在孔中部回填黏土至偏孔处0.5 m以上再重新钻进。

③孔底虚土。

在干作业施工中，由于钻孔机械结构所限，孔底常残存一些虚土，它来自扰动残存土、孔壁坍落土及孔口落土。施工过程中，孔底虚土含量超出规范时必须清除，防止因虚土影响桩承载力。目前常用的治理虚土的方法是用20 kg重铁饼人工辅助夯实，或采用孔底压力灌浆法。

④断桩。

水下灌注混凝土桩的质量除混凝土本身质量外，是否断桩是鉴定其质量的关键。预防时应注意三方面的问题：一是力争首批混凝土浇灌一次成功；二是浇筑混凝土过程中导管要埋在混凝土中；三是严格控制现场混凝土配合比。

2. 沉管灌注桩

沉管灌注桩是指利用锤击打桩法或振动打桩法，将带有活瓣式桩尖或预制钢筋混凝土桩靴的钢套管沉入土中，然后一边浇筑混凝土一边锤击或振动套管将混凝土捣实而成的桩。前者称为锤击沉管灌注桩，后者称为振动沉管灌注桩。

（1）锤击沉管灌注桩。

锤击沉管灌注桩是采用落锤、蒸汽锤或柴油锤将钢套管沉入土中成孔，然后灌注混凝土或钢筋混凝土，再拔出钢套管成桩。

①施工工艺要点。

a. 桩靴与桩管。桩靴可分为混凝土预制桩靴和活瓣式桩靴两种，其作用是阻止地下水及泥沙进入桩管。桩管一般采用无缝钢管，直径为270～600 mm，其作用是形成桩孔。

b. 成孔。由于锤击沉管灌注桩成孔时不排土，而沉管时会把土挤压密实，所以群桩基础或桩中心距小于3～3.5倍的桩径，应制订合理的施工顺序，以免影响相邻桩的质量。

c. 混凝土浇筑与拔管。浇筑混凝土和拔起桩管是保证质量的重要环节。当桩管沉到设计标高后，应停止锤击，检查管内无泥浆或水浸入后，即放入钢筋笼，边浇筑混凝土边拔管，拔管时必须边振（打）边拔，以确保混凝土振捣密

实。拔管速度必须严格控制，对于一般土层，以不大于1 m/min为宜；在软土及软硬土交界处，应控制在0.8 m/min以内。

以上所述施工工艺称为单打灌注桩的施工。为了提高桩的质量和承载能力，可采用复打法扩大灌注桩的直径。其施工方法是在第一次单打法施工完毕并拔出桩管后，清除桩管外壁上和桩孔周围地面上的污泥，立即在原桩位上再次安放桩尖，再做第二次沉管，使未凝固的混凝土向四周挤压扩大桩径，然后灌注第二次混凝土，拔管方法与第一次相同。复打施工要注意前后两次沉管轴线应重合，复打必须在第一次灌注的混凝土初凝之前进行。

②质量要求。

a. 锤击沉管灌注桩混凝土强度等级应不低于C25；混凝土坍落度，在有筋时宜为80～100 mm，无筋时宜为60～80 mm；碎石粒径，有筋时不大于25 mm，无筋时不大于40 mm；桩尖混凝土强度等级不得低于C30。

b. 桩位允许偏差：群桩不大于0.5 d（d为桩管外径），对于两根桩组成的振动沉管灌注桩基，在两根桩的连线方向上偏差不大于0.5 d，垂直此线方向上则不大于1/6 d；墙基由单桩支承的，平行墙的方向偏差不大于0.5 d，垂直墙的方向不大于1/6 d。

c. 当桩的中心距为桩管外径的5倍以内或小于2 m时，均应跳打，中间空出的桩须待邻桩混凝土达到设计强度的50%以后方可施打。

（2）振动沉管灌注桩。

振动沉管灌注桩是采用激振器或振动冲击锤将钢套管沉入土中成孔而成的灌注桩，其沉管原理与振动沉桩完全相同。

①施工工艺要点。

振动沉管采用振动锤或振动冲击锤沉管，利用桩机强迫振动频率与土的自振频率相同时产生的共振而沉管。沉桩前，将桩管下端活瓣合拢或套入桩靴，对准桩位，徐徐放下桩管压入土中，勿使之偏斜，即可开动激振器沉管。桩管受振后与土体之间摩阻力减小，同时利用振动锤自重在桩管上加压，桩管即能沉入土中。桩管下沉到设计要求深度后，停止振动，立即用吊斗向套管内灌满混凝土，并再次开动激振器，边振动边拔管，同时在拔管过程中继续向管内灌注混凝土。如此反复，直至桩管全部拔出地面后即形成混凝土桩身。

振动沉管灌注桩可采用单振法、反插法、复振法施工。

a. 单振法：在沉入土中的桩管内灌满混凝土，开激振器5～10 s，开始拔管，边振边拔。每拔0.5～1.0 m，停拔振动5～10 s，如此反复，直到桩管全

部拔出。在一般土层内的拔管速度宜为1.2～1.5 m/min，在软弱土层中，不得大于1.0 m/min。单振法施工速度快，混凝土用量少，但桩的承载力低，适用于含水量较少的土层。

b. 反插法：在桩管内灌满混凝土后，先振动再开始拔管。每次拔管高度为0.5～1.0 m，再向下反插0.3～0.5 m，如此反复进行并始终保持振动，直到桩管全部拔出地面。反插法能扩大桩的截面，从而提高桩的承载力，但混凝土耗用量较大，一般适用于饱和软土层。

c. 复振法：施工方法及要求与锤击沉管灌注桩的复打法相同。

②质量要求。

a. 振动沉管灌注桩混凝土强度等级应不低于C25；混凝土坍落度，在有筋时宜为80～100 mm，无筋时宜为60～80 mm；碎石粒径不大于30 mm。

b. 桩的中心距不宜小于桩管外径的4倍，否则应跳打，相邻的桩施工时，其间隔时间不得超过混凝土的初凝时间。

c. 在拔管过程中，桩管内应随时保持有不少于2 m高度的混凝土，以便有足够的压力，防止混凝土在管内阻塞。

d. 为保证沉管灌注桩的承载力要求，必须严格控制最后的沉管贯入度，其值按设计要求或根据试桩和当地长期的施工经验确定。

e. 桩位允许偏差同锤击沉管灌注桩。

(3) 施工中常见的问题及处理。

①断桩。

断桩一般都发生地面以下软硬土的交接处，并多数发生在黏土中，砂土及松土中则很少出现。产生断桩的主要原因：桩距过小，受邻桩施打时挤压的影响；桩身混凝土终凝不久就受到振动和外力；软硬土层间传递水平力大小不同，对桩产生剪应力；等等。处理方法：经检查有断桩后，应将断桩拔出，略增大桩的截面面积或加箍筋后再浇筑混凝土。或者在施工过程中采取预防措施，如施工中控制桩中心距不小于3.5倍桩径，采用跳打法或者控制时间间隔的方法，使邻桩的混凝土达到设计强度等级的50%后，再施打中间桩等。

②瓶颈桩。

瓶颈桩是指桩的某处直径缩小形似“瓶颈”，其截面面积不符合设计要求。多数发生在黏性土、土质软弱、含水率高，特别是饱和的淤泥或淤泥质软土层中。产生瓶颈桩的主要原因：在含水率较大的软弱土层中沉管时，土受挤压便产生很高的孔隙水压，拔管后便挤向新灌的混凝土，造成缩颈。拔管速度过

快，混凝土量少、和易性差，混凝土出管扩散性差也会造成缩颈现象。处理方法：施工中保持管内混凝土略高于地面，使之有足够的扩散压力，拔管时采用复打或反插法，并严格控制拔管速度。

③吊脚桩。

吊脚桩是指桩的底部混凝土隔空或混进泥沙而形成松散层部分的桩。其产生的主要原因：预制钢筋混凝土桩尖承载力或钢活瓣桩尖刚度不够，沉管时被破坏或变形，从而导致水或泥沙进入桩管；拔管时桩靴未脱落或活瓣未张开，混凝土未及时从管内流出等。处理方法：拔出桩管，填砂后重打；或采取密振慢拔，开始沉管时先反插几次再正常拔管等预防措施。

④桩尖进水进泥。

桩尖进水进泥常发生在地下水位高或含水量大的淤泥和粉泥土土层中。其产生的主要原因：钢筋混凝土桩尖与桩管结合处或钢活瓣桩尖闭合不紧密；钢筋混凝土桩尖被打破或钢活瓣桩尖变形。处理方法：将桩管拔出，清除管内泥砂，修整桩尖活瓣变形缝隙，用砂回填桩孔后再重打；若地下水位较高，待沉管至地下水位时，先在桩管内灌入0.5 m厚度的水泥砂浆做封底，再灌1 m高度混凝土增压，然后再继续下沉管桩。

3. 人工挖孔灌注桩

人工挖孔灌注桩是指桩孔采用人工挖掘方法进行成孔，然后安放钢筋笼，浇筑混凝土而成的桩。其施工特点是设备简单、无噪声、无振动、不污染环境、对施工现场周围的原有建筑物影响小；施工速度快，可按施工进度要求决定同时开挖桩孔的数量，必要时各桩孔可同时施工；土层情况明确，可直接观察到地质变化，桩底沉渣能清除干净，施工质量可靠。尤其当高层建筑选用大直径的灌注桩，而其施工现场又在狭窄的市区时，采用人工挖孔比机械挖孔具有更大的适用性。其缺点是人工耗用量大、开挖效率低、安全操作条件差等。

（1）施工设备。

一般可根据孔径、孔深和现场具体情况加以选用，常用的有电动葫芦、提土桶、潜水泵、鼓风机和输风管、镐、锹、土筐、照明灯、对讲机及电铃等。

（2）施工工艺。

施工时，为确保挖土成孔施工安全，必须考虑预防孔壁坍塌和流砂现象发生的措施。因此，施工前应根据地质报告中的水文地质资料，拟订出合理的护壁措施和降排水方案。护壁方法很多，可以采用现浇混凝土护壁、喷射混凝土护壁、混凝土沉井护壁、砖砌体护壁、钢套管护壁、型钢—木板桩工具式护壁等多种形式。下面介绍应用较广的现浇混凝土护壁人工挖孔灌注桩的施工工艺流程。

①按设计图纸放线、定桩位。

②开挖桩孔土方。施工时采取分段开挖，每段高度取决于土壁保持直立状态而不塌方的能力，一般取0.5～1.0 m为一施工段。开挖范围为设计桩径加护壁的厚度。

③支设护壁模板。模板高度取决于开挖土方施工段的高度，一般为1 m，由4～8块活动的钢模组合而成，支撑有锥度的内模。

④放置操作平台。内模支设后，吊放用角钢和钢板制成的两个半圆形合成的操作平台进入桩孔内，置于模板顶部，以放置料具和浇筑混凝土操作之用。

⑤浇筑护壁混凝土。护壁混凝土起着防止土壁坍塌与防水的双重作用，因而浇筑时要注意捣实。上下段护壁要错位搭接50～75 mm（咬口连接），以起到连接上下段的作用。

⑥拆除模板，继续下段施工。当护壁混凝土强度达到1 MPa（常温下约经24 h）后，方可拆除模板，开挖下段的土方，再支模浇筑下段护壁的混凝土，如此循环，直至挖到设计要求的深度。

⑦排除孔底积水，浇筑桩身混凝土。当桩孔挖到设计深度，检查孔底土质已达到设计要求后，再在孔底挖成扩大头。待桩孔全部成型后，用潜水泵抽出孔底的积水，然后立即浇筑混凝土，当混凝土浇筑至钢筋笼的地面设计标高时，再吊入钢筋笼就位，继续浇筑桩身混凝土而形成桩基。

(3) 质量要求。

①必须保证桩孔的挖掘质量。桩孔挖成后应有专人下孔检验，如土质是否符合地质勘察报告、扩孔几何尺寸是否与设计相符，孔底虚土残渣情况要作为隐蔽验收记录归档。

②按规程规定，桩的垂直度偏差不大于1% 桩长，桩径不得小于设计桩径。

③钢筋骨架要保证不变形，箍筋要与主筋点焊，钢筋笼吊入孔内后，要保证其与孔壁间有足够的保护层。

④混凝土坍落度宜在100 mm左右，用浇灌漏斗桶直落，避免离析，且必须振捣密实。

(4) 安全措施。

人工挖孔桩的施工安全措施应予以特别重视。工人在桩孔内作业，应严格按安全操作规程施工，并有切实可靠的安全措施。孔下施工人员必须戴安全帽；孔下有人时孔口必须有监护人员；护壁要高出地面150～200 mm，以防杂物滚入孔内；孔内必须设置应急软爬梯，供施工人员上下井；使用的电葫芦、吊笼等应安全可靠并配有自动卡紧保险装置；不得使用麻绳和尼龙绳吊挂或脚踏井壁凸缘上下；使用前必须检验其安全起吊能力；每日开工前必须检测井下的有毒有害气体，并有足够的安全防护措施。桩孔开挖深度超过10 m时，应有专门向井下送风的设备。

孔口四周必须设置护栏。挖除的土石方应及时运离孔口，不得堆放在孔口四周1 m范围内，机动车辆的通行不得对井壁的安全造成影响。

施工现场的一切电源、电路的安装和拆除必须由持证的电工操作；电器必须严格接地、接零和使用漏电保护器。各孔用电必须分闸，严禁一闸多用。孔上电缆必须架空2.0 m以上，严禁拖地和埋压土中，孔内电缆、电线必须有防磨损、防潮、防断等保护措施。照明应采用安全矿灯或12 V以下的安全灯。

5.4.4　桩基础的检测与验收

1. 桩基的检测

成桩的质量检验有两种基本方法：一种是静载试验法，又称破损试验；另一种是动测法，又称无损试验。

（1）静载试验法。

①试验目的。

静载试验的目的是采用接近桩的实际工作条件，通过静载加压确定单桩的极限承载力，作为设计依据，或对工程桩的承载力进行抽样检验和评价。

②试验方法。

静载试验是根据模拟实际荷载情况，通过静载加压，得出一系列关系曲线，综合评定其容许承载力的一种试验方法。它能较好地反映单桩的实际承载力。荷载试验有多种，通常采用的是单桩竖向抗压静载试验、单桩竖向抗拔静载试验和单桩水平静载试验。

③试验要求。

预制桩在桩身强度达到设计要求的前提下，对于砂类土，不应少于10 d；对于粉土和黏性土，不应少于15 d；对于淤泥或淤泥质土，不少于25 d，待桩身与土体的结合基本趋于稳定，才能进行试验。现场灌注桩应在桩身混凝土强度达到设计等级的前提下，对于砂类土成桩不少于10 d；对于一般黏性土不少于20 d；对于淤泥或淤泥质土，不少于30 d，才能进行试验。对于地基基础设计等级为甲级或地质条件复杂、成桩质量可靠性低的灌注桩，应采用静载试验的方法进行检验，检验桩数不应少于总数的1%且不应少于3根；当总桩数少于50根时，不应少于2根，其桩身质量检验时，抽检数量不应少于总数的30%，且不应少于20根；其他桩基工程的抽检数量不应少于总数的20%，且不应少于10根；对混凝土预制桩及地下水位以上且终孔后经过核验的灌注桩，抽检数量不应少于总数的10%，且不应少于10根。每根柱子的承台不得少于1根。

（2）动测法。

①特点。

动测法，又称动力无损检测法，是检测桩基承载力及桩身质量的一项新技术，作为静载试验的补充。

一般静载试验装置比较笨重，装、卸操作费工费时，成本高，检测数量有限，并且容易破坏桩基。而动测法的试验仪器轻便灵活，检测快速，单桩时间仅为静载试验的1/50左右，可大大缩短试验时间；检测不破坏桩基，试验结果也相对较准确，可进行桩基普查；费用低，单桩测试费为静载试验的1/30左右，可节省大量的人力、物力。

②试验方法。

动测法是相对于静载试验法而言，它是对桩土体系进行适当的简化处理，建立起数学－力学模型，借助于现代电子技术与量测设备采集桩－土体系在给定的动荷载作用下所产生的振动参数，结合实际桩土条件进行计算，所得的结构与相应的静载试验结果进行对比，在积累一定数量的动静载试验对比结果的基础上，找出两者之间的某种关系，并以此作为标准来确定桩基承载力。单桩承载力的动测方法种类较多，国内常用的方法有动力参数法、锤击贯入法、水电效应法、共振法、机械阻抗法、波动方程法等。

③桩身质量检验。

在桩基动态无损检测中，国内外广泛使用的方法是应力波反射法，又称低（小）应变法。其原理是根据一维杆件弹性反射理论（波动理论）采用锤击振动力法检测桩体的完整性，即波在不同抗阻和不同约束条件下的传播特性来判别桩身质量。

2. 桩基的验收

（1）桩基验收资料。

①工程地质勘查报告、桩基施工图、图纸会审纪要、设计交底记录、设计变更及材料代用通知单等。

②经审定的施工组织设计、施工方案及执行变更情况。

③桩位测量放线图，包括桩位复核签证单。

④制作桩的材料试验检测记录，成桩质量检查报告。

⑤单桩承载力检测报告。

⑥基坑挖至设计标高的桩基竣工平面图及桩顶标高图。

（2）桩基允许偏差。

①预制桩。

打（压）入桩（预制混凝土方桩、预应力管桩、钢桩）的桩位偏差必须符合表5.1的规定。

斜桩倾斜角度的偏差不得大于倾斜角正切值的15%（倾斜角系桩的纵轴线与铅垂线间夹角）。

表5.1　预制桩(钢桩)桩位允许偏差

序号	项 目	规范允许偏差/mm
1	盖有基础梁的桩： ①垂直基础梁的中心线 ②沿基础梁的中心线	 100+0.01 H 150+0.01 H
2	桩数为1～3根桩基中的桩	100
3	桩数为4～16根桩基中的桩	1/2桩径或边长
4	桩数大于16根桩基中的桩： ①最外边的桩 ②中间桩	 1/3桩径或边长 1/2桩径或边长

注：H为施工现场地面标高与桩顶设计标高的距离。

②灌注桩。

灌注桩的桩位偏差必须符合表5.2的规定，桩顶标高至少要比设计标高高出0.5 m，桩底清孔质量按不同的成桩工艺有不同的要求，应按规范要求执行。每浇筑50 m^3混凝土必须有一组试件，小于50 m^3混凝土的桩，每根桩必须有一组试件。

表5.2　灌注桩平面位置和垂直度允许偏差对比表

<table>
<tr><th rowspan="2">序号</th><th rowspan="2" colspan="2">成孔方法</th><th rowspan="2">桩径允许偏差/mm</th><th rowspan="2">垂直度允许偏差/%</th><th colspan="2">桩位允许偏差/mm</th></tr>
<tr><th>1～3根、单排桩基垂直于中心线方向和群桩基础的边桩</th><th>条形桩基沿中心线方向和群桩基础的中间桩</th></tr>
<tr><td rowspan="2">1</td><td rowspan="2">泥浆护壁灌注桩</td><td>$D\leqslant 1000$ mm</td><td>±50</td><td><1</td><td>$D/6$，且不大于100</td><td>$D/4$，且不大于150</td></tr>
<tr><td>$D>1000$ mm</td><td>±50</td><td><1</td><td>$100+0.01H$</td><td>$150+0.01H$</td></tr>
<tr><td rowspan="2">2</td><td rowspan="2">套管成孔灌注桩</td><td>$D\leqslant 500$ mm</td><td>−20</td><td><1</td><td>70</td><td>150</td></tr>
<tr><td>$D>500$ mm</td><td>−20</td><td><1</td><td>100</td><td>150</td></tr>
<tr><td>3</td><td colspan="2">干成孔灌注桩</td><td>−20</td><td><1</td><td>70</td><td>150</td></tr>
<tr><td rowspan="2">4</td><td rowspan="2">人工挖孔桩</td><td>混凝土护壁</td><td>+50</td><td><0.5</td><td>50</td><td>150</td></tr>
<tr><td>钢套管护壁</td><td>+50</td><td><1</td><td>100</td><td>200</td></tr>
</table>

注：1. 桩径允许偏差的负值是指个别断面的偏差；

2. 采用复打、反插法施工的桩，其桩径允许偏差不受本表限制；

3. H为施工现场地面标高与桩顶设计标高的距离，D为设计桩径。

3. 桩基工程的安全技术措施

（1）机具进场要注意危桥、陡坡、陷地和防止碰撞电杆、房屋等，以避免造成事故。

（2）施工前应全面检查机械，发现问题要及时解决，严禁带病作业。

（3）在打桩工程中遇到地坪隆起或下陷时，应随时对机架及路轨调整垫平。

（4）机械司机应持证上岗，施工操作时要思想集中，服从指挥信号，不得随意离开岗位，并经常注意机械运转情况，发现异常情况要及时纠正。

（5）悬挂振动桩锤的起重机，其吊钩上必须有防松脱的保护装置。振动桩锤悬挂钢架的耳环上应加装保险钢丝绳。

（6）钻孔灌注桩在已钻成的孔尚未浇筑混凝土前，必须用临时盖板封严；钢管桩打桩后必须及时加盖临时桩帽；预制混凝土桩送桩进入土层后的桩孔必须及时用砂子或者其他材料填满，以免发生人身安全事故。

（7）冲抓锥或冲孔锤操作时不准任何人进入落锤区施工范围内，以防砸伤。

(8) 成孔钻机操作时要注意钻机安定平稳，防止钻架突然倾倒或钻具下落发生事故。

(9) 压桩时，非工作人员应离机10 m以外。起重机的起重臂下严禁站人。

(10) 夯锤下落时，在吊钩尚未降至夯锤吊环附近前，操作人员不得提前下坑挂钩。从坑中提夯锤时，严禁挂钩人员站在锤上随锤提升。

5.5　地下连续墙施工

5.5.1　构造处理

1. 混凝土强度及保护层

现浇钢筋混凝土地下连续墙，其设计混凝土强度等级不得低于C30，考虑到在泥浆中浇筑，施工时要求提高到不得低于C35。

混凝土保护层厚度，根据结构的重要性、骨料粒径、施工条件及和水文地质条件而定。

根据现浇地下连续墙是在泥浆中浇筑混凝土的特点，对于正式结构，其混凝土保护层厚度应不小于70 mm；对于用作支护结构的临时结构，则应不小于40 mm。

2. 接头设计

常用的施工接头有以下几种形式。

(1) 接头管（亦称锁口管）接头。

这是目前地下连续墙施工中应用较多的一种接头形式。

(2) 接头箱接头。

接头箱接头可以使地下连续墙形成整体接头，是一种可用于传递剪力和拉力的刚性接头，接头的刚度较好，施工方法与接头管接头相似，只是以接头箱代替了接头管。

U形接头管与滑板式接头箱施工的钢板接头，是另一种整体式接头的做法。它是在两相邻单元槽段的交界处利用U形接头管放入开有方孔且焊有封头钢板的接头钢板，以增强接头的整体性。

(3) 隔板式接头。

隔板按形状可分为平隔板、榫形隔板和V形隔板。由于隔板与槽壁之间难免有缝隙，为防止新浇筑的混凝土渗入，要在钢筋笼的两边铺贴化纤布。化纤布可把单元槽段钢筋笼全部罩住，也可以只有2～3 m宽。要注意吊入钢筋笼时不要损坏化纤布。

带有接头钢筋的榫形隔板式接头，能使各单元墙段形成一个整体，是一种较好的接头方式。但插入钢筋笼较困难，且接头处混凝土的流动亦受到阻碍，施工时要特别加以注意。

(4) 结构接头。

地下连续墙与内部结构的楼板、柱、梁、底板等连接的结构接头，常用的有预埋连接钢筋法、预埋连接钢板法和预埋钢筋锥螺纹接头法。这些做法是将预埋件与钢筋笼固定，浇筑混凝土后将预埋钢筋弯折出墙面或使预埋件外露，然后与梁、板等受力钢筋进行焊接连接。但近年来结构接头利用较多的方法是预埋锥（直）螺纹套筒，将其与钢筋笼固定，要求位置十分准确，挖土露出后即可与梁、板受力钢筋连接。

5.5.2 地下连续墙施工工艺

1. 施工前的准备工作

在进行地下连续墙设计和施工之前，必须认真调查现场情况和地质、水文等资料，以确保施工的顺利进行。

2. 施工工艺

在现浇钢筋混凝土地下连续墙的施工工艺中，修筑导墙、泥浆护壁、挖深槽、清底、钢筋笼的加工与吊放以及混凝土浇筑为主要工序。

(1) 修筑导墙。

导墙是地下连续墙挖槽之前修筑的临时结构，对挖槽起重要作用。导墙的作用：主要为地下连续墙定位置、定标高；成槽时为挖槽机定向；储存和排泄泥浆，防止雨水混入；稳定泥浆；支承挖槽机具、钢筋笼和接头管、混凝土导管等设备的施工重量；保持槽顶面土体的稳定，防止土体塌落。

现浇钢筋混凝土导墙施工顺序：平整场地→测量定位→挖槽及处理弃土→绑扎钢筋→支模板→浇筑混凝土→拆模并设置横撑→导墙外侧回填土（如无外侧模板，不进行此项工作）。

（2）泥浆护壁。

地下连续墙的深槽是在泥浆护壁下进行挖掘的，泥浆在成槽过程中具有护壁、携渣、冷却和润滑等作用。

（3）挖深槽。

挖槽的主要工作包括单元槽段划分，挖槽机械的选择与正确使用，制定防止槽壁坍塌的措施和特殊情况的处理方法等。

①单元槽段划分。地下连续墙施工时，预先沿墙体长度方向把地下墙划分为多个某种长度的“单元槽段”。单元槽段的最小长度不得小于一个挖掘段，即不得小于挖掘机械的挖土工作装置的一次挖土长度。

②挖槽机械选择。在地下连续墙施工中常用的挖槽机械，按其工作机理主要分为挖斗式挖槽机、回转式挖槽机和冲击式挖槽机三大类。

a.挖斗式挖槽机。挖斗式挖槽机是以斗齿切削土体，切削下来的土体收容在斗体内，再从沟槽内提出地面开斗卸土，然后又返回沟槽内挖土，如此重复循环作业进行挖槽。

为了保证挖掘方向，提高成槽精度，可采用以下两种措施：一种是在抓斗上部安装导板，即国内常用的导板抓斗；另一种是在挖斗上装长导杆，导杆沿着机架上的导向立柱上下滑动，即液压抓斗，这样既保证了挖掘方向，又增加了斗体自重，提高了对土的切入力。

b.回转式挖槽机。这类挖槽机是以回转的钻头切削土体进行挖掘，钻下的土渣随循环的泥浆排出地面。按照钻头数目，回转式挖槽机分为单头钻和多头钻，单头钻主要用来钻导孔，多头钻用来挖槽。

c.冲击式挖槽机。目前，我国使用的主要是钻头冲击式挖槽机，它是通过各种形状钻头的上下运动，冲击破碎土层，借助泥浆循环把土渣携出槽外。它适用于黏性土、硬土和夹有孤石等较为复杂的地层情况。钻头冲击式挖槽机的排土方式有正循环方式和反循环方式两种。

（4）清底。

在挖槽结束后清除槽底沉淀物的工作称为清底。

清除沉渣的方法常用的有砂石吸力泵排泥法、压缩空气升液排泥法、潜水泥浆泵排泥法、抓斗直接排泥法。清底后，槽内泥浆的相对密度应在1.15以下。

清底一般安排在插入钢筋笼之前进行，对于以泥浆反循环法进行挖槽的施工，可在挖槽后紧接着进行清底工作。另外，单元槽段接头部位附着的土渣和

泥皮会显著降低接头处的防渗性能，宜用刷子刷除或用水枪喷射高压水流进行冲洗。

（5）钢筋笼加工与吊放。

钢筋笼根据地下连续墙墙体配筋图和单元槽段的划分来制作。单元槽段的钢筋笼应装配成一个整体。必须分段时宜采用焊接或机械连接，接头位置宜选在受力较小处，并相互错开。

（6）混凝土浇筑。

混凝土配合比的设计与灌注桩导管法相同。地下连续墙的混凝土浇筑机具可选用履带式起重机、卸料翻斗、混凝土导管和储料斗，并配备简易浇筑架，组成一套设备。为便于混凝土向料斗供料和装卸导管，还可以选用混凝土浇筑机架进行地下连续墙的浇筑，机架可以在导墙上沿轨道行驶。

第6章 砌筑工程施工

砌筑工程是指砖石块体和各种类型砌块的施工。早在三四千年前就已经出现了用天然石料加工成的块材的砌体结构，在2000多年前又出现了由黏土烧制砖砌筑的砌体结构——祖先遗留下来的“秦砖汉瓦”，在我国古代建筑中占重要地位，至今仍在建筑工程中起着很大的作用。这种砖石结构虽然具有就地取材方便、保温、隔热、隔声、耐火等良好性能，且可以节约钢材和水泥，不需大型施工机械，施工组织简单等优点，但它的施工仍以手工操作为主，劳动强度大，生产效率低，而且烧制黏土砖需占用大量农田，因而采用新型墙体材料代替普通黏土砖，改善砌体施工工艺已经成为砌筑工程改革的重要发展方向。

6.1 脚手架及垂直运输设施

在建筑施工中，脚手架和垂直运输设施占有特别重要的地位。选择与使用的合适与否，不但直接影响施工作业的顺利和安全进行，而且也关系到工程质量、施工进度和企业经济效益的提高。因而它是建筑施工技术措施中最重要的环节之一。

6.1.1 脚手架工程搭设

脚手架是指在施工现场为方便工人操作、满足楼层运输以及安全防护而搭设的支架，是施工的临时设施，也是施工作业中必不可少的工具和手段。脚手架工程对施工人员的操作安全、工程质量、工程成本、施工进度以及邻近建筑物和场地影响都很大，在工程建造中占有相当重要的地位。

工人在地面上或楼面上砌筑墙体时，劳动生产率受砌体的砌筑高度影响，在距地面0.6 m左右时生产率最高，砌筑高度低于或高于0.6 m时，生产率下降，且工人的劳动强度增加。砌筑到一定高度，不搭设脚手架，砌筑工作则不能进行。考虑到砌墙工作效率及施工组织等因素，每次搭设脚手架的高度确定

为1.2 m左右，称为“一步架高度”，又叫墙体的可砌高度。在地面上或楼面上砌墙，砌到1.2 m高度左右要停止砌筑，搭设脚手架后再继续砌筑。

1. 脚手架类型

建筑工程施工中采用的脚手架材质以钢材为主，钢材具有强度高、刚度大、稳定性强等优点，结构安全性更高。目前，建筑工程建设时常用的脚手架形式包括扣件式脚手架、承重式钢管脚手架、碗扣式钢管脚手架和门式脚手架等，各种脚手架适用范围存在显著差异。在实际工程建设中，应结合建筑结构类型合理确定脚手架种类，以有效确保工程建设质量。

现阶段，建筑工程建设中，大多数建筑施工企业选择采用承插式盘扣脚手架，不仅搭设简便，且安全性较高，能有效保证施工人员人身安全。主要具有以下优势。

（1）造价低。该脚手架搭设密度较低，搭设时节省材料，显著降低工程成本。

（2）施工效率高。该脚手架搭设程序简单，操作简便，能显著提升施工效率。

（3）材料损耗率低。该脚手架配件体积较大，不易丢失，施工中采取必要的防护措施，可有效杜绝材料损坏等情况，降低材料损耗。

（4）实用性强。此类脚手架耐腐蚀性能较强，使用时极少出现腐蚀现象，与其他类型的脚手架相比，其耐久性更强，承载性能更加显著，更加安全、可靠。

2. 脚手架搭设技术要点

（1）前期准备工作。

建筑工程脚手架搭设前，应科学做好前期准备工作，以确保脚手架搭设的顺利进行，具体有以下几个方面。

①编制脚手架搭设方案。脚手架搭设前，应结合工程实际情况编制科学合理的施工方案，并报相关部门审批，审批通过后严格按照施工方案执行。

②材料选择。脚手架材料选择时，应选用性能优良、外观完整的钢管及扣件，并对其质量进行全面检测，确保满足规范及设计要求。同时，施工人员应结合工程实际情况，合理计算立杆、横杆及剪刀撑布设间距及长度，确保材料数量、规格满足施工要求。

③防腐处理。脚手架材料选择完成后，应严格按照规范要求进行防腐处理，防止施工过程中产生锈蚀，影响质量性能，降低使用安全性、稳定性。

④地基处理。材料准备完成后，应对地基实施处理，确保强度满足要求。若地基强度不达标，施工中会产生沉降、变形等现象，脚手架搭设于地基之上，势必会造成悬空、失稳等问题，严重降低施工安全性，引发安全事故。

⑤建立完善的排水设施。脚手架搭设区域应建立完善排水设施，确保雨水及时排出，防止积水侵蚀地基，降低地基承载性能，影响脚手架体系安全性、稳定性、可靠性。

⑥安全教育及技术交底。脚手架搭设前，应组织施工人员进行安全教育培训及技术交底，增强员工安全防护意识，提高其施工技术水平，确保施工安全性、高效性。

（2）脚手架搭设。

①脚手架搭设严格按照批准通过的施工方案执行，准确进行测量放线，并按测设位置进行垫板铺设，确保垫板与上部立杆完全对应，并与纵杆牢固连接，确保连接质量。

②横杆搭设时应严格控制临时杆件与墙体之间的距离，并在杆件内部设置刚性连接装置。立杆搭设时施工人员应合理设置安全网，以有效保证施工安全，并科学计算杆件距离地面的高度，合理确定横杆间距，并采用线坠控制立杆垂直度。

③为有效确保横杆搭设质量，施工人员可通过拉线方式进行调整，进一步提升脚手架搭设的整体质量。

④为提高脚手架整体稳定性，保证施工安全，可在双排架横向截面位置设置剪刀撑。此外，脚手架施工过程中如出现杆件损坏，应及时进行替换。

（3）脚手架搭设斜支撑。

①斜支撑主要材质为钢管，搭设时应将钢管与主体承重构件牢固连接，以有效确保稳定性，提高安全保障。

②脚手板铺设应在脚手架外侧设置安全网，以有效保证施工安全，并在两侧设置护栏及扶手，提高安全性能，以便后续工作的顺利进行。铺设时应预留充足空间进行运料，并在合适位置搭设卸料平台，保证卸料安全。

③卸料平台搭建时，应通过钢丝绳将脚手架与主体结构牢固连接在一起，由于钢丝绳具有足够的强度，能够有效增强卸料平台安全系数，保证使用安全。同时，为保证连接质量，应对脚手架连接部位进行牢固固定。

④脚手架搭设过程中，材料用量较大，造成现场材料摆放混乱，施工完成后应及时清理现场，避免造成安全隐患。

(4) 脚手架使用安全检查要求。

脚手架搭设完成后，施工单位应组织相关部门共同参与脚手架质量验收，并详细记录检查过程，形成书面文件，以备后期使用。具体有以下几点。

①检查脚手架立杆、横杆、斜支撑搭设质量，确保间距、扭矩等相关指标满足规范要求，保证使用安全。

②脚手板铺设时，应检查板与板之间的拼缝大小，确保处于规范允许范围内，若超出标准要求，应及时进行处理。同时，应定期对板面实施清理，保证表面干净、整洁。

③对防护栏杆、安全网进行检查，确保质量完好，无破损、无老化，产生问题及时更换。

④对脚手架连接部位进行全面检查，保证与主体结构可靠连接。由于脚手架承载能力较差，实际使用前应对其承重性能实施全面检测，防止运输物质过重，导致脚手架垮塌现象。

⑤卸料平台作为材料转运的主要设施，应对其质量性能实施全面检查。重点检查其承重性能，确保满足使用要求，以有效避免产生安全事故。

⑥脚手架使用时，施工人员应对其使用状态进行全面检查，确保使用安全，并形成书面检查报告上报项目管理人员，报告内容应详细、真实、全面，针对检查发现的问题应及时交流沟通，采取科学合理的处置措施，防止引发质量安全事故。

⑦脚手架使用过程中，应定期进行维护，对存在的质量问题及时进行处理，杆件、扣件出现损坏应及时维修、更换，最大限度保证脚手架使用安全性，保证工程项目的顺利实施。

(5) 脚手架拆除安全技术要求。

脚手架拆除时，应先向上级单位提交拆除申请，申请通过后再进行拆除施工。拆除前，应在四周设置警戒线，并悬挂警示标志，并安排专人负责现场安全防护工作，禁止闲杂人员靠近施工现场，避免造成安全事故。拆除时，管理人员应现场监督、指挥拆除工作，确保施工人员严格按照施工规范要求进行拆除作业，最大限度保证施工安全。

(6) 脚手架搭设安全保证措施。

①建立健全组织机构，明确岗位职责，是开展安全生产工作的基础。要遵

循“政府部门监管，建设单位主导，监理单位督促，施工单位负责”的原则，并与工程安全领导小组相结合，对其机构设置、责任进行规范化。

②为了保证安全监管工作的有效性，工程建设的安全管理部门要进行科学的分工，以提升工程建设的安全管理水平。应成立建筑安全管理小组，施工现场要安排工作细心、认真负责的安全员，以提高建筑安全的整体管理水平，从而有效减少建筑施工风险。

③加强企业的安全管理，做好安全防护。确保施工现场工作人员的人身安全及身心健康，全面落实安全施工责任制，实行责任到人；建立安全生产管理机构，进行安全管理，做好安全巡查及评估工作。

④加强安全管理，对不安全行为进行预控，对违规指挥、违规操作，坚决予以取缔。定期开展安全宣传、教育、培训等，并严格遵守相关的安全作业程序。

6.1.2　垂直运输设施

垂直运输设施是指担负垂直运送材料和施工人员上下的机械设备和设施。在砌筑工程中，不仅要运输大量的砖（或砌块）、砂浆，还要运输脚手架、脚手板和各种预制构件；不仅有垂直运输，还有地面和楼面的水平运输，其中垂直运输是影响砌筑工程施工速度的重要因素。

目前砌筑工程采用的垂直运输设施有井架、龙门架、塔式起重机和建筑施工电梯等，这里重点介绍塔式起重机和施工电梯。

1. 塔式起重机

塔式起重机的起重臂应安装在塔身顶部且可进行360°的回转，它具有较高的起重高度、工作幅度和起重能力，生产效率高，且机械运转安全可靠，使用和装拆方便等优点，被广泛地用于多层和高层的工业与民用建筑的结构安装。

由于塔式起重机具有提升、回转和水平运输的功能，且生产效率高，在吊运长、大、重的物料时有明显的优势，故在可能的条件下宜优先采用。

1）塔式起重机的类型

布置塔式起重机时，应保证其起重高度与起重量均满足工程的需求，同时起重臂的工作范围应尽可能地覆盖整个建筑，以使材料运输切实到位。此外，主材料的堆放、搅拌站的出料口等均应尽可能地布置在起重机工作半径之内。

塔式起重机一般分为固定式、轨道（行走）式、附着式、爬升式等几种。

（1）固定式塔式起重机。

固定式塔式起重机的底架安装在独立的混凝土基础上，塔身不与建筑物拉结。这种起重机适用于安装大容量的油罐、冷却塔等特殊构筑物。

（2）轨道（行走）式塔式起重机。

轨道（行走）式塔式起重机是一种能在轨道上行驶的起重机，它能负荷在直线和弧形轨道上行走，能同时完成垂直和水平运输，使用安全，生产效率高，但需要铺设轨道，且装拆和转移不便，台班费用较高。

（3）附着式塔式起重机。

附着式塔式起重机是固定在建筑物近旁混凝土基础上的起重机械，为上回转、小车变幅或俯仰变幅起重机械。塔身由标准节组成，相互间用螺栓连接，可以借助顶升系统随着建筑施工进度而自行向上接高。为了减少塔身的计算高度，规定每隔20 m左右将塔身与建筑物用锚固装置联结起来，以保证塔身的刚度和稳定性。一般附着式塔式起重机高度为70～100 m，其特点是适合狭窄工地施工。

①附着式塔式起重机基础。

附着式塔式起重机底部应设钢筋混凝土基础，其构造方法有整体式和分块式两种。采用整体式混凝土基础时，塔式起重机通过专用塔身基础节和预埋地脚螺栓固定在混凝土基础上；采用分块式混凝土基础时，塔身结构固定在行走架上，而行走架的4个支座则通过垫板支在4个混凝土基础上。基础尺寸应根据地基承载力和防止塔吊倾覆的需要确定。

在高层建筑深基础施工阶段，如需在基坑边附近构筑附着式塔式起重机基础，可采用灌柱桩承台式钢筋混凝土基础；在高层建筑综合体施工阶段，如需在地下室顶板或裙房屋顶楼板上安装附着式塔式起重机，应对安装塔吊处的楼板结构进行验算和加固，并在楼板下面加设支撑（至少连续两层）以保证安全。

②附着式塔式起重机的锚固。

附着式塔式起重机在塔身高度超过限定自由高度时，应加设附着装置与建筑结构拉结。一般说来，设置2～3道锚固装置即可满足施工需要。第一道锚固装置在距塔式起重机基础表面30～40 m处，自第一道锚固装置向上，每隔16～20 m设一道锚固装置。在进行超高层建筑施工时，不必设置过多的锚固装置，可将下部锚固装置抽换到上部使用。附着装置由锚固环和附着杆组成。

锚固环由两块钢板或型钢组焊成的U形梁拼装而成。锚固环宜设置在塔身标准节对接处或有水平腹杆的断面处，塔身节主弦杆应视需要加以补强。锚固环必须箍紧塔身结构，不得松脱。

附着杆由型钢、无缝钢管组成，若发现塔身偏斜，可通过调节螺母来调整附着杆的长度，以消除垂直偏差。锚固装置应尽可能保持水平，附着杆件最大倾角不得大于10°。

固定在建筑物上的锚固支座，可套装在柱子上或埋设在现浇混凝土墙板里，锚固点应紧靠楼板，其距离以不大于20 cm为宜。墙板或柱子混凝土强度应提高一级，并应增加配筋。

在墙板上设锚固支座时，应通过临时支撑与相邻墙板相连，以增强墙板刚度。附着式塔式起重机可借助塔身上端的顶升机构，随着建筑施工进度而自行向上接高。

自升液压顶升机构主要由顶升套架、长行程液压千斤顶、顶升横梁及定位销组成，液压千斤顶装在塔身上部结构的底端承座上，活塞杆通过顶升横梁支承在塔身顶部。需要接高时，利用塔顶的行程液压千斤顶，将塔顶上部结构（起重臂等）顶高，用定位销固定，千斤顶回油，推入标准节，用螺栓与下面的塔身连成整体，每次可接高25 m。QT4－10型附着式塔式起重机顶升过程如下。

a. 将标准节吊到摆渡小车上，并将过渡节与塔身标准节的螺栓松开，准备顶升。

b. 开动液压千斤顶，将塔式起重机上部结构（包括顶升套架）向上升超过一个标准节的高度，然后用定位销将套架固定。塔式起重机上部结构的重量通过定位销传递到塔身。

c. 液压千斤顶回缩，形成引进空间，此时将装有标准节的摆渡小车推入引进空间内。

d. 利用液压千斤顶将待接高的标准节稍微提起，退出摆渡小车，然后将其平稳地落在下面的塔身上，并用螺栓加以连接。

e. 再用液压千斤顶稍微向上顶起，拔出定位销，下降过渡节，使之与已接高的塔身连成整体。

（4）爬升式塔式起重机。

爬升式塔式起重机又称内爬式塔式起重机，通常安装在建筑物的电梯井或特设的开间内，也可安装在筒形结构内，依靠爬升机构随着结构的升高而升

高。一般是每建造3～8 m起重机就爬升一次，塔身自身高度只有20 m左右，起重高度随施工高度而定。

爬升机构有液压式和机械式两种。液压爬升机构由爬升梯架、液压缸、爬升横梁和支腿等组成。爬升梯架由上、下承重梁构成，两者相隔两层楼，工作时用螺栓固定在筒形结构的墙或边梁上，梯架两侧有踏步。其承重梁对应于起重机塔身的四根主肢，装有8个导向滚子，在爬升时起导向作用。塔身套装在爬升梯架内，顶升液压缸的缸体铰接于塔身横梁上，而下端（活塞杆端）铰接于活动的下横梁中部。塔身两侧装支腿，活动横梁两侧也装支腿，依靠这两对支腿轮流支撑在爬梯踏步上，使塔身上升。

爬升式起重机的优点是起重机以建筑物作为支承，塔身短，起重高度大，而且不占建筑物外围空间；缺点是司机作业往往不能看到起吊全过程，需靠信号指挥，施工结束后拆卸复杂，一般需设辅助起重机拆卸。

2）塔式起重机的选用

塔式起重机的选用要综合考虑建筑物的高度、建筑物的结构类型、构件的尺寸和重量、施工进度、施工流水段的划分和工程量，以及现场的平面布置和周围环境条件等各种情况，同时要兼顾装、拆塔式起重机的场地和建筑结构满足塔架锚固、爬升的要求。

首先，根据施工对象确定所要求的参数，包括幅度（又称回转半径）、起重量、起重力矩和吊钩高度等；其次，根据塔式起重机的技术性能，选定塔式起重机的型号；然后，根据施工进度、施工流水段的划分及工程量和所需吊次、现场的平面布置，确定塔式起重机的配量台数、安装位置及轨道基础的走向等。

根据施工经验，16层及其以下的高层建筑采用轨道式塔式起重机最为经济；25层以上的高层建筑，宜选用附着式塔式起重机或爬升式塔式起重机。

2. 施工电梯

施工电梯又称为外用施工电梯，是一种安装于建筑物外部，供运送施工人员和建筑器材用的垂直提升机械。采用施工电梯运送施工人员上下楼层，可节省工时，减轻工人体力消耗，提高劳动生产率，因此，施工电梯被认为是高层建筑施工不可缺少的关键设备之一。

（1）施工电梯的分类。

施工电梯按照驱动方式一般分为齿轮齿条驱动电梯和绳轮驱动电梯两类。

①齿轮齿条驱动施工电梯。

齿轮齿条驱动施工电梯由塔架（又称为立柱，包括基础节、标准节、塔顶天轮架节）、吊厢、地面停机站、驱动机组、安全装置等组成。塔架由钢管焊接格构式矩形断面标准节组成，标准节之间采用套柱螺栓连接。齿轮齿条驱动施工电梯的特点是：刚度好，安装迅速；电机、减速机、驱动齿轮、控制柜等均装设在吊厢内，检查维修及保养方便；采用高效能的锥鼓式限速装置，当吊厢下降速度超过0.65 m/s时，吊厢会自动制动，从而保证不发生坠落事故；可与建筑物拉结，并随建筑物施工进度而自升接高，升运高度可达100～150 m。

齿轮齿条驱动施工电梯按吊厢数量分为单吊厢式和双吊厢式，吊厢尺寸一般为3 m×1.3 m×2.7 m；按承载能力分为两级，一级载重量为1000 kg或乘员11～12人，另一级载重量为2000 kg或乘员24人。

②绳轮驱动施工电梯。

绳轮驱动施工电梯是近年来开发的新产品，由三角形断面钢管塔架、底座、单吊厢、卷扬机、绳轮系统及安全装置等组成。绳轮驱动施工电梯的特点是结构轻巧、构造简单、用钢量少、造价低、能自升接高。吊厢平面尺寸为2.5 m×1.3 m，可载货1000 kg或乘员8～10人。因此，绳轮驱动施工电梯在高层建筑施工中的应用范围逐渐扩大。

(2）施工电梯的选择。

高层建筑外用施工电梯的机型选择，应根据建筑体型、建筑面积、运输总重、工期要求、造价等确定。从节约施工机械费用出发，对20层以下的高层建筑工程，宜使用绳轮驱动施工电梯，25层特别是30层以上的高层建筑应选用齿轮齿条驱动施工电梯。根据施工经验，一台单吊厢式齿轮齿条驱动施工电梯的服务面积为20000～40000 m^2，参考此数据可为高层建筑工地配置施工电梯，并尽可能地选用双吊厢式。

6.2　砖砌体施工

6.2.1　砖砌体施工的基本要求

砌体工程所用的材料应有产品的合格证书、产品性能检测报告。块材、水泥、钢筋、外加剂等尚应有材料的主要性能的进场复验报告。严禁使用国家明令淘汰的材料。

砖砌体的组砌要求：上下错缝，内外搭接，以保证砌体的整体性；同时组砌要有规律，少砍砖，以提高砌筑效率，节约材料。实心砖墙常用的厚度有半砖、一砖、一砖半、两砖等。依其组砌形式不同，最常见的有以下几种：一顺一丁，如图6.1（a）所示；三顺一丁，如图6.1（b）所示；梅花丁，如图6.1（c）所示；全丁式等。

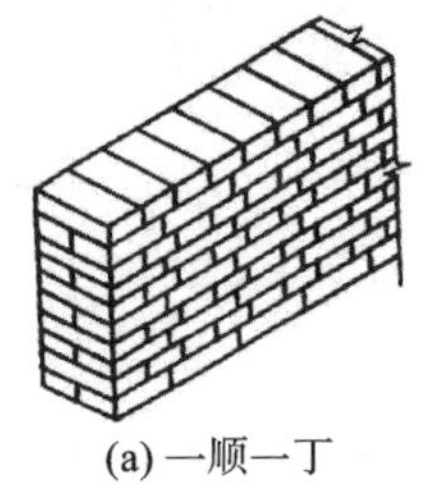

(a) 一顺一丁

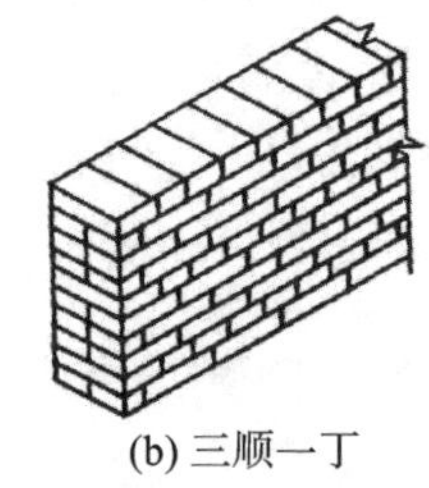

(b) 三顺一丁

(c) 梅花丁

图6.1　砖墙的部分组砌形式

一顺一丁的砌法是一皮中全部顺砖与一皮中全部丁砖相互交替砌成，上下皮间的竖缝相互错开1/4砖。砌体中无任何通缝，而且丁砖数量较多，能增强横向拉结力。这种组砌方式的特点是砌筑效率高，墙面整体性好，平直度容易控制，多用于一砖厚墙体的砌筑。但当砖的规格参差不齐时，砖的竖缝就难以整齐。

三顺一丁的砌法是三皮中全部顺砖与一皮中全部丁砖间隔砌成。上下皮顺砖间的竖缝错开1/2砖长；上下皮顺砖与丁砖间竖缝错开1/4砖长。这种砌法由于顺砖较多，砌筑效率较高，但三皮顺砖内部纵向有通缝，整体性较差，一般使用较少。这种砌法宜用于一砖半以上的墙体的砌筑或挡土墙的砌筑。

梅花丁又称沙包式、十字式。梅花丁的砌法是每皮中丁砖与顺砖相隔，上皮丁砖坐于下皮顺砖，上下皮间相互错开1/4砖长。这种砌法内外竖缝每皮都能错开，故整体性好，灰缝整齐，而且墙面比较美观，但砌筑效率较低。砌筑清水墙或当砖的规格不一致时，采用这种砌法较好。

全丁砌筑法就是全部用丁砖砌筑，上下皮竖缝相互错开1/4砖长，此法仅用于圆弧形砌体，如水池、烟囱、水塔等。

为了使砖墙的转角处各皮间竖缝相互错开，必须在外角处砌七分头砖（3/4

砖长)。当采用一顺一丁组砌时，七分头的顺面方向依次砌顺砖，丁面方向依次砌丁砖。

砖墙的丁字接头处，应分皮相互砌通，内角相交处竖缝应错开1/4砖长，并在横墙端头处加砌七分头砖。

砖墙的十字接头处，应分皮相互砌通，交角处的竖缝应错开1/4砖长。

常温下砌砖，对普通砖、空心砖含水率宜在10%～15%，一般应提前1天浇水润湿，避免砖吸收砂浆中过多的水分而影响黏结力，并可除去砖面上的粉末。但浇水过多会使砌体走样或滑动。灰砂砖、粉煤灰砖适量浇水，其含水率控制在5%～8%为宜。

在墙上留置临时施工洞口，其侧边离交接处墙面不应小于500 mm，洞口净宽度不应超过1 m。临时施工洞口应做好补砌。

不得在下列墙体或部位设置脚手眼：半砖厚墙；过梁上与过梁成60°角的三角形范围及过梁净跨度1/2的高度范围内；宽度小于1 m的窗间墙；墙体门窗洞口两侧200 mm和转角处450 mm范围内；梁或梁垫下及其左右500 mm范围内。施工脚手眼补砌时，灰缝应填满砂浆，不得用干砖填塞。

设计要求的洞口、管道、沟槽应于砌筑时正确留出或预埋，未经设计同意，不得打凿墙体和在墙体上开凿水平沟槽。宽度超过300 mm的洞口上部，应设置过梁。

砖墙每日砌筑高度不得超过1.8 m。砖墙分段砌筑时，分段位置宜设在变形缝、构造柱或门窗洞口处；相邻工作段的砌筑高度不得超过一个楼层高度，也不宜大于4 m。尚未施工楼板或屋面的墙或柱，当可能遇到大风时，其允许自由高度不得超过表6.1的规定。如超过表6.1中的限值，必须采用临时支撑等有效措施。

表6.1　墙和柱的允许自由高度　(单位:m)

墙（柱）厚/mm	砌体密度>1600 kg/m³			砌体密度1300～1600 kg/m³		
	风载/[（kN/m²）]			风载/[（kN/m²）]		
	0.3（约7级风）	0.4（约8级风）	0.5（约9级风）	0.3（约7级风）	0.4（约8级风）	0.5（约9级风）
190				1.4	1.1	0.7

续表

墙（柱）厚/mm	砌体密度＞1600 kg/m³			砌体密度1300～1600 kg/m³		
	风载/[（kN/m²）]			风载/[（kN/m²）]		
	0.3（约7级风）	0.4（约8级风）	0.5（约9级风）	0.3（约7级风）	0.4（约8级风）	0.5（约9级风）
240	2.8	2.1	1.4	2.2	1.7	1.1
370	5.2	3.9	2.6	4.2	3.2	2.1
490	8.6	6.5	4.3	7.0	5.2	3.5
620	14.0	10.5	7.0	11.4	8.6	5.7

注：1.本表适用于施工处相对标高（H）在10 m范围内的情况。如10 m＜H≤15 m，15 m＜H≤20 m，表中的允许自由高度应分别乘以0.9、0.8的系数；如H＞20 m，应通过抗倾覆验算确定其允许自由高度。

2.当所砌筑的墙有横墙或其他结构与其连接，而且间距小于表列限值的2倍时，砌筑高度可不受本表的限制。

6.2.2 施工前的准备

1. 砖的准备

砖要按规定的数量、品种、强度等级及时组织进场，按砖的强度等级、外观、几何尺寸进行验收，并应检查出厂合格证。常温施工时，黏土砖应在砌筑前1～2天浇水湿润，以浸入砖内深度15～20 mm为宜。

2. 砂浆准备

主要是做好配制砂浆所用原材料的准备。若采用混合砂浆，则应提前两周将石灰膏淋制好，待使用时再进行拌制。

3. 其他准备

（1）检查校核轴线和标高。在允许偏差范围内，砌体的轴线和标高的偏差，可在基础顶面或楼板面上予以校正。

（2）砌筑前，组织机械进场并进行安装。

（3）准备好脚手架，搭好搅拌棚，安设搅拌机，接水，接电，试车。

（4）制备并安设好皮数杆。

6.2.3　砖砌体的施工工艺

1. 抄平放线（也称抄平弹线）

（1）抄平。

砌墙前应在基础防潮层或楼层上定出各层标高，并用水泥砂浆或C15细石混凝土找平，使各段墙底标高符合设计要求。

（2）放线。

根据龙门板或轴线控制桩上的标志轴线，利用经纬仪和墨线弹出基础或墙体的轴线、边线及门窗洞口位置线。二层以上墙体轴线可以用经纬仪或垂球将轴线引测上去。

基础放线是保证墙体平面位置的关键工序，是体现定位测量精度的主要环节，稍有疏忽就会造成错位。所以，在放线过程中要充分重视以下环节。

①龙门板在挖槽的过程中易被碰动。因此，在投线前要对控制桩、龙门板进行复查，避免问题的发生。

②对于偏中基础，要注意偏中的方向。

③附墙垛、烟囱、温度缝、洞口等特殊部位要标示清楚，防止遗忘。

2. 摆砖

摆砖也称撂底，是在弹好线的基础顶面上按选定的组砌方式先用砖试摆，目的在于核对所弹出的墨线在门窗洞口、墙垛等处是否符合砖模数，以便借助灰缝调整，使砖的排列和砖缝宽度均匀合理。摆砖时，山墙摆丁砖，檐墙摆顺砖，即“山丁檐顺”。

3. 立皮数杆

皮数杆一般用50 mm×70 mm的方木做成，上面划有砖的皮数、灰缝厚度，门窗、楼板、圈梁、过梁、屋架等构件的位置及建筑物各种预留洞口和加筋的高度，作为墙体砌筑时竖向尺寸的控制标志。

划皮数杆时应从±0.000开始。从±0.000向下到基础垫层以上为基础部分皮数杆，±0.000以上为墙身皮数杆。楼房如每层高度相同时划到二层楼地面标高为止，平房划到前后檐口为止。划完后在杆上以每五皮砖为级数，标上砖的皮数，如5，10，15，……并标明各种构件和洞口的标高位置及其大致

图例。

皮数杆一般设置在墙的转角、内外墙交接处、楼梯间及墙面变化较多的部位；如墙面过长，应每隔10～15 m立一根。立皮数杆时可用水准仪测定标高，使各皮数杆立在同一标高上。在砌筑前，应检查皮数杆上±0.000与抄平桩上的±0.000是否一致，所立部位、数量是否对应，检查合格后方可进行施工。

4. 盘角及挂线

墙体砌砖时，应根据皮数杆先在转角及交接处砌3～5皮砖，并保证其垂直平整，称为盘角。然后再在其间拉准线，依准线逐皮砌筑中间部分。盘角主要是根据皮数杆控制标高，依靠线锤、托线板等使之垂直。中间部分墙身主要依靠准线使之灰缝平直，一般“三七”墙以内应单面挂线，“三七”墙以上应双面挂线。

5. 砌筑、勾缝

（1）砌筑。

砖的砌筑宜采用“三一”砌法。“三一”砌法，又叫大铲砌筑法，即一铲灰、一块砖、一挤揉，并随手将挤出的砂浆刮平。这种砌法灰缝容易饱满，黏结力强，能保证砌筑质量。

除“三一”砌法外，也可采用铺浆法等。当采用铺浆法砌筑时，铺浆长度不宜超过750 mm，若施工期间气温超过30 ℃，铺浆长度不宜超过500 mm。

（2）勾缝。

勾缝是砌清水墙的最后一道工序，可以用砂浆随砌随勾缝，叫作原浆勾缝；也可砌完墙后再用1∶1.5水泥砂浆或加色砂浆勾缝，称为加浆勾缝。勾缝具有保护墙面和增加墙面美观的作用，为了确保勾缝质量，勾缝前应清除墙面黏结的砂浆和杂物，并洒水湿润，在砌完墙后，应划出10 mm深的灰槽，灰缝可勾成凹、平、斜或凸形状。勾缝完毕还应清扫墙面。

6. 楼层轴线的引测

为了保证各层墙身轴线的重合和施工方便，在弹墙身线时，应根据龙门板上标注的轴线位置将轴线引测到房屋的外墙基上。二层以上各层墙的轴线，可用经纬仪或垂球引测到楼层上去，同时还需根据图上轴线尺寸用钢尺进行校核。

（1）首层墙体轴线引测方法。

基础砌完后，根据控制桩将主墙体的轴线利用经纬仪引到基础墙身上，如图6.2所示，并用墨线弹出墙体轴线，标出轴线号，即确定了上部砖墙的轴线位置。同时，用水准仪在基础露出自然地坪的墙身上，抄出－0.100 m或－0.150 m标高线，并在墙的四周都弹出墨线来，作为以后砌上部墙体时控制标高的依据。

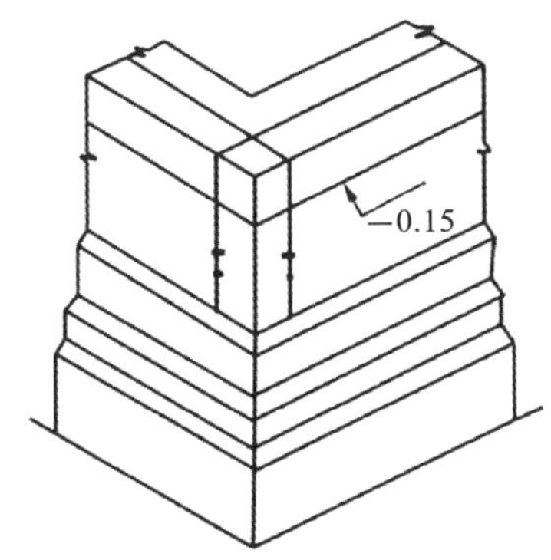

图6.2　首层墙体轴线（单位：m）

（2）二层以上墙体轴线引测方法。

首层楼板安装完毕、抄平之后，即可进行二层的放线工作。

a.先在各横墙的轴线中，选取在长墙中间部位的某道轴线，如图6.3所示，取“④”轴线作为横墙中的主轴线。根据基础墙“①”轴线，向“④”轴线量出尺寸，量准确后在“④”轴立墙上标出轴线位置。以后每层均以此“④”轴立线为放线的主轴线。

同样，在纵墙中选取一条在山墙中部的轴线，如图6.3中的C轴，在C轴墙根部标出立线，作为以上各层放纵墙线的主轴线。

b.两条轴线选定之后，将经纬仪支架在选定的墙体轴线前，一般离开所测高度10 m左右，用望远镜照准该轴线，在楼层操作人员的配合下，在楼板边棱上确定该墙体轴线的位置，并做好标记，如图6.4所示。依次可在楼层板确定“④”、C轴的端点位置，确定互相垂直的一对主轴线。

c.在楼层上定出了互相垂直的一对主轴线之后，其他各道墙的轴线就可以根据图纸的尺寸，以主轴线为基准线，利用钢尺及小线在楼层上进行放线。如果没有经纬仪，可采用垂球法，如图6.5所示。

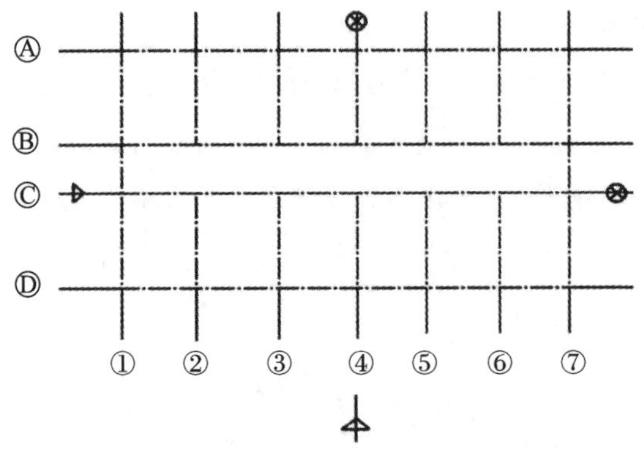

图 6.3　二层以上墙体轴线引测

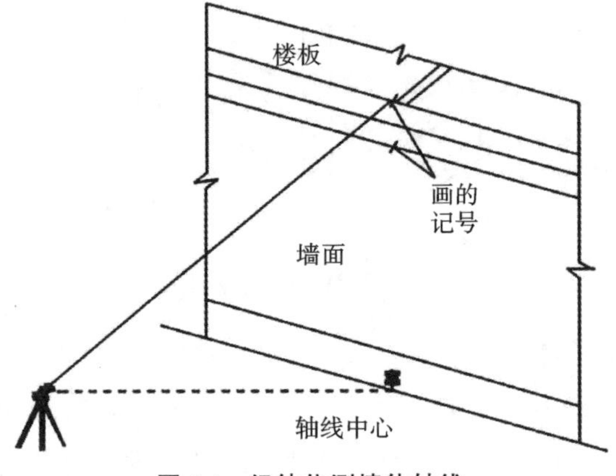

图 6.4　经纬仪测墙体轴线

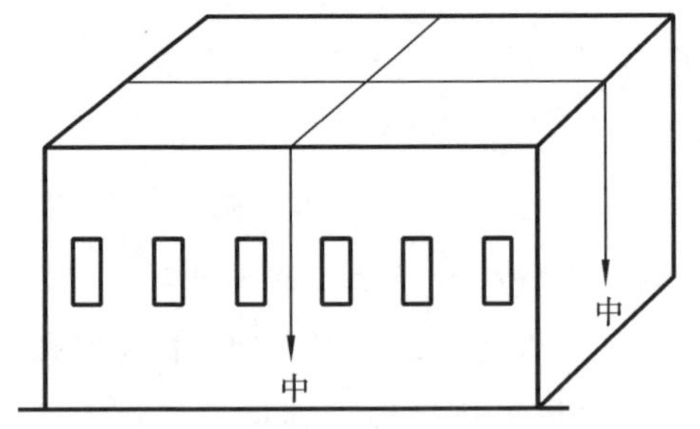

图 6.5　楼层轴线引测（垂球法）

7. 各层标高的控制

基础砌完之后，除要把主墙体的轴线，由龙门桩或龙门板上引到基础墙上外，还要在基础墙上抄出一条－0.100 m 或－0.150 m 标高的水平线。楼层各层标高除立皮数杆控制外，亦可用在室内弹出的水平线控制。

当砖墙砌起一步架高后，应随即用水准仪在墙内进行抄平，并弹出离室内地面高500 mm的线，在首层即为0.5 m标高线（现场称为50线），在以上各层即为该层标高加0.5 m的标高线。这道水平线是控制层高及放置门、窗过梁高度的依据，也是室内装饰施工时做地面标高、墙裙、踢脚线、窗台及其他有关的装饰标高的依据。

当二层墙砌到一步架高后，随即用钢尺在楼梯间处，把底层的0.5 m标高线引入到上层，就得到二层0.5 m标高线。如层高为3.3 m，那么从底层0.5 m标高线往上量3.3 m划一铅笔痕，随后用水准仪及标尺从这点抄平，把楼层的全部0.5 m标高线弹出。

6.2.4　砖砌体的质量要求

1. 基本要求

砖砌体的质量应符合《砌体结构工程施工质量验收规范》（GB 50203—2011）的要求，做到横平竖直、砂浆饱满、上下错缝、内外搭接、接槎牢固。

（1）横平竖直。

横平，即要求每一皮砖必须在同一水平面上，每块砖必须摆平。为此，首先应将基础或楼面抄平，砌筑时严格按皮数杆层层挂准线，每块砖按准线砌平。

竖直，即要求砌体表面轮廓垂直平整，且竖向灰缝垂直对齐。因而在砌筑过程中要随时用线锤和托线板进行检查，做到“三皮一吊，五皮一靠”，以保证砌筑质量。

（2）砂浆饱满。

砂浆饱满度对砌体强度影响较大。水平灰缝和竖缝的厚度一般规定为（10±2）mm，要求水平灰缝的砂浆饱满度不得小于80%，竖向灰缝宜采用挤浆或加浆方法，使其砂浆饱满。

（3）上下错缝、内外搭接。

为保证砌体的强度和稳定性，砌体应按一定的组砌形式进行砌筑，错缝及搭接长度一般不少于60 mm，并避免墙面和内缝中出现连续的竖向通缝。

（4）接槎牢固。

砖墙的转角处和交接处一般应同时砌筑，以保证墙体的整体性和砌体结构的抗震性能。如不能同时砌筑，应按规定留槎并做好接槎处理，通常应将留置的临时间断做成斜槎。实心墙的斜槎长度不应小于墙高度的2/3，接槎时必须将接槎处的表面清理干净，浇水湿润，填实砂浆并保持灰缝垂直；当临时间断处留斜槎确有困难时，非抗震设防及抗震设防烈度为6度、7度地区，除转角处外也可留直槎，但必须做成凸槎，并加设拉结筋。拉结筋的数量为每120 mm墙厚放置一根直径为6 mm的钢筋，间距沿墙高不得超过500 mm，埋入长度从墙的留槎处算起，每边均不得少于500 mm（对抗震设防烈度为6度、7度地区，不得小于1000 mm），末端应有90°弯钩。

2. 砖砌体的有关规定

（1）砂浆的配合比应采用重量比，石灰膏或其他塑化剂的掺量应适量，微沫剂的掺量（按100％纯度计）应通过试验确定。

（2）限定砂浆的使用时间。水泥砂浆在3 h内用完，混合砂浆在4 h内用完。如气温超过30 ℃适用时间均应减少1 h。

（3）普通黏土砖在砌筑前应浇水润湿，含水率宜为10％～15％，灰砂砖和粉煤灰砖可不必润砖。

（4）砖砌体的尺寸和位置允许偏差，应符合表6.2的规定。

表6.2　砖砌体的尺寸和位置的允许偏差

<table>
<tr><th rowspan="2">项次</th><th colspan="3" rowspan="2">项目</th><th colspan="3">允许偏差/mm</th><th rowspan="2">检验方法</th></tr>
<tr><th>基础</th><th>墙</th><th>柱</th></tr>
<tr><td>1</td><td colspan="3">轴线位置偏移</td><td>10</td><td>10</td><td>10</td><td>用经纬仪和尺检查或用其他测量仪器检查</td></tr>
<tr><td>2</td><td colspan="3">基础顶面和楼面标高</td><td>±15</td><td>±15</td><td>±15</td><td>用水平仪和尺检查</td></tr>
<tr><td rowspan="3">3</td><td rowspan="3">垂直度</td><td colspan="2">每层</td><td>—</td><td>5</td><td>5</td><td>用2 m托线板检查</td></tr>
<tr><td rowspan="2">全高</td><td>≤10 m</td><td>—</td><td>10</td><td>10</td><td rowspan="2">用经纬仪、吊线和尺检查，或用其他测量仪器检查</td></tr>
<tr><td>>10 m</td><td>—</td><td>20</td><td>20</td></tr>
<tr><td rowspan="2">4</td><td rowspan="2">表面平整度</td><td colspan="2">清水墙、柱</td><td>—</td><td>5</td><td>5</td><td rowspan="2">用2 m靠尺和楔形塞尺检查</td></tr>
<tr><td colspan="2">混水墙、柱</td><td>—</td><td>8</td><td>8</td></tr>
<tr><td>5</td><td colspan="3">门窗洞口高、宽（后塞口）</td><td>—</td><td>±5</td><td>—</td><td>用尺检查</td></tr>
<tr><td>6</td><td colspan="3">水平灰缝厚度（10皮砖累计）</td><td>—</td><td>±8</td><td>—</td><td>与皮数杆比较，用尺检查</td></tr>
</table>

续表

<table>
<tr><th rowspan="2">项次</th><th rowspan="2" colspan="2">项目</th><th colspan="3">允许偏差/mm</th><th rowspan="2">检验方法</th></tr>
<tr><th>基础</th><th>墙</th><th>柱</th></tr>
<tr><td>7</td><td colspan="2">外墙上下窗口偏移</td><td>—</td><td>20</td><td>—</td><td>以底层窗口为准，用经纬仪或吊线检查</td></tr>
<tr><td rowspan="2">8</td><td rowspan="2">水平灰缝平直度</td><td>清水墙</td><td>—</td><td>7</td><td>—</td><td rowspan="2">拉10 m线和尺检查</td></tr>
<tr><td>混水墙</td><td>—</td><td>10</td><td>—</td></tr>
<tr><td>9</td><td colspan="2">清水墙游丁走缝</td><td>—</td><td>20</td><td>—</td><td>吊线和尺检查，以每层第一皮砖为准</td></tr>
</table>

3. 钢筋混凝土构造柱

（1）混凝土构造柱的主要构造措施。

通常，构造柱的截面尺寸为240 mm×180 mm或240 mm×240 mm。竖向受力钢筋采用4根直径为12 mm的Ⅰ级钢筋，箍筋直径4～6 mm，其间距不大于250 mm，且在柱上下端适当加密。

砖墙与构造柱应沿墙高每隔500 mm设置2根直径为6 mm的水平拉结钢筋，两边伸入墙内不宜小于1 m；若外墙为一砖半墙，则水平拉结钢筋应用3根。

砖墙与构造柱相接处，应砌成马牙槎，从每层柱脚开始，先退后进；每个马牙槎沿高度方向的尺寸不宜超过300 mm（或5皮砖高）；每个马牙槎进退应不小于60 mm。

构造柱必须与圈梁连接。其根部可与基础圈梁连接，无基础圈梁时，可增设厚度不小于120 mm的混凝土底脚，深度从室外地坪以下不应小于500 mm。

（2）钢筋混凝土构造柱施工要点。

①构造柱的施工顺序为：绑扎钢筋、砌砖墙、支模板、浇筑混凝土。必须在该层构造柱混凝土浇筑完毕后，才能进行上一层的施工。

②构造柱的竖向受力钢筋伸入基础圈梁或混凝土底脚内的锚固长度，以及绑扎搭接长度，均不应小于35倍钢筋直径。接头区段内的箍筋间距不应大于200 mm。钢筋混凝土保护层厚度一般为20 mm。

③砌砖墙时，若马牙槎齿深为120 mm，其上口可采用第一皮先进60 mm，往上再进120 mm的方法，以保证浇筑混凝土时上角密实。

④构造柱的模板，必须与所在砖墙面严密贴紧，以防漏浆。

⑤浇筑构造柱的混凝土坍落度一般为50～70 mm。振捣宜采用插入式振动器分层捣实，振捣棒应避免直接触碰钢筋和砖墙；严禁通过砖墙传振，以免砖墙变形和灰缝开裂。

6.3 砌块砌体施工

用砌块代替普通黏土砖作为墙体材料是墙体改革的重要途径。目前工程中多采用中小型砌块。中型砌块施工，是采用各种吊装机械及夹具将砌块安装在设计位置，一般要按建筑物的平面尺寸及预先设计的砌块排列图逐块按次序吊装、就位、固定。小型砌块施工，与传统的砖砌体砌筑工艺相似，也是手工砌筑，但在形状、构造上有一定的差异。

6.3.1 砌块安装前的准备工作

1. 编制砌块排列图

砌块砌筑前，应根据施工图纸的平面、立面尺寸，并结合砌块的规格，先绘制砌块排列图。绘制砌块排列图时在立面图上按比例绘出纵横墙，标出楼板、大梁、过梁、楼梯、孔洞等位置，在纵横墙上绘出水平灰缝线，然后以主规格为主、其他型号为辅，按墙体错缝搭砌的原则和竖缝大小进行排列。在墙体上大量使用的主要规格砌块，称为主规格砌块；与它相搭配使用的砌块，称为副规格砌块。小型砌块施工时，也可不绘制砌块排列图，但必须根据砌块尺寸和灰缝厚度计算皮数和排数，以保证砌体尺寸符合设计要求。

若设计无具体规定，砌块应按下列原则排列。

（1）尽量多用主规格的砌块或整块砌块，减少非主规格砌块的规格与数量。

（2）砌筑应符合错缝搭接的原则，搭接长度不得小于砌块高的1/3，且不应小于150 mm。当搭接长度不足时，应在水平灰缝内设置$\varphi 4$钢筋网片予以加强，网片两端离该垂直缝的距离不得小于300 mm。

（3）外墙转角处及纵横交接处，应用砌块相互搭接，如不能相互搭接，则每两皮应设置一道拉结钢筋网片。

（4）水平灰缝宽度一般为10～20 mm，有配筋的水平灰缝宽度为20～25

mm。竖缝宽度为15～20 mm，当竖缝宽度大于40 mm时应用与砌块同强度的细石混凝土填实，当竖缝宽度大于100 mm时，应用黏土砖镶砌。

(5) 当楼层高度不是砌块（包括水平灰缝）的整数倍时，用黏土砖镶砌。

(6) 对于空心砌块，上下皮砌块的壁、肋、孔均应垂直对齐，以提高砌体的承载能力。

2. 砌块的堆放

砌块的堆放位置应在施工总平面图上周密安排，应尽量减少二次搬运，使场内运输路线最短，以便于砌筑时起吊。堆放场地应平整夯实，使砌块堆放平稳，并做好排水工作；砌块不宜直接堆放在地面上，应堆在草袋、煤渣垫层或其他垫层上，以免玷污砌块底面。砌块的规格、数量必须配套，不同类型分别堆放。

3. 砌块的吊装方案

砌块墙的施工特点是砌块数量多，吊次也相应地多，但砌块的重量不是很大。砌块安装方案与所选用的机械设备有关，通常采用的吊装方案有两种：一是以塔式起重机进行砌块、砂浆的运输，以及楼板等构件的吊装，由台灵架吊装砌块；二是以井架进行材料的垂直运输，以杠杆车进行楼板吊装，所有预制构件及材料的水平运输采用砌块车和劳动车，由台灵架吊装砌块。

除应准备好砌块垂直、水平运输和吊装的机械外，还要准备安装砌块的专用夹具和有关工具。

6.3.2　砌块砌体施工工艺

1. 砌块施工工艺

砌块施工时需弹墙身线和立皮数杆，并按事先划分的施工段和砌块排列图逐皮安装。其安装顺序是先外后内、先远后近、先下后上。砌块砌筑时应从转角处或定位砌块处开始，并校正其垂直度，然后按砌块排列图内外墙同时砌筑并且错缝搭砌。

每个楼层砌筑完成后应复核标高，如有偏差则应找平校正。铺灰和灌浆完成后，吊装上一皮砌块时，不允许碰撞或撬动已安装好的砌块。当相邻砌体不能同时砌筑时，应留阶梯形斜槎，不允许留直槎。

砌块施工的主要工序：铺灰、砌块吊装就位、校正、灌缝和镶砖等。

（1）铺灰。

采用稠度良好（50～70 mm）的水泥砂浆，铺3～5 m长的水平缝。夏季及寒冷季节应适当缩短，铺灰应均匀平整。

（2）砌块吊装就位。

采用摩擦式夹具，按砌块排列图将所需砌块吊装就位。砌块就位应对准位置徐徐下落，使夹具中心尽可能与墙中心线在同一垂直面上，砌块光面在同一侧，垂直落于砂浆层上，待砌块安放稳妥后，才可松开夹具。

（3）校正。

用线锤和托线板检查垂直度，用拉准线的方法检查水平度。用撬棍、楔块调整偏差。

（4）灌缝。

采用砂浆灌竖缝，两侧用夹板夹住砌块，超过30 mm宽的竖缝采用不低于C20的细石混凝土灌缝，收水后进行嵌缝，即原浆勾缝。灌缝后一般不应再撬动砌块，以防破坏砂浆的黏结力。

（5）镶砖。

当砌块间出现较大竖缝或过梁找平时，应镶砖。采用MU10级以上的红砖，最后一皮用丁砖镶砌。镶砖工作必须在砌砖校正后即刻进行，镶砖时应注意使砖的竖缝灌填密实。

2. 混凝土小砌块砌体施工

混凝土小砌块包括普通混凝土小型空心砌块和轻骨料混凝土小型空心砌块。

施工时所用的小砌块的产品龄期不应小于28 d。普通混凝土小砌块饱和吸水率低、吸水速度迟缓，一般可不浇水，天气炎热时，可适当洒水湿润。

轻骨料混凝土小砌块的吸水率较大，宜提前浇水湿润。底层室内地面以下或防潮层以下的砌体，应采用强度等级不低于C20的混凝土灌实小砌块的孔洞。

小砌块墙体应对孔错缝搭砌，搭接长度不应小于90 mm。墙体的个别部位不能满足上述要求时，应在灰缝中设置拉结钢筋或钢筋网片，但竖向通缝仍不得超过两皮小砌块。

浇灌芯柱的混凝土，宜选用专用的小砌块灌孔混凝土，当采用普通混凝土

时，其坍落度不应小于90 mm。砌筑砂浆强度大于1 MPa时，方可浇灌芯柱混凝土。浇灌时清除孔洞内的砂浆等杂物，并用水冲洗；先注入适量与芯柱混凝土相同的去石水泥砂浆，再浇灌混凝土。

小砌块墙体转角处和纵横交接处应同时砌筑。临时间断处应砌成斜槎，斜槎水平投影长度不应小于高度的2/3。

小砌块砌体的灰缝应横平竖直，水平灰缝厚度和竖向灰缝宽度宜为10 mm，但不应大于12 mm，也不应小于8 mm。砌体水平灰缝的砂浆饱满度，应按净面积计算不得低于90%；竖向灰缝饱满度不得小于80%，竖缝凹槽部位应用砌筑砂浆填实；不得出现瞎缝、透明缝。

3. 蒸压加气混凝土砌块砌体施工

加气混凝土砌块可砌成单层墙或双层墙体。单层墙是将加气混凝土砌块立砌，墙厚为砌块的宽度。双层墙是将加气混凝土砌块立砌两层，中间夹以空气层，两层砌块间，每隔500 mm墙高在水平灰缝中放置$\varphi4 \sim \varphi6$的钢筋扒钉，扒钉间距为600 mm，空气层厚度为70～80 mm。

承重加气混凝土砌块墙的外墙转角处、墙体交接处，均应沿墙高1 m左右，在水平灰缝中放置拉结钢筋，拉结钢筋为$\varphi6$，钢筋伸入墙内不少于1000 mm。

加气混凝土砌块砌筑前，应根据建筑物的平面图、立面图绘制砌块排列图。在墙体转角处设置皮数杆，皮数杆上画出砌块皮数及砌块高度，并拉准线砌筑。

加气混凝土砌块墙的上下皮砌块的竖向灰缝应相互错开，相互错开长度宜为300 mm，并且不小于150 mm。

加气混凝土砌块墙的灰缝应横平竖直，砂浆饱满，水平灰缝砂浆饱满度不应小于90%；竖向灰缝砂浆饱满度不应小于80%。水平灰缝厚度宜为15 mm；竖向灰缝宽度宜为20 mm。

加气混凝土砌块墙的转角处，应使纵横墙的砌块相互搭砌，砌块隔皮露端面。加气混凝土砌块墙的T字形交接处，应使横墙砌块隔皮露端面，并坐中于纵墙砌块，砌块的搭砌如图6.6所示。

4. 粉煤灰砌块砌体施工

粉煤灰砌块墙砌筑前，应按设计图绘制砌块排列图，并在墙体转角处设置

(a) 转角处

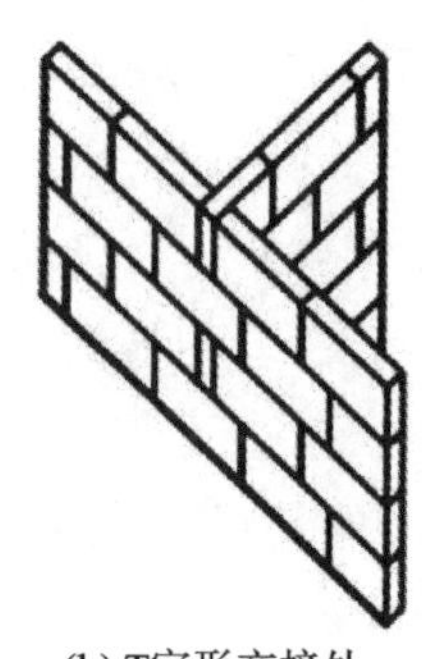

(b) T字形交接处

图 6.6　加气混凝土砌块搭砌

皮数杆。粉煤灰砌块的砌筑面应适量浇水。

粉煤灰砌块的砌筑方法可采用“铺灰灌浆法”。先在墙顶上摊铺砂浆，然后将砌块按砌筑位置摆放到砂浆层上，并与前一块砌块靠拢，留出不大于20 mm的空隙。待砌完一皮砌块后，在空隙两旁装上夹板或塞上泡沫塑料条，在砌块的灌浆槽内灌砂浆，直至灌满。等到砂浆开始硬化不流淌时，即可卸掉夹板或取出泡沫塑料条。粉煤灰砌块砌筑如图6.7所示。

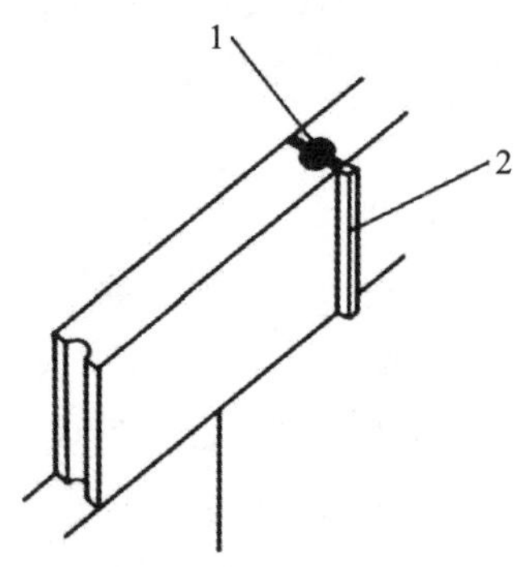

图 6.7　粉煤灰砌块砌筑

注：1—灌浆；2—泡沫塑料条。

粉煤灰砌块上下皮的垂直灰缝应相互错开，错开长度应不小于砌块长度的1/3。其灰缝厚度、砂浆饱满度及转角、交接处的要求同加气混凝土砌块。

粉煤灰砌块墙砌到接近上层楼板底时，因最上一皮不能灌浆，可改用烧结普通砖斜砌挤紧。

砌筑粉煤灰砌块外墙时，不得留脚手眼。每一楼层内的砌块墙应连续砌完，尽量不留接槎。如必须留槎时应留成斜槎，或在门窗洞口侧边间断。

5. 石砌体施工

（1）毛石基础施工。

砌筑毛石基础所用毛石应质地坚硬、无裂纹，尺寸为200～400 mm，强度等级一般为MU20以上。所用水泥砂浆为M2.5～M5级，稠度为50～70 mm，灰缝厚度一般为20～30 mm。不宜采用混合砂浆。

基础砌筑前，应校核毛石基础放线尺寸。

砌筑毛石基础的第一皮石块应坐浆，选较大而平整的石块将大面向下，分皮卧砌，上下错缝，内外搭砌；每皮厚度约300 mm，搭接不小于80 mm，不得出现通缝。毛石基础扩大部分，如做成阶梯形，上级阶梯的石块应至少压砌下级阶梯的1/2，每阶内至少砌两皮，扩大部分每边比墙宽出100 mm。为增加整体稳定性，应大、中、小毛石搭配使用，并按规定设置拉结石，拉结石长度应超过墙厚的2/3。毛石砌到室内地坪以下50 mm，应设置防潮层，一般用1：2.5的水泥砂浆加适量防水剂铺设，厚度为20 mm。毛石基础每天砌筑高度不应超过1.2 m。

（2）石墙施工。

①毛石墙施工。

首先应在基础顶面根据设计要求抄平放线、立皮数杆、拉准线，然后进行墙体施工。砌筑第一层石块时，应大面向下，其余各层应利用自然形状相互搭接紧密，面石应选择至少具有一面平整的毛石砌筑，较大空隙用碎石填塞。墙体砌筑每层高300～400 mm，中间隔1 m左右应砌与墙同宽的拉结石，上、下层间的拉结石位置应错开。施工时，上下层应相互错缝，内外搭接，不得采用外面侧立石块、中间填心的砌筑方法。每日砌筑高度不应超过1.2 m，分段砌筑时所留踏步槎高度不超过一个步架。

②料石墙施工。

料石墙的砌筑应用铺浆法，竖缝中应填满砂浆并插捣至溢出为止。上下皮应错缝搭接，转角处或交接处应用石块相互搭砌，如确有困难，应在每楼层范围内至少设置钢筋网或拉结筋两道。

③石墙勾缝。

石墙的勾缝形式多采用平缝或凸缝。勾缝前先将灰缝刮深20～30 mm，墙面喷水湿润，并修整。勾缝宜用1：1水泥砂浆，或用青灰和白灰浆掺加麻刀勾缝。勾缝线条必须均匀一致，深浅相同。

第7章　混凝土结构工程施工

7.1　钢筋工程施工

7.1.1　钢筋的性能与进场检验

1. 钢筋的性能

施工中，需特别注意的钢筋性能主要包括变形硬化、松弛和可焊性。

（1）钢筋的变形硬化。

在常温下，通过强力使钢材发生塑性变形，钢材的屈服强度可大大提高，而塑性和韧性将大幅度降低。根据钢筋的这一“变形硬化”性能，可对钢筋进行冷拉、冷拔、冷轧等处理，从而提高强度，扩大使用范围。

由于冷加工后的钢筋脆性过大，现今钢筋冷加工已逐渐淘汰，但变形硬化的原理在钢筋机械连接中依旧得到广泛应用。

（2）钢筋的松弛。

钢筋的松弛是指在高应力状态下，钢筋的长度不变，但其应力会逐渐减少的性能。在预应力施工中，应防止或减少该性能造成的预应力损失。

（3）钢筋的可焊性。

钢筋均具有可焊性，但其焊接性能差异较大。影响焊接性能的主要因素有钢材的强度或硬度、化学成分、焊接方法及环境等。通常情况下，强度或硬度越高的钢材越难以焊接；含碳、锰、硅、硫等越多的钢材越难以焊接，而含钛较多的钢材易于焊接。

2. 钢筋的进场检验

钢筋进场时，应详细检查产品合格证、出厂检验报告，并按现行国家标准分批次、分规格、分品种进行复验，复验包括外观检查、单位长度重量和力学性能检验。外观检查时，每批不少于5%，要求钢筋平直，无损伤，无折叠，表面无裂纹、结疤、油污、颗粒状或片状老锈；钢筋的单位长度和重量需在设

计要求的范围内；力学性能检验时，每批应抽取2根钢筋制作试件，进行拉伸试验和冷弯试验。

当施工中发现钢筋脆断、焊接性能不良或力学性能显著不正常等现象时，应对该批钢筋进行化学成分检验或其他专项检验。

7.1.2　钢筋的连接

钢筋的连接方法包括焊接连接、机械连接和绑扎连接。连接的一般规定如下。

（1）钢筋的接头宜设置在受力较小处。

（2）同一纵向受力钢筋不宜设置两个或两个以上接头。

（3）接头末端至钢筋弯起点的距离不应小于钢筋直径的10倍。

（4）钢筋接头位置宜相互错开。当采用焊接或机械连接时，在同一连接区段[35 d（d为纵向钢筋较大直径）且不小于500 mm]内，受拉区纵向钢筋的接头面积百分率不应大于50%。

（5）直接承受动力荷载的结构构件中，不宜采用。

下面就焊接连接和机械连接做详细介绍。

1. 焊接连接

（1）闪光对焊。

闪光对焊广泛用于钢筋纵向连接及预应力钢筋与螺端杆的焊接。热轧钢筋的焊接宜优先采用闪光对焊，其次才考虑电弧焊。钢筋闪光对焊的原理是利用对焊机使两段钢筋接触，通过低电压的强电流，待钢筋被加热到一定温度变软后，进行轴向加压顶锻，形成对焊接头。

①闪光对焊工艺。

a. 连续闪光焊。施加电压后，一个工件不停顿地向前缓慢推进，保持闪光过程持续不断直至顶锻。这是最常用且比较简单的方法。低碳钢工件或截面积不大的工件的对焊，往往采用这种焊接方法。此种工艺的特点是闭合电源后，通过杠杆摇臂调整活动电极，使两钢筋总保持轻微接触，接触点很快熔化并产生火花（金属蒸气飞溅），形成连续闪光现象。待接头烧平、闪去杂质和氧化膜、端头处于白热熔化状态时，施加轴向压力迅速顶锻，使两钢筋融合焊牢。

b. 预热闪光焊。施加电压后，两个工件一次或多次迅速接触，又迅速分开，形成断续闪光（闪光预热），然后转入稳定的连续闪光过程，直至顶锻。除采用多次往复运动形成断续闪光预热外，还可采用电阻预热方法。即两工件在一定压力下接触，然后施加电压，电流通过两工件的接触面，由接触电阻产生的热量而预热。

c. 闪光预热闪光焊。对于钢筋直径较大且端面不平整的钢筋，应通过连续闪光将钢筋端部烧平后，再进行预热闪光焊。

对于含碳、锰、硅较高的某些Ⅳ级钢筋，可用强电流焊接，焊后应对接头进行退火或高温回火的热处理，消除热影响区产生的脆性，改善接头的塑性。

热处理是钢材加工过程中的一个重要步骤，也是影响钢材性能的重要环节。钢材经过相应的加热、冷却和保温措施后，其性能会发生改变，需要经过热处理检验来保证其质量。

热处理的方法是：当对焊接头冷却到暗黑色（焊后20～30 s）后松开夹具，放大钳口距离，重新夹住钢筋，进行低频脉冲式通电加热（频率约2次/秒，通电5～7 s），待钢筋表面呈橘红色停止即可。

②闪光对焊参数。

闪光对焊参数主要包括调伸长度（焊接前两钢筋端部从电极钳口伸出的长度）、闪光留量、闪光速度、预热留量、顶锻留量、顶锻速度、顶锻压力及焊接电压、电流等。这些参数可从施工手册或规程中查阅。

③质量检验。

在同一台班内，由同一焊工、按同一焊接参数完成的300个同类型接头作为一批。从每批成品中切取6个试件，其中3个进行拉伸试验，另外3个进行弯曲试验。如有一个不合格，则加倍取样，重做试验，如仍有一个不合格，则表示该批接头为不合格品。

闪光对焊接头的外观检查，每批抽查10%的接头，且不得少于10个。接头处不得有横向裂纹；与电极接触处的钢筋表面，不得有明显的烧伤；接头处的弯折不得大于3°；接头处的钢筋轴线偏移，不得大于钢筋直径的0.1倍和2 mm。

（2）电渣压力焊。

钢筋电渣压力焊是将两钢筋安放成竖向对接形式，将焊接电流通过两钢筋端面间隙，利用焊剂层下形成电弧和电渣的过程而产生的电弧热和电阻热来熔化钢筋，加压完成连接的一种焊接方法。其具有操作方便、效率高、成本低、工作条件好等特点，适用于高层建筑现浇混凝土结构施工中直径为14～40 mm的热轧HPB300级、HRB335级钢筋的竖向或斜向（倾斜度在4∶1范围内）连

接，但不得在竖向焊接之后将其再横置于梁、板等构件中做水平钢筋使用。

焊接前，应先用夹具将上下部钢筋对正夹牢，在上下钢筋间放引弧用的铁丝小球，再装上焊剂盒，装满焊药，将接头处埋住，接通电路，用手柄调整上下钢筋的间距将电弧引燃，钢筋端部及焊剂熔化后即形成渣池。稳弧数秒后，用手柄下压上部钢筋，使其沉入渣池中，电弧熄灭，利用电阻加热。经30～40 s，渣池有足够的液体，迅速下压上部钢筋进行顶锻，以排除夹渣和气泡，形成牢固的接头。冷却后拆除夹头卡具和焊剂盒，回收焊药并清理接头。

电渣压力焊要根据钢筋级别和直径选择适宜的电压、电流及通电时间。开路电压不得低于380 V，电极电压一般为40 V，电流密度为1～2 A/mm^2。

电渣压力焊接头质量的检查与要求基本同闪光对焊，区别仅是不需进行弯曲试验。

（3）电弧焊。

电弧焊是利用弧焊机使焊条与焊件之间产生高温电弧，熔化焊条和焊件金属，待其凝固后便形成焊缝或接头。电弧焊广泛用于各种钢筋接头焊接、钢筋骨架焊接、钢筋与钢板的焊接及各种钢结构焊接。常用接头形式有搭接焊、帮条焊、坡口焊等。

电弧焊的设备包括弧焊机、焊枪、焊把线和焊条。弧焊机有交流和直流两种，工地上常用交流弧焊机。焊枪是指焊接过程中，执行焊接操作的部分，是用于气焊的工具，形状像枪，前端有喷嘴，喷出高温火焰作为热源，它使用灵活，方便快捷，工艺简单。焊把线是一种用于连接焊机的线材，其作用是在焊接过程中传递电流，焊把线的种类繁多，主要包括纯铜焊把线、镀银焊把线、镀锡焊把线、铝箔焊把线等。焊条型号规格较多，如E4301、E4324、E5016等，其中，“E”表示焊条；前两位数字（如43、50）表示熔敷金属抗拉强度的最小值（如430 N/mm^2、500 N/mm^2）；第三和第四位数字（如01、24、16）表示适用的焊接方位、电流种类及药皮类型。选择焊条时，强度型号取决于钢筋级别及接头形式，药皮的类型取决于焊接环境，焊条直径（如2.8 mm、53.2 mm、4 mm、5 mm等）应取决于焊件尺寸及焊机电流大小。

焊接电流应根据钢筋级别、焊条直径、接头形式和焊接方位进行调整。

焊接后，焊缝表面的药皮结晶应清理干净，焊缝应均匀、无裂纹，钢筋表面无弧坑。当采用帮条焊或搭接焊时，焊缝长度L不应小于帮条或搭接长度；且单面焊时，Ⅰ级钢筋$L \geqslant 8\ d$（d为钢筋直径），Ⅱ级、Ⅲ级钢筋$L \geqslant 10\ d$，双面焊时减半。焊缝高度$h \geqslant 0.3\ d$，焊缝宽度$b \geqslant 0.8\ d$。

（4）电阻点焊。

电阻点焊用于钢丝或细钢筋的交叉连接，常用来焊接钢筋网片。点焊的原理是利用钢筋交叉点电阻较大，能够在通电瞬间受热熔化，并在电极的压力下使交叉点得到焊接。

预制厂多使用台式点焊机，按一次焊接点数可分为单点和多点点焊机两种。多点点焊机常用于宽大钢筋网片的联动焊接。

点焊的主要工艺参数为电流强度、通电时间和电极压力，这些参数取决于钢筋的直径和级别。焊点应有足够的相互压入深度，其值应为较小钢筋直径的18%～25%。

2. 机械连接

钢筋的机械连接是指通过连接件的机械咬合作用或钢筋端面的承压作用，将一根钢筋中的力传递至另一根钢筋的连接方法。其优点有施工简便、工艺性能良好、接头质量可靠、不受钢筋焊接性的制约、可全天施工、节约钢材和能源等。常用的机械连接方式有套筒挤压连接、锥螺纹套筒连接等。

（1）钢筋套筒挤压连接。

钢筋套筒挤压连接是将需要连接的带肋钢筋插于特制的钢套筒内，利用挤压机压缩套筒，使之产生塑性变形，靠变形后的钢套筒与带肋钢筋之间的紧密咬合来实现钢筋的连接。其适用于直径为16～40 mm的热轧HRB335级、HRB400级带肋钢筋的连接。钢筋套筒挤压连接有钢筋套筒径向挤压连接和钢筋套筒轴向挤压连接两种形式。

①钢筋套筒径向挤压连接。钢筋套筒径向挤压连接是采用挤压机沿径向（即与套筒轴线垂直方向）将钢套筒挤压产生塑性变形，使之紧密地咬住带肋钢筋的横肋，实现两根钢筋的连接。当不同直径的带肋钢筋采用挤压接头连接时，若套筒两端外径和壁厚相同，被连接钢筋的直径相差不应大于5 mm。挤压连接工艺流程：钢筋套筒检验→钢筋断料，刻画钢筋套入长度，定出标记→套筒套入钢筋→安装挤压机→开动液压泵，逐渐加压套筒至接头成型→卸下挤压机→接头外形检查。

②钢筋套筒轴向挤压连接。钢筋轴向挤压连接，是采用挤压机和压模对钢套筒及插入的两根对接钢筋，沿其轴向方向进行挤压，使套筒咬合到带肋钢筋的肋间，从而使两者结合成一体。

（2）钢筋锥螺纹套筒连接。

钢筋锥螺纹套筒连接是利用锥形螺纹能承受较大的轴向力和水平力及密封性能较好的原理，依靠机械力将钢筋连接在一起。操作时，先用专用套丝机将钢筋的待连接端加工成锥形外螺纹；然后通过带锥形内螺纹的钢套筒将两根待接钢筋连接；最后，利用力矩扳手按规定的力矩值使钢筋和连接钢套筒拧紧在一起。

这种接头施工工艺简便，能在施工现场连接直径为16～40 mm的热轧HRB335级、HRB400级同径和异径的竖向或水平钢筋，且不受钢筋是否带肋和含碳量的限制。其适用于按一、二级抗震等级设计的工业和民用建筑钢筋混凝土结构的热轧HRB335级、HRB400级钢筋的连接施工，但不得用于预应力钢筋的连接。对于直接承受动荷载的结构构件，其接头还应满足抗疲劳性能等设计要求。锥螺纹连接套筒的材料宜采用45号优质碳素结构钢或其他经试验确认符合要求的钢材制成，其抗拉承载力不应小于被连接钢筋受拉承载力标准值的1.1倍。

7.1.3　钢筋配料与下料长度

钢筋配料是根据构件配筋图，先绘出各种形状和规格的单根钢筋并加以编号，然后分别计算钢筋下料长度和根数，填写配料单，申请加工，以此作为备料、加工、验收及结算的依据。

在施工图纸上，通过构件尺寸扣掉保护层可以得到钢筋外包尺寸。而钢筋弯曲处外包尺寸大于轴线尺寸，其差值称为量度差值。因此钢筋的下料长度L应按式（7.1）计算。

$$L = 各段外包尺寸之和 - 各弯折处的量度差值 + 末端弯钩的增加值 \quad (7.1)$$

（1）钢筋中间弯折处的量度差值。

当作不大于90°的弯折时，钢筋弯心直径D应不小于钢筋直径d的5倍。

当D=5 d时，弯折角度为α，则钢筋弯折处的量度差值计算见式（7.2）。

$$7d\tan\frac{\alpha}{2} - 6d\frac{\pi\alpha}{360} = 7d\tan\frac{\alpha}{2} - \frac{\pi\alpha d}{60} = \left(7\tan\frac{\alpha}{2} - \frac{\pi\alpha}{60}\right)d \quad (7.2)$$

（2）钢筋末端弯钩增加值计算。

光圆受拉钢筋末端须做180°弯钩，其弯弧内直径D不应小于2.5 d（d为钢筋直径），弯钩末端平直部分长度不宜小于3 d。

（3）箍筋弯钩增加值。

对有抗震要求或受扭的结构，应按图7.1加工。用HPB235或HPB300钢筋制作箍筋时，其弯心直径D应不小于2.5 d（d为箍筋自身直径）且大于所箍纵向钢筋的直径；弯钩平直部分的长度，一般结构不小于5 d，对有抗震要求和受扭的结构，不应小于10 d。

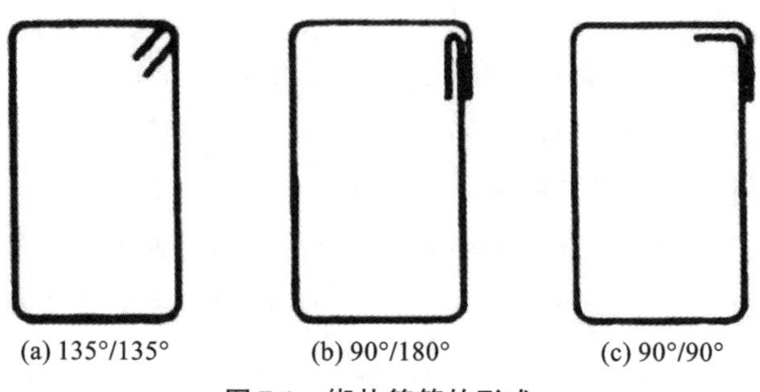

图7.1　绑扎箍筋的形式

箍筋每个弯钩增加值如下。

90°弯钩者：$\frac{\pi}{4}(D+d)-\left(\frac{D}{2}+d\right)+$平直部分长度。

180°弯钩者：$2(D+d)-\left(\frac{D}{2}+d\right)+$平直部分长度。

135°弯钩者：$2(D+d)-\left(\frac{D}{8}+d\right)+$平直部分长度。

对于135°/135°弯钩的矩形箍筋，其下料长度可按式（7.3）近似计算：

$$L=\text{箍筋外包尺寸}+2\times\text{平直段长度} \tag{7.3}$$

7.1.4　钢筋的代换

1. 钢筋代换原则

（1）钢筋的代换必须征得设计单位同意后进行。

（2）在施工中，已确认工程中不可能供应设计图要求的钢筋品种和规格时，才允许进行钢筋代换。

（3）代换前，必须充分了解构件所处环境、构件特征和所代换钢筋性能，严格遵守国家现行设计规范和施工质量验收规范及有关技术规定。

（4）代换后，仍能满足各类极限状态的有关计算要求以及必要的配筋构造规定（如受力钢筋和箍筋的最小直径、数量、间距、锚固长度、配筋百分率、

保护层厚度等)；在一般情况下，代换钢筋还必须满足截面对称的要求。

(5) 对抗裂性要求高的构件（如吊车梁、薄腹梁、屋架下弦等)，不宜用Ⅰ级光面钢筋代换Ⅱ、Ⅲ级变形钢筋，以免裂缝开展过宽。

(6) 梁内纵向受力钢筋与弯起钢筋应分别代换，以保证正截面与斜截面强度符合要求。

(7) 偏心受压构件或偏心受拉构件（如框架柱、承受吊车荷载的柱、屋架上弦等）钢筋代换时，应按受力方向（受压或受拉）分别代换，不得取整个截面配筋量计算。

(8) 当构件受裂缝宽度控制时，代换后应进行裂缝宽度验算，由设计单位出具工程变更单。如代换后裂缝宽度有一定增大，但不超过允许的最大裂缝宽度，被认为代换有效，还应对构件作挠度验算。

(9) 吊车梁等承受反复荷载作用的构件，必要时，应在钢筋代换后进行疲劳验算。同一截面内配置不同种类和直径的钢筋代换时，每根钢筋拉力差不宜过大（同品种钢筋直径差一般不大于5 mm)，以免构件受力不均。

(10) 进行钢筋代换的效果，除应考虑代换后仍能满足结构各项技术性能要求之外，同时还要保证用料的经济性和加工操作的方便。

2. 钢筋代换方法

(1) 等强度代换。当结构构件按强度控制时，可按强度相等的原则代换，称“等强度代换”。即代换前后钢筋的“钢筋抗力”不小于施工图纸上原设计配筋的钢筋抗力。

(2) 等面积代换。当构件按最小配筋率配筋时，可按钢筋面积相等的原则进行代换，称为“等面积代换”。

(3) 当构件受裂缝宽度或抗裂性要求控制时，代换后应进行裂缝或抗裂性验算。代换后，还应满足构造方面的要求（如钢筋间距、最小直径、最少根数、锚固长度、对称性等）及设计中提出的其他要求。

7.1.5　钢筋的加工与安装

1. 钢筋加工

(1) 钢筋除锈及放样。在进行钢筋工程作业时，由于受到环境因素的影响，在钢筋的表面会形成一定的锈蚀层，需要进行处理，以提高钢筋的性能，如果钢筋表面的锈蚀情况严重应当严禁使用。在进行钢筋的放样时，应当严格地按照施工图纸绘制钢筋的加工图样，详细地列出钢筋加工清单，这需要专业技术强、经验丰富的技术人员来进行，以保证放样的精准性和合理性。另外，放样时注意对不同位置的钢筋进行编号，防止加工过程中出现规格、形状错乱的问题。

（2）钢筋调直。钢筋调直宜采用机械调直，也可利用冷拉进行调直。采用冷拉方法调直钢筋时，HPB235级钢筋的冷拉率不宜大于4%；HRB335、HRB400级钢筋的冷拉率不宜大于1%。除利用冷拉调直钢筋外，粗钢筋还可采用锤直和拔直的方法；直径4～14 mm的钢筋可采用调直机进行。调直机具有使钢筋调直、除锈和切断三项功能。冷拔低碳钢丝在调直机上调直后，其表面不得有明显擦伤，抗拉强度不得低于设计要求。

（3）钢筋切断。钢筋下料时必须按下料长度切断。钢筋切断可采用钢筋切断机或手动切断器。后者一般只用于切断直径小于12 mm的钢筋；前者可切断直径小于40 mm的钢筋；大于40 mm的钢筋常用氧乙炔焰或电弧割切。钢筋切断机有电动和液压两种。其切断刀片以圆弧形刀刃为好，它能确保钢筋断面垂直于轴线，无马蹄形或翘曲，便于钢筋进行机械连接或焊接。钢筋的长度应力求准确，其允许偏差在10 mm以内。在切断过程中，如发现钢筋有劈裂、缩头或严重的弯头等现象必须切除，如发现钢筋的硬度与该钢种有较大的出入，应及时向有关人员反映，并查明情况。

（4）钢筋弯曲成型。钢筋下料后，应按弯曲设备特点、钢筋直径及弯曲角度画线，以使钢筋弯曲成设计所要求的尺寸。如弯曲钢筋两边对称，画线工作宜从钢筋中线开始向两边进行；当弯曲形状比较复杂时，可先放出实样，再进行弯曲。钢筋弯曲宜采用弯曲机和弯箍机。弯曲机可弯直径40 mm以下的钢筋，对于直径小于25 mm的钢筋，当无弯曲机时，可采用扳钩弯曲。钢筋弯曲成型后，形状、尺寸必须符合设计要求，平面上不应有翘曲不平现象；钢筋弯曲点处不得有裂缝。

2. 钢筋安装

钢筋经配料、加工后方可进行安装。钢筋应在车间预制好后直接运到现场安装，但对于多数现浇结构，因条件不具备，不得不在现场直接成型安装。钢筋安装前，应先熟悉施工图，认真核对配料单，研究与相关工种的配合，确定施工方法。安装时，必须检查受力钢筋的品种、级别、规格和数量是否符合设

计要求；钢筋安装完毕后，还应就下列内容进行检查并做好隐蔽工程记录，以便查证。

（1）根据设计图检查钢筋的牌号、直径、根数、间距是否正确，特别要注意检查负筋的位置。

（2）检查钢筋接头的位置及搭接长度是否符合规定。钢筋绑扎搭接长度按下列规定确定。

①纵向受力钢筋绑扎搭接接头面积百分率不大于25%时，其最小搭接长度应符合表7.1的规定。

表7.1　纵向受拉钢筋的最小搭接长度

钢筋类型		混凝土强度等级			
		C15	C20～C25	C30～C35	≥C40
光圆钢筋	HPB 235级	45 d	35 d	30 d	25 d
带肋钢筋	HRB 335级	55 d	15 d	35 d	30 d
	HRB 400级、RRB400级		55 d	40 d	35 d

注：d表示直径，两根直径不同钢筋的搭接长度，以较细钢筋的直径计算。

②当纵向受拉钢筋搭接接头面积百分率大于25%，但不大于50%时，其最小搭接长度应按表7.1中的数值乘以系数1.2取用；当接头面积百分率大于50%时，应按表7.1中的数值乘以系数1.35取用。

③纵向受拉钢筋的最小搭接长度根据前述“①②”条确定后，在下列情况时还应进行修正：带肋钢筋的直径大于25 mm时，其最小搭接长度应按相应数值乘以系数1.1取用；对环氧树脂涂层的带肋钢筋，其最小搭接长度应按相应数值乘以系数1.25取用；当在混凝土凝固过程中受力钢筋易受扰动时（如滑模施工），其最小搭接长度应按相应数值乘以系数1.1取用；对末端采用机械锚固措施的带肋钢筋，其最小搭接长度可按相应数值乘以系数0.7取用；当带肋钢筋的混凝土保护层厚度大于搭接钢筋直径的3倍且配有箍筋时，其最小搭接长度可按相应数值乘以系数0.8取用；对有抗震设防要求的结构构件，其受力钢筋的最小搭接长度对一、二级抗震等级应按相应数值乘以系数1.15取用；对三级抗震等级应按相应数值乘以系数1.05取用。

④纵向受压钢筋搭接时，其最小搭接长度应根据“①～③”条的规定确定

相应数值后，乘以系数0.7取用。

⑤在任何情况下，受拉钢筋的搭接长度不应小于300 mm，受压钢筋的搭接长度不应小于200 mm。

(3) 检查混凝土保护层是否符合要求。

(4) 检查钢筋绑扎是否牢固，有无松动变形现象。

(5) 钢筋表面不允许有油渍、漆污和片状老锈现象。

7.2 模板工程施工

7.2.1 模板工程组成与要求

1. 组成

模板工程主要由模板系统和支承系统组成。

模板系统：与混凝土直接接触，它主要使混凝土具有构件所要求的体积。

支承系统：是支撑模板，保证模板位置正确和承受模板、混凝土等重量的结构。

2. 模板基本要求

(1) 保证结构和构件各部分的形状、尺寸和相互间的准确性。

(2) 具有足够的强度、刚度和稳定性，能可靠承受本身的自重及钢筋、新浇混凝土的质量和侧压力，以及施工过程中产生的其他荷载。

(3) 构造简单、装拆方便，能多次周转使用，并便于满足钢筋的绑扎与安装和混凝土的浇筑与养护等工艺的要求。

(4) 拼缝应严密、不漏浆。

(5) 支架安装在坚实的地基上，并有足够的支撑面积，保证所浇筑的结构不致发生下沉。

7.2.2 模板的分类

模板的种类有很多，如木模板、钢模板、钢丝网水泥模板、塑料模板、定型组合钢模板、竹胶合板模板、玻璃钢模板等。下文主要介绍定型组合钢模板和竹胶合板模板。

1. 定型组合钢模板

定型组合钢模板重复使用率高，周转使用次数可达100次以上，但一次投资费用大。组合钢模板由钢模板、连接件和支承件组成。

（1）钢模板。

钢模板包括平面模板、阴角模板、阳角模板、连接角模。钢模板的模数，宽度按50 mm进级，长度以150 mm进级；常用钢模板的规格尺寸见表7.2。用表7.2中的板块可以组拼成基础、梁、板、柱、墙等各种形状尺寸的构件。在组合钢模板配板设计中，遇有不适合50 mm进级的模数尺寸，空隙部分可用木模板填补。

表7.2　常用钢模板规格尺寸　（单位：mm）

名称	宽度	长度	肋高
平面模板（P）	300、250、200、150、100	1800、1300、1200、900、750、600、450	55
阴角模板（E）	150×150、100×150		
阳角模板（Y）	100×100、50×50		
连接角模（J）	50×50		

（2）连接件。

组合钢模板连接件包括：U形卡、L形插销、钩头螺栓、对拉螺栓、紧固螺栓、扣件等。应用最广的是U形卡。

U形卡用于钢模板与钢模板间的拼接，其安装间距一般不大于300 mm，即每隔一孔卡插一个，安装方向一顺一倒相互错开。

（3）支承件。

①钢管卡具及柱箍。

钢管卡具适用于矩形梁，用于固定侧模板。卡具可用于把侧模固定在底模板上，此时卡具安装在梁下部；卡具也可用于梁侧模上口的固定，此时卡具安装在梁上方。

柱模板四周设角钢柱箍。角钢柱箍由两根互相焊成直角的角钢组成。

②钢管支架。

钢管支架由内外两节钢管组成，可以伸缩以调节支架高度。支座底部垫木板，100 mm以内的高度调整可在垫板处加木楔，也可在钢管支架下端安装调节螺杆。

③钢桁架。

钢桁架作为梁模板的支撑工具可取代梁模板下的立柱。跨度小、荷载小时桁架可用钢筋焊成，跨度或荷重较大时可用角钢或钢管制成，也可制成两个半榀，再拼装成整体。

2. 竹胶合板模板

竹胶合板模板是继木模板、钢模板之后的第三代模板。用竹胶合板作为模板，是当代建筑业的趋势。竹胶合板以其优越的力学性能、极高的性价比，止取代木、钢模板在建筑模板中的地位。

（1）主要特点。

①竹胶合板模板强度高、韧性好，板的静曲强度相当于木材强度的8～10倍，为木胶合板强度的4～5倍，可减少模板支撑的数量。

②竹胶合板模板幅面宽、拼缝少。板材基本尺寸为2.44 m×1.22 m，相当于6.6块P3015（表示宽度300 mm、长度1500 mm的平面组合钢模板）小钢模板的面积，支模、拆模速度快。

③板面平整光滑，对混凝土的吸附力仅为钢模板的1/8，容易脱模。脱模后混凝土表面平整光滑，可取消抹灰作业，缩短装修作业工期。

④耐水性好，水煮6 h不开胶，水煮、冰冻后仍保持较高的强度。其表面吸水率接近钢模板，用竹胶合板模板浇捣混凝土提高了混凝土的保水性。在混凝土养护过程中，遇水不变形，便于维护保养。

⑤竹胶合板模板防腐、防虫蛀。

⑥竹胶合板模板导热系数为0.14～0.16 W/（m•K），远小于钢模板的导热系数，有利于冬期施工保温。

⑦竹胶合板模板使用周转次数高，经济效益明显，板可双面倒用，无边框竹胶合板模板使用次数可达20～30次。

（2）适用范围。

竹胶合板模板非常适用于水平模板、剪力墙、垂直墙板、高架桥、立交桥、大坝、隧道和梁柱模板等。

（3）规格尺寸。

其规格尺寸一般应符合表7.3的规定。

表7.3　竹胶合板模板规格尺寸　（单位:mm）

长度	宽度	厚度
1830	915	9、12、15、18
1830	1220	
2135	915	
2440	1220	
3000	1500	

注:竹模板规格也可根据用户需要生产。

7.2.3　模板安装、拆除的要求

1. 定型组合钢模板的构造及安装

（1）基础模板。

对于阶梯式基础模板，上层阶梯外侧模板较长，需两块钢模板拼接，拼接处除用两根L形插销外，上下可加扁钢并用U形卡连接。上层阶梯内侧模板应与阶梯等长，与外侧模板拼接处上下应加T形扁钢板连接。下层阶梯钢模板最好与下层阶梯等长，四角用连接角模拼接。

（2）柱模板。

①柱模板的构造。

柱模板由4块拼板围成，四角由连接角模连接。每块拼板由若干块钢模板组成，若柱太高，可根据需要在柱中部每隔2 m设置混凝土浇筑孔。浇筑孔的盖板可用钢模板或木板镶拼，柱的下端也可留垃圾清理口。与梁交界处留出梁缺口。

②施工工艺。

a. 按标高抹好水泥砂浆找平层，按位置线做好定位墩台，以便保证柱轴线边线与标高的准确，或者按照放线位置，在柱四边离地5～8 cm处的主筋上焊接支杆，从四面顶住模板以防位移。

b. 安装柱模板。通排柱先安装两端柱，经校正、固定，拉通线校正中间各柱。模板按柱子大小预拼成一面一片（一面的一边带一个角模），安装完两面再安装另外两面。

c. 安装柱箍。柱箍可用角钢、钢管等制成，采用木模板时可用螺栓、方木制作钢木箍。应根据柱模尺寸、侧压力大小在模板设计中确定柱箍尺寸及间距。

d.安装柱模的拉杆或斜撑。柱模每边设2根拉杆，固定于事先预埋在楼板内的钢筋环上，用经纬仪控制，用花篮螺栓调节校正模板垂直度。

e.将柱模内清理干净，封闭清理口，办理柱模板预检手续。

（3）梁模板。

梁模板由三片模板组成，底模板及两侧模板用连接角模连接，梁侧模板顶部则用阴角模板与楼板模板连接。整个梁模板用支架支撑，支架应支设在垫板上，垫板厚50 mm，长度至少要能连接支撑3个支架。

垫板下的地基必须坚实。为了抵抗浇筑混凝土时的侧压力并保持一定的梁宽，两侧模板之间应根据需要设置对拉螺栓。

（4）楼板模板。

楼板模板由平面钢模板拼装而成，其周边用阴角模板与梁或墙模板相连接。楼板模板用钢楞及支架支撑，为了减少支架用量、扩大板下施工空间，宜用伸缩式桁架支撑。

对跨度不小于4 m的现浇钢筋混凝土梁、板，其模板应按设计起拱；当设计无具体要求时，起拱高度宜为跨度的1‰～3‰。

梁、楼板模板的安装顺序为：弹线→搭设支撑架→梁底找平→安装梁底模→安装梁侧模→梁侧模加固→检验→安装板木龙骨→板模板安装。

（5）墙模板。

墙模板由两片模板组成，每片模板由若干块平面模板组成。这些平面模板可横拼也可竖拼，外面用横竖钢楞加固，并用斜撑保持稳定，用对拉螺栓（或称钢拉杆）以抵抗混凝土的侧压力和保持两片模板之间的间距（墙厚）。

墙模板的施工工艺流程为：弹墙体轴线和边线→安门窗洞口模板→安一侧模板→安另一侧模板→校正、固定→办预检手续。

2.竹胶合模板的安装

（1）柱模板安装的一般要求。

①竖向结构钢筋等隐蔽工程验收完毕、施工缝处理完毕后准备模板安装。安装柱模前，要清除杂物，焊接或修整模板的定位预埋件，做好测量放线工作，抹好模板下的找平砂浆。

②模板组装要严格按照模板配板图尺寸拼装成整体，模板在现场拼装时，要控制好相邻板面之间拼缝，两板接头处要加设卡子，以防漏浆，拼装完成后

用钢丝把模板和竖向钢管绑扎牢固，以保持模板的整体性。

（2）墙体模板安装顺序及技术要点。

①模板安装顺序。

模板定位→垂直度调整→模板加固→验收→混凝土浇筑→拆模。

②技术要点。

安装墙模前，要对墙体接槎处凿毛，用空气压缩机清除墙体内的杂物，做好测量放线工作。为防止墙体模板根部出现漏浆“烂根”现象，墙模安装前，在底板上根据放线尺寸贴海绵条，做到平整、准确、黏结牢固，并注意穿墙螺栓的安装质量。

（3）梁、板模板安装顺序及技术要点。

①模板安装顺序。

模板定位→垂直度调整→模板加固→验收→混凝土浇筑→拆模。

②技术要点。

安装梁、板模板前，首先检查梁、板模板支架的稳定性。在稳定的支架上先根据楼面上的轴线位置和梁控制线以及标高位置，安置梁、板的底模。根据施工组织设计的要求，待钢筋绑扎校正完毕，且隐蔽工程验收完毕后，再支梁的侧模或板的周边模板。并在板或梁的适当位置预留孔洞，以便在混凝土浇筑之前清理模板内的杂物。模板支设完毕后，要严格进行检查，保证架体稳定，支设牢固，拼缝严密，浇筑混凝土时不胀模，不漏浆。

当采用单块楼板模板就位尺寸，宜以每个铺设单元从四周先用阴角模板与墙、梁模板连接，然后向中央铺设，按设计要求起拱（跨度大于4 m时，起拱0.2%），起拱部位为中间起拱，四周不起拱。

3. 现浇结构模板拆除

现浇混凝土结构模板拆除日期取决于混凝土的强度、结构的性质、模板的用途和混凝土硬化气温。及时拆除模板可加快模板的周转，为后续工作创造条件。如过早拆模，因混凝土未达到一定强度，过早承受荷载会产生变形甚至会造成重大质量事故。

（1）非承重模板的拆除。

非承重模板，应在混凝土强度达到能保证其表面及棱角不因模板拆除而受损时拆除。

（2）承重底模板拆除。

承重底模板应在与混凝土结构构件同条件下养护的试件达到表7.4规定的强度标准值时拆除。

表7.4　现浇结构拆除承重底模板时所需达到的最低强度

构件类型	构件跨度/m	达到设计的混凝土立方体抗压强度标准值的百分数/（%）
板	≤2	≥50
	>2，≤8	≥75
	>8	≥100
梁、拱、壳	≤8	≥75
	>8	≥100
悬臂构件	—	≥100

（3）拆模顺序。

拆模应按一定的顺序进行。一般是先支后拆，后支先拆，先拆除非承重部分，后拆除承重部分。重大复杂模板的拆除，事前应制订模板方案。肋形楼板的拆模顺序是：柱模板→楼板底模板→梁侧模板→梁底模板。

多层楼板模板支架的拆除应按下列要求进行：上层楼板正在浇筑混凝土时，下一层楼板的模板支架不得拆除，再下一层楼板的模板支架仅可拆除一部分，跨度4 m及4 m以上的梁下均应保留支架，其间距不得大于3 m。

（4）拆模注意事项。

拆模时应尽量避免混凝土表面或模板受到损坏，避免整块模板下落伤人。拆下的模板有钉子的，要求钉尖朝下，以免扎脚。拆完后应立即加以清理、修整，按种类及尺寸分别堆放，以便下次使用。已拆除模板及其支架的结构，应在混凝土强度达到设计强度标准值后，才允许承受全部使用荷载。

7.3　混凝土工程施工

7.3.1　混凝土的制备

1. 混凝土配制强度的确定

为达到95%的保证率，应根据设计的混凝土强度标准值按式（7.4）确定

配制强度。

$$f_{cu,0}=f_{cu,k}+1.645\sigma \tag{7.4}$$

式中：$f_{cu,0}$为混凝土的施工配制强度，MPa；$f_{cu,k}$为设计的混凝土强度标准值，MPa；σ为施工单位的混凝土强度标准差，MPa。

当施工单位不具有足够的近期混凝土强度资料时，其强度标准差σ可按表7.5取用。

表7.5　σ值选用表

混凝土强度等级	≤C20	C25～45	≥C50～C55
σ/MPa	4.0	5.0	6.0

2. 混凝土施工配合比

混凝土的施工配合比是指在施工现场的实际投料比例，它是根据实验室提供的实验室配合比（骨料中不含水）并考虑现场砂石的含水率而确定的。

假设实验室配合比为水泥：砂：石子＝1：x：y，水灰比为W/C（W代表水的质量，C代表水泥的质量）。

现场测得砂含水率为W_x，石子含水率为W_y，则施工配合比见式（7.5）。

$$\text{水泥}:\text{砂}:\text{石子}:\text{水}=1:x(1+W_x):y(1+W_y):(W-xW_x-yW_y) \tag{7.5}$$

3. 混凝土搅拌机的选择

混凝土搅拌机按搅拌原理可分为自落式和强制式两大类。

自落式搅拌机是依靠旋转的搅拌筒内壁上的弧形叶片将物料带到一定高度后自由落下而互相混合，拌和能力较差，只适宜搅拌流动性较大的普通混凝土。

强制式搅拌机是通过搅拌叶片的强行转动，推动物料旋转、剪切、交流而达到拌和的目的。其搅拌作用强烈，混凝土质量好，生产率高，操作简便、安全，适于拌制各种混凝土，特别是干硬性混凝土、轻骨料混凝土及高性能混凝土，但能耗大，叶片衬板磨损快。强制式搅拌机分为立轴式与卧轴式，卧轴式分为单轴和双轴两种，立轴式分为涡桨式和行星式两种。

搅拌机应根据混凝土工程量大小、坍落度、骨料种类及大小等来选定，在满足技术要求的同时也要考虑经济和节约能源等问题。

4. 混凝土的搅拌

为了获得均匀优质的混凝土拌和物，除需合理选择搅拌机外，还应正确确定搅拌制度，包括装料量、投料顺序和搅拌时间等。

（1）装料量。

搅拌机一次能装各种材料的松散体积之和称为装料量。经搅拌后，各种材料由于互相填补空隙而使总体积减小，即出料量小于装料量。一般出料系数为0.5～0.75。搅拌机不宜超量装料，如超过10%，将会因搅拌空间不足而影响拌和物的均匀性。反之，装料过少又降低了搅拌机的生产率。因此必须根据搅拌机的出料容量和混凝土配合比计算各种材料的投料量。

（2）投料顺序。

投料顺序是指各种材料投入搅拌机的先后顺序。投料顺序将影响到混凝土的搅拌质量、搅拌机的磨损程度、拌和物与机械内壁的黏结程度，以及能否改善操作环境等问题，有以下三种投料顺序。

①一次投料法：在上料斗中先装石子，再装水泥和砂，然后一次投入搅拌筒内，水泥夹在石子和砂之间，不致飞扬，且水泥和砂先进入搅拌筒内形成水泥砂浆，可缩短包裹石子的时间，对于出料口在下部的立轴强制式搅拌机，为防止漏水，应在投入原料的同时，缓慢均匀地加水。

②二次投料法：先投入水、砂、水泥，待搅拌一分钟左右后再投入石子，再搅拌一分钟左右。此方法可避免一次投料造成水向石子表面集聚的不良影响，水泥包裹砂，水泥颗粒分散性好，泌水性小，可提高混凝土的强度。

③两次加水法：先将全部石子、砂和70%的拌和水倒入搅拌机，拌和15 s，使骨料湿润后再倒入全部水泥进行造壳搅拌30 s左右，然后加入30%的拌和水再搅拌60 s左右即可。此法与前两者相比具有提高混凝土强度及节约水泥的优点。

（3）搅拌时间。

搅拌时间是指全部材料装入搅拌筒中起至开始卸料止的时间，过长或过短都会影响到混凝土的质量。混凝土搅拌的最短时间应满足表7.6的规定，当使用自落式搅拌机时，应各增加30 s。

表7.6　混凝土搅拌的最短时间

混凝土坍落度/mm	搅拌机机型	搅拌机出料量/L		
		＜250	250～500	＞500
≤40	强制式	60	90	120
＞40且＜100	强制式	60	60	90
≥100	强制式	60	—	—

7.3.2　混凝土的运输

1. 对混凝土运输的基本要求

(1) 在运输中应避免产生分层离析现象，否则要在浇筑前进行二次搅拌。

(2) 运输容器及管道、溜槽应严密、不漏浆、不吸水，保证通畅，并满足环境要求。

(3) 尽量缩短运输时间，以减少混凝土性能的变化。

(4) 连续浇筑时，运输能力应能保证浇筑强度（单位时间浇筑量）的要求。

2. 运输工具的选择

混凝土的运输可分为地面水平运输、垂直运输和楼面水平运输。

(1) 地面水平运输。

当采用商品混凝土或运距较远时，最好采用混凝土搅拌运输车。该车在运输过程中搅拌筒可缓慢转动进行拌和，防止了混凝土的离析。当距离过远时，可装入干料，在到达浇筑现场前10～15 min放入搅拌水，边行走边进行搅拌。如现场搅拌混凝土，可采用载重1 t左右、容量为400 L的小型机动翻斗车或手推车运输。

(2) 垂直运输。

可采用塔式起重机配合混凝土吊斗运输并完成浇灌，当混凝土量较大时，宜采用泵送运输。

(3) 楼面水平运输。

多采用混凝土泵通过布料杆运输布料，塔式起重机亦可兼顾楼面水平运输，量少时可用双轮手推车运输。

3. 混凝土泵送运输

泵送运输是以混凝土泵为动力，通过管道、布料杆，将混凝土直接运至浇筑地点，能兼顾垂直运输与水平运输，与混凝土运输车相配合，可迅速地完成混凝土运输、浇筑任务。混凝土泵按其移动方式可分为拖式、车载式和泵车。

目前混凝土泵常用的液压活塞泵，它是利用液压控制两个往复运动柱塞，交替地将混凝土吸入和压出，以便连续稳定地输送混凝土。

混凝土输送管一般为钢管，直径为75～200 mm，常用125 mm。每段直管的标准长度有4 m、3 m、2 m、1 m、0.5 m等数种，用快速接头连接，并配有90°、45°等不同角度的弯管，以便管道转折时使用。弯管、锥形管和软管的流动阻力大，计算输送距离时应换算成水平距离；垂直运输高度超过100 m时，泵端管根处应设止逆阀，以防止停泵时混凝土倒流。

为充分发挥混凝土泵的效率、降低劳动强度，对拖式和车载式泵，应在浇筑地点设置布料杆，以将输送来的混凝土直接摊铺入模。立柱式布料杆有移置式、管柱式和爬升式。其臂架和末端输送管都能做360°回转。手动移置式布料杆可由人工拉动回转，完成回转半径控制范围内各部位混凝土的浇筑，在解开连接泵管、取下平衡重后，可利用塔吊移动位置，安装后再进行浇筑。

泵送混凝土配制时应符合下列规定：骨料最大粒径与输送管内径之比，碎石不宜大于1∶3，卵石不宜大于1∶2.5；通过0.315筛孔的砂不应少于15%；砂率宜控制在40%～50%；最小胶凝材料用量为300 kg/mm^3；混凝土的坍落度宜为80～180 mm；混凝土内宜掺加适量的外加剂以改善混凝土的流动性。

泵送施工时，应先打通部分水泥浆或水泥砂浆润滑管路，混凝土输送完毕后应及时清洗管路。如管道向下倾斜应防止混入空气产生阻塞。输送管线宜直，转弯宜缓，接头严密。混凝土供应应尽量保证泵送连续，以避免管道黏附堵塞。如预计泵送中断超过45 min，应立即用压力水或其他方法将混凝土清出管道。冲洗管道时管口处不得站人，防止混凝土喷出伤人。

泵送混凝土浇筑速度快，对模板侧压力较大，模板系统要有足够的强度和稳定性。由于水泥用量较大，要注意浇筑后的养护，以防止龟裂。

7.3.3　混凝土的浇筑

1. 浇筑前的准备工作

混凝土浇筑前应做好必要的准备工作，对模板及其支架、钢筋、预埋件和预埋管线必须进行检查，并做好隐蔽工程的验收，符合设计要求后方能浇筑混凝土。

在地基或基土上浇筑混凝土时，应清除淤泥和杂物，并应有排水和防水措施。对干燥的非黏性土，应用水湿润；对未风化的岩石，应用水清洗，但其表面不得有积水。

在浇筑混凝土之前，将模板内的杂物和钢筋上的油污等清理干净；对模板的缝隙及孔洞应予堵严；对无覆膜的木模板应浇水湿润，但不得有积水。

2. 浇筑混凝土的一般规定

（1）混凝土浇灌倾落高度：当骨料粒径大于25 mm时不超过3 m；当骨料粒径小于等于25 mm时不超过6 m。不满足时，应使用串筒、溜管、溜槽等，以防下落动能大的粗骨料积聚在结构底部，造成混凝土分层离析。

（2）不宜在雨雪天气时露天浇筑。必须浇筑时，应采取确保混凝土质量的有效措施。

（3）对非自密实混凝土必须分层浇灌、分层捣实。每层浇筑的厚度依振捣方法而定：插入式振捣时，不超过振捣棒长度的1.25倍；表面振捣时，不超过200 mm。

（4）同一结构或构件混凝土宜连续浇筑，即各层、块之间不出现初凝现象，保证混凝土形成整体。按规范要求，混凝土的运输、浇筑及间歇的全部时间不超过表7.7的规定。当预计超过时，应按规定留置施工缝。

（5）浇筑后的混凝土，其强度至少达到1.2 N/mm^{2}以上方可上人施工。

表7.7　混凝土运输、浇筑和间歇的允许时间　（单位:min）

条件	气温	
	>25 ℃	≤25 ℃
不掺外加剂	180	150
掺外加剂	240	210

3. 施工缝的留设与接缝

施工缝是指由于设计要求或施工需要分段浇筑而在先、后浇筑的混凝土之间所形成的接缝。施工缝处由于连接较差，特别是粗骨料不能相互嵌固，抗剪强度受到很大影响。

（1）施工缝的位置。

施工缝应在混凝土浇筑之前确定，并宜留置在结构受剪力较小且便于施工的部位。施工缝的留置位置规定如下。

①柱：水平施工缝宜留置在基础的顶面、梁或无梁楼盖柱帽的下面。

②梁与板应同时浇筑，但当梁高超过1 m时可先浇筑梁，将水平施工缝留置在板底面以下20～30 mm处。

③单向板：垂直施工缝可留置在平行于短边的任何位置。

④有主次梁的楼盖宜顺着次梁方向浇筑，垂直施工缝应留置在次梁中间的1/3跨度范围内。

（2）接缝处理。

在施工缝处继续浇筑混凝土时，应符合下列规定。

①已浇筑的混凝土，其抗压强度不应小于1.2 N/mm^2。

②在已硬化的混凝土表面上，应清除水泥薄膜、松动石子以及软弱混凝土层，进行粗糙处理，并冲洗湿润，但不得有积水。

③在浇筑混凝土前，应先在接缝处铺10～15 mm厚与混凝土浆液同成分的水泥砂浆，随即浇筑混凝土。

④浇筑混凝土时应细致捣实，使新旧混凝土紧密结合，但不得碰触原混凝土。

4. 框架剪力墙结构的浇筑

同一施工段内每排柱子应由外向内对称地顺序浇筑，不应自一端向另一端顺序推进，以防止柱子模板向一侧推移倾斜，造成误差积累过大而难以纠正。

为防止混凝土墙、柱“烂根”（根部出现蜂窝、麻面、漏筋、漏石、孔洞等现象），在浇筑混凝土前，除了对模板根部缝隙进行封堵外，还应在底部先浇筑20～30 mm厚与所浇筑混凝土浆液同成分的水泥砂浆，然后再浇筑混凝土，并加强根部振捣。

应控制每次投入模板内的混凝土数量，以保证不超过规定的每层浇筑

厚度。

柱子、墙体与梁板宜分两次浇筑，做好施工缝留设与处理。若欲将柱墙和梁板一次浇筑完毕，不留施工缝，则应在柱墙浇筑完毕后停歇1～1.5 h，待其混凝土初步沉实后，再浇筑上面的梁板结构，以防止柱墙与梁板之间由于沉降、泌水不同而产生缝隙。

对有窗口的剪力墙，在窗口下部应薄层慢浇、加强振捣、排净空气，以防出现孔洞。窗口两侧应对称下料，以防压斜洞口模板。

当梁柱混凝土标号不同时，应先用与柱同标号的混凝土浇筑节点处，并向梁板内扩展不少于梁高的1/2；也可用铁丝网等隔开，在节点混凝土初凝前，及时浇筑梁板混凝土。梁板混凝土宜自两端节点向跨中用赶浆法浇筑，楼板混凝土浇筑应拉线控制厚度和标高。

5. 大体积混凝土浇筑

大体积混凝土是指结构或构件的最小边长尺寸在1 m以上，或可能由于温度变形而开裂的混凝土，在工业与民用建筑中多为设备基础、桩基承台或基础底板等。

大体积混凝土基础的整体性要求高，一般要求混凝土连续浇筑，一气呵成，不留施工缝。施工工艺上既要做到分层浇筑、分层捣实，又必须保证上下层混凝土在初凝之前结合好，不致形成“冷缝”。在特殊的情况下可以留设后浇带。

（1）浇筑方案的确定。

大体积钢筋混凝土的浇筑方案可分为全面分层、分段分层和斜面分层三种，应根据整体性要求、结构大小、钢筋疏密、混凝土供应等具体情况进行选用。

①全面分层。

在整个基础内全面水平分层浇筑混凝土，要做到第一层全面浇筑完毕回来浇筑第二层时，第一层浇筑的混凝土还未初凝，如此逐层进行，直至浇筑完毕。这种方案适用于结构的平面尺寸不太大的工程。

②分段分层。

分段分层浇筑适用于厚度不太大而面积较大的结构，混凝土从底层开始浇筑，行进一定距离（一个段长）后回来浇筑第二层；如此依次向前浇筑各层段。

③斜面分层。

斜面分层浇筑适用于结构的长度较大的工程，是目前大型建筑基础底板或承台最常用的方法。当结构宽度较大时，常采用多台机械分条同时浇筑。分条宽度不宜大于10 m，每条的振捣应从浇筑层斜面的下端开始，逐渐上移，或在不同高度处分区振捣，以保证混凝土施工质量。

分层的厚度取决于振动器的棒长和振动力的大小，也要考虑混凝土的供应量大小和可能浇筑量的多少，一般为30 cm左右。

为保证结构的整体性，在初定浇筑方案后要计算混凝土的浇筑强度Q，以检验在现有供应能力下方案的可行性，或采用初定方案时确定资源配置，见式（7.6）。

$$Q=\frac{F \cdot H}{T} \tag{7.6}$$

式中：Q为混凝土最小浇筑强度，mm^3/h；F为所定方案中每层（或分段分层时每层段）的面积，m^2；H为浇筑层厚度，m；T为混凝土从开始浇筑到初凝的延续时间（混凝土的初凝时间－运输及等待时间），h。

（2）防止开裂的措施。

大体积混凝土浇筑的另一关键问题是易于开裂。在升温阶段，由于水泥的水化反应会放出大量热能，内部热量不断积聚而升温，而结构表面散热快、温度低，当内外温差超过25 ℃时，混凝土结构将产生表面开裂。此外，在混凝土水化反应接近完成的降温阶段，由于体积收缩受到地基土、垫层、钢筋或桩等的约束，使结构受到很大的拉应力，当其超过当时混凝土的极限拉应力时，混凝土会产生拉裂，甚至裂缝会贯穿整个混凝土截面，造成断裂。

要防止大体积混凝土浇筑后产生裂缝，需尽量减少水化热，避免水化热的积聚，避免过早过快降温。为此，首先应选用低水化热的矿渣水泥、火山灰水泥或粉煤灰水泥；掺入适量的粉煤灰以降低水泥用量；扩大浇筑面和散热面，降低浇筑速度或减小浇筑厚度，在低温时浇筑。必要时采取人工降温措施，例如，采用风冷却；用冰水拌制混凝土；在混凝土内部埋设冷却水管，用循环水来降低混凝土温度等。在混凝土浇筑后，采取保温措施，延缓降温时间，提高混凝土的抗拉能力，减少收缩阻力等。

此外，现代施工中，常采用留设后浇带、设置膨胀加强带或采用跳仓法施工等措施。

6. 混凝土的密实成形

混凝土只有经密实成形才能达到设计要求的强度、抗冻性、抗渗性和耐久性。

（1）机械振捣密实成型。

机械振捣密实的原理是通过机械振动，使混凝土黏结力和骨料间的摩擦力减小，流动性增加，骨料在自重作用下下降，气泡逸出，孔隙减少，使混凝土密实地充满模板内的全部空间，达到密实、成型的目的。

振动捣实机械的类型可分为插入式振动器、附着式振动器、平板式振动器和振动台。在建筑工地，主要应用插入式振动器和平板式振动器。

①插入式振动器。

插入式振动器又称内部振动器，由电动机、软轴和振动棒三部分组成。振动棒是工作部分，它是一个棒状管体，内部安装着偏心振子，在电机驱动下，由于偏心振子的振动，使整个棒体产生高频的机械振动。工作时，将它插入混凝土中，通过棒体将振动能量直接传给混凝土，因此，振动密实的效率高，适用于基础、柱、梁、墙等深度或厚度较大的结构构件的混凝土捣实。

按振动棒激振原理的不同，插入式振动器可分为偏心轴式和行星滚锥式（简称行星式）两种。偏心轴式的激振原理是利用安装在振动棒中心具有偏心质量的转轴，在做高速旋转时所产生的离心力通过轴承传递给振动棒壳体，从而使振动棒产生圆振动。由于偏心轴式振动器的频率低、机械磨损较大，已逐渐被振动频率较高的行星滚锥式所取代。

行星滚锥式是利用振动棒中一端空悬的转轴，在它旋转时，除自转外，还使其下垂（前）端的圆锥部分（即滚锥）沿棒壳内的圆锥面（即滚道）做公转滚动，从而形成滚锥体的行星运动，以驱动棒体产生圆振动。由于转轴滚锥沿滚道每公转一周，振动棒壳体即可产生一次振动，故软轴只要以较低的电动机转速带动滚锥转动，就能使振动棒产生较高的振动频率。行星式振动器具有振捣效果好、效率高、机械磨损少等优点，因而得到普遍的应用。

使用插入式振动器时，要使振动棒自然地垂直沉入混凝土中。为使上下层混凝土结合成整体，振动棒应插入下一层混凝土中不少于50 mm。振捣时，应将棒上下移动，以保证上下部分的混凝土振捣均匀。捣实过程中应避免振动棒碰撞钢筋、模板、芯管、吊环和预埋件等。

振动棒各插点的间距应均匀，不要忽远忽近。插点间距一般不得超过振动棒有效作用半径R（一般取棒半径的8～10倍）的1.4倍，振动棒与模板的距离不应大于其有效作用半径R的50%。各插点的布置方式有行列式与交错式两种，其中交错式重叠、搭接较多，振捣效果较好。振动棒在各插点的振动时间，以见到混凝土表面基本平坦、泛出水泥浆、混凝土不再显著下沉、无气泡排出为止。

②平板式振动器。

平板式振动器是将带有偏心块的电动机固定在一块平板上而形成振动器，又称为表面振动器。它适用于捣实楼板、地坪、路面等平面面积大而厚度较小的混凝土构件。振捣时，每次移动的间距应保证底板能与上次振捣区域重叠50 mm左右，以防止漏振。

（2）自密实混凝土。

自密实混凝土是通过外加剂（包括高性能减水剂、超塑化剂、稳定剂等）、超细矿物粉等胶结材料和粗细骨料的搭配，以及配合比的精心设计，使混凝土拌和物屈服剪应力减小到适宜范围，同时又具有足够的塑性黏度，使骨料悬浮于水泥浆中，不出现离析和泌水等问题，在不用外力振捣的条件下通过自重作用实现自由流淌，充分填充模板内的空间而形成密实且均匀的结构。

对于自密实混凝土，拌和物的工作性（主要包括黏聚性、流动性和保水性）是研究的重点，应着重解决好混凝土的高工作性与混凝土硬化强度及耐久性的矛盾。一般认为，自密实混凝土的工作性能应达到：坍落度250～270 mm，扩展度550～700 mm，流过高差不大于15 mm。骨料最大粒径不宜大于20 mm。浇筑时，应控制浇筑速度和单次下料量，并应分层浇筑至设计标高，防止模板受损。

7.3.4 混凝土的养护

混凝土的养护是指混凝土浇筑后，在硬化过程中进行温度和湿度的控制，使其达到设计强度。混凝土浇筑后应及时进行保湿养护，保湿养护可采用洒水、覆盖、喷涂养护剂等方式。选择养护方式应考虑现场条件、环境温湿度、构件特点、技术要求、施工操作等因素。

覆盖养护是在混凝土裸露表面覆盖塑料薄膜、塑料薄膜加麻袋、塑料薄膜加草帘等。对封闭结构可采用蓄水法，如储水池可在拆除内模板、混凝土达到一定强度后注水养护。

养护剂法常用于大面积结构或不易覆盖者，它是将养护剂喷涂在已凝结的混凝土表面上，溶剂挥发后形成薄膜，从而避免混凝土中的水分蒸发，保持内部湿润状态。这种方法多用于不易覆盖的大面积混凝土工程，如路面、地坪、机场跑道、楼板、墙体等。

1. 养护规定

混凝土的养护应符合下列规定。

(1) 混凝土浇筑完成后，应及时进行保湿养护。对高性能混凝土宜在浇筑时即开始喷雾保湿。

(2) 洒水养护的洒水次数应能保持混凝土处于润湿状态。养护用水应与拌制用水相同；当日最低温度低于5 ℃时，不应采用洒水养护。

(3) 采用塑料薄膜覆盖养护时，应覆盖严密，并应保持塑料薄膜内有凝结水。

(4) 喷涂养护剂养护时，其保湿效果应通过试验检验，确保可靠。喷涂应均匀，不得漏喷。

2. 养护持续时间

(1) 硅酸盐水泥、普通硅酸盐水泥或矿渣硅酸盐水泥拌制的混凝土，不得少于7 d；采用其他品种水泥时，应根据水泥性能确定。

(2) 采用缓凝型外加剂、大掺量矿物掺合料配制的混凝土，不应少于14 d。

(3) 大体积混凝土、后浇带、抗渗混凝土以及C60以上混凝土不得少于14 d。

(4) 地下室底层和结构首层柱、墙混凝土宜适当增加养护时间，且带模养护不宜少于3 d。

7.4　预应力混凝土工程施工

7.4.1　先张法施工

先张法是在浇筑混凝土构件之前，将预应力筋临时锚固在台座或钢模上，张拉预应力筋，然后浇筑混凝土构件，待混凝土达到一定强度（一般不低于混凝土标准强度的75%），且预应力筋与混凝土间有足够黏结力时，放松预应力，预应力筋弹性回缩，借助于混凝土与预应力筋间的黏结力对混凝土产生预压应力。

先张法生产有台座法、台模法两种。用台座法生产时，预应力筋的张拉、锚固、构件浇筑、养护和预应力筋放松等工序都在台座上进行，预应力筋的张拉力由台座承受。台模法为机组流水、传送带生产方法，此时预应力筋的张拉力由钢台模承受。

本节主要介绍台座法生产预应力混凝土构件的预应力施工方法。

1. 张拉前的准备工作

（1）钢筋的接长与冷拉。

①钢丝的接长。一般用钢丝拼接器用20～22号铁丝密排绑扎。绑扎长度的规定：冷拔低碳钢丝不得小于40倍钢丝直径，高强度钢丝不得小于80倍钢丝直径。

②预应力钢筋的接长与冷拉。预应力钢筋一般采用冷拉HRB400和RRB400热轧钢筋。预应力钢筋的接长及预应力钢筋与螺丝端杆的连接，宜采用对焊连接，且应先焊接后冷拉，以免焊接而降低冷拉后的强度。预应力钢筋的制作，一般有对焊和冷拉两道工序。

③预应力钢筋铺设时，钢筋与钢筋、钢筋与螺丝端杆的连接可采用套筒双拼式连接。

（2）钢筋（丝）的镦头。

预应力筋（丝）固定端采用镦头夹具锚固时，钢筋（丝）端头要镦粗形成镦粗头。镦头一般有热镦和冷镦两种工艺。热镦在手动电焊机上进行，钢筋（丝）端部在喇叭口紫铜模具内进行多次脉冲式通电加热、加压形成镦粗头。冷镦是利用模具在常温下对金属棒料镦粗（常为局部镦粗）成型的锻造方法。冷镦多在专用的冷镦机上进行，便于实现连续、多工位、自动化生产。

（3）张拉机具设备及仪表定期维护和校验。

张拉设备应配套校验，以确定张拉力与仪表读数的关系曲线，保证张拉力的准确，每半年校验一次。设备出现反常现象或检修后应重新校验。张拉设备宜定岗负责，专人专用。

（4）预应力筋（丝）的铺设。

长线台座面（或胎模）在铺放钢丝前，应清扫并涂刷隔离剂。一般涂刷皂角水溶性隔离剂，易干燥，污染钢筋易清除。涂刷均匀，不得漏涂，待其干燥后，铺设预应力筋，一端用夹具锚固在台座横梁的定位承力板上，另一端卡在台座张拉端的承力板上待张拉。在生产过程中，应防止雨水或养护水冲刷掉台面隔离剂。

2. 预应力筋的张拉

预应力筋的张拉应根据设计要求，采用合适的张拉方法和张拉程序，并应有可靠的质量保证措施和安全技术措施。

（1）张拉控制应力的确定。

张拉控制应力是指在张拉预应力筋时所达到的规定应力，应按设计规定采用。控制应力的数值直接影响预应力的效果。在施工中为了提高构件的抗裂性能，部分抵消由于应力松弛、摩擦、钢筋分批张拉以及预应力筋与台座之间温度因素产生的预应力损失，张拉应力可按设计值提高3%～5%，但其最大张拉控制应力不得超过表7.8的规定。

表7.8　最大张拉控制应力值

钢筋类型	先张法	后张法
碳素钢丝、刻痕钢丝、钢绞线	$0.80f_{ptk}$	$0.75f_{ptk}$
热处理钢筋、冷拔低碳钢丝	$0.75f_{ptk}$	$0.70f_{ptk}$
冷拉钢筋	$0.95f_{pyk}$	$0.90f_{pyk}$

注：f_{ptk}为预应力筋的极限抗拉强度标准值，f_{pyk}为冷拉钢筋的屈服强度标准值。

（2）张拉程序。

预应力筋的张拉程序有超张拉和一次张拉两种。可按下列两种张拉程序之一进行张拉：$0 \rightarrow 1.05\sigma_{con} \xrightarrow{持荷2min} \sigma_{con}$或$0 \rightarrow 1.03\sigma_{con}$。其中，$\sigma_{con}$为张拉控制应力，一般由设计而定。

为了减少应力松弛损失，预应力钢筋宜采用$0 \rightarrow 1.05\sigma_{con} \xrightarrow{持荷2min} \sigma_{con}$的张拉程序。预应力钢丝张拉工作量大时，宜采用一次张拉程序$0 \rightarrow 1.03\sigma_{con}$。

所谓“松弛”，即钢材在常温、高应力状态下具有不断产生塑性变形的特性。松弛的数值与张拉控制应力和延续时间有关，控制应力高，松弛值也大，所以钢丝、钢绞线的松弛损失比冷拉热轧钢筋大。松弛损失还随着时间的延续而增加，但在第一分钟内可完成损失总值的50%，24 h内则可完成80%。先超张拉5%再持荷2 min，则可减少50%以上的松弛应力损失。

（3）张拉力的计算。

预应力筋张拉力F_p可按式（7.7）计算：

$$F_p=(1+m)\sigma_{con}A_p \tag{7.7}$$

式中：m为超张拉百分率，%；σ_{con}为张拉控制应力，N/mm²；A_p为预应力筋截面面积，mm²。

（4）预应力筋的校核。

预应力筋张拉后，一般应校核其伸长值。其实际伸长值与理论伸长值的偏差应在规范允许范围±6%内（预应力筋实际伸长值受许多因素影响，如钢材弹性模量变异、量测误差、千斤顶张拉力误差、孔道摩阻等，故规范允许有±6%的误差）。若超过，应暂停张拉，查明原因并采取措施予以调整后方可继续张拉。

预应力筋的理论伸长值ΔL按式（7.8）计算：

$$\Delta L=\frac{F_p l}{A_p E_s} \tag{7.8}$$

式中：F_p为预应力筋张拉力，N，轴线张拉取张拉端的拉力，两端张拉的曲线筋取张拉端的拉力与跨中扣除孔道摩阻损失后拉力的平均值；l为预应力筋的长度，mm；A_p为预应力筋的截面面积，mm²；E_s为预应力筋的弹性模量，N/mm²。

预应力筋的实际伸长值，宜在初应力约为$10\%\sigma_{con}$时测量（初应力取值应不低于σ_{con}的10%，以保证预应力筋拉紧），但必须加上初应力以下的推算伸长值。对于后张法，尚应扣除混凝土构件在张拉过程中的弹性压缩值。具体见式（7.9）。

$$\Delta L'=\Delta L_1+\Delta L_2-C \tag{7.9}$$

式中：$\Delta L'$为预应力筋张拉时的实际伸长值，mm；ΔL_1为初应力至最大张拉控制应力之间的实际伸长值，mm；ΔL_2为初应力以下的推算伸长值，mm；C为施加预应力时，后张法预应力混凝土构件弹性压缩值，mm。

预应力筋初应力以下的推算伸长值ΔL_2可根据弹性范围内张拉力与伸长值成正比的关系，用计算法或图解法确定。

计算法是根据张拉时预应力筋应力与伸长值的关系来推算。如某预应力筋张拉应力从0.3 σ_{con}增加到0.4 σ_{con}，钢筋伸长量4 mm，若初应力确定为

$10\%\sigma_{con}$，则其$\Delta L'$为4 mm。

图解法是建立直角坐标系，伸长值为横坐标，张拉应力为纵坐标，将各级张拉力的实测伸长值标在图上，绘制张拉力与伸长值关系曲线CAB，然后延长此线与横坐标交于O_1点，则OO_1段即为推算伸长值，如图7.2所示。

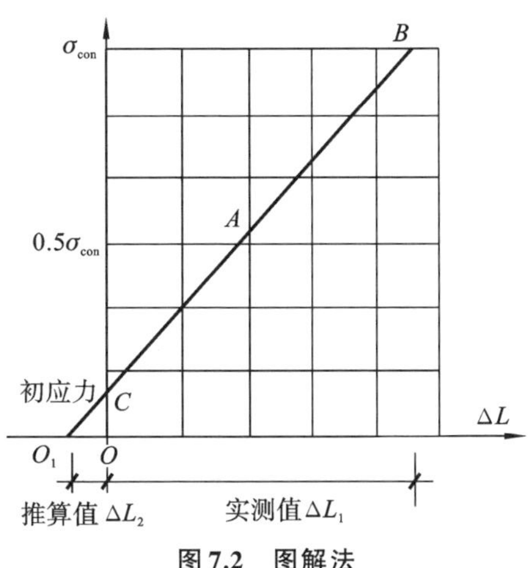

图7.2 图解法

先张法预应力筋张拉后与设计位置的偏差不得大于5 mm，且不得大于构件截面最短边长的4%。当同时张拉多根预应力筋时，应预先调整初应力，使各根预应力筋均匀一致。

对于长线台座生产，构件的预应力筋为钢丝时，一般常用弹簧测力计直接测定钢丝的张拉力，伸长值可不作校核，钢丝张拉锚固后，应采用钢丝测力仪检查钢丝的预应力值。

(5) 张拉方法与要求。

预应力筋的张拉可采用单根张拉或多根同时张拉，当预应力筋数量不多、张拉设备拉力有限时，常采用单根张拉；当预应力筋数量较多且密集布筋，张拉设备拉力较大时，则可采用多根同时张拉。在确定预应力筋张拉顺序时，应考虑尽可能减少台座的倾覆力矩和偏心力，先张拉靠近台座截面重心处的预应力筋。

多根预应力筋同时张拉时，应预先调整初应力，使其相互之间的应力一致。预应力筋张拉锚固后，实际预应力值与工程设计规定检验值的相对允许误差应在±5%以内。在张拉过程中，预应力筋断裂或滑脱的数量严禁超过结构同一截面预应力筋总根数的5%，且严禁相邻两根断裂或滑脱，在浇筑混凝土前发生断裂或滑脱的预应力筋必须予以更换。预应力筋张拉锚固后，预应力筋位置与设计位置的偏差不得大于5 mm，且不得大于构件截面最短边长的4%。张拉过程中，应按《混凝土结构工程施工质量验收规范》（GB 50204—2015）要求填写有关表格。

施工中应注意安全。张拉时，正对钢筋两端禁止站人；敲击锚具的锥塞或楔块时，不应用力过猛，以免损伤预应力筋而断裂伤人，但又要锚固可靠。冬期张拉预应力筋时，其温度不宜低于−15 ℃，且应考虑预应力筋容易脆断的危险。

3. 混凝土的浇筑与养护

混凝土的收缩是水泥浆在硬化过程中脱水密结和形成的毛细孔压缩的结果。混凝土的徐变是荷载长期作用下混凝土的塑性变形，因水泥石内凝胶体的存在而产生。为了减少混凝土的收缩和徐变引起的预应力损失，在确定混凝土配合比时，应优先选用干缩性小的水泥，采用低水胶比、控制水泥用量、对骨料采取良好的级配等技术措施。

预应力钢丝张拉、绑扎钢筋、预埋铁件安装及立模工作完成后，应立即浇筑混凝土，每条生产线应一次连续浇筑完成，不允许留设施工缝。采用机械振捣密实时，要避免碰撞钢丝。混凝土未达到一定强度前，不允许碰撞或踩踏钢丝。

采用重叠法生产构件时，应待下层构件的混凝土强度达到5.0 MPa后，方可浇筑上层构件的混凝土。

预应力混凝土可采用自然养护或湿热养护，自然养护时间不得少于14 d。干硬性混凝土浇筑完毕后，应立即覆盖进行养护。但必须注意，当预应力混凝土构件进行湿热养护时，应采取正确的养护制度以减少由于温差引起的预应力损失。若预应力筋张拉后锚固在台座上，温度升高使预应力筋膨胀伸长，而混凝土逐渐硬结，将引起预应力筋的应力减小且永远不能恢复，并引起预应力损失。因此，先张法在台座上生产预应力混凝土构件时，其最高允许的养护温度应根据设计规定的允许温差（张拉钢筋时的温度与台座养护温度之差）计算确定。当混凝土强度达到7.5 MPa（粗钢筋配筋）或10 MPa（钢丝、钢绞线配筋）以上时，则可不受设计规定的温差限制。以机组流水法或传送带法用钢模制作预应力构件，湿热养护时，钢模与预应力筋同步伸缩，故不引起温差预应力损失。

4. 预应力筋的放张

（1）放张要求。

放张预应力筋时，混凝土必须达到设计要求的强度；如设计无要求，应不得低于混凝土强度标准值的75%。同时，应保证预应力筋与混凝土之间具有足够的黏结力。对于重叠生产的构件，要求最上一层构件的混凝土强度不低于设计强度标准值的75%时方可进行预应力筋的放张。过早放张预应力筋会引起较大的预应力损失或产生预应力筋滑动。预应力混凝土构件在预应力筋放张前要对混凝土试块进行试压，以确定混凝土的实际强度。

（2）放张方法。

放张前，应拆除侧模，使放张时构件能自由压缩，否则将损坏模板或使构件开裂。预应力筋的放张工作，应缓慢进行，防止冲击。

①对于预应力钢丝混凝土构件，分两种情况放张：配筋不多的预应力钢丝放张采用剪切、割断和熔断的方法自中间向两侧逐根进行，以减少回弹量，利于脱模；配筋较多的预应力钢丝采用同时放张的方法，以防止最后的预应力钢丝因应力突然增大而断裂或使构件端部开裂。

②对于预应力钢筋混凝土构件，放张应缓慢进行。配筋不多的预应力钢筋，可采用剪切、割断或加热熔断逐根放张。对钢丝、热处理钢筋及冷拉Ⅳ级钢筋，不得用电弧切割，宜用砂轮锯或切断机切断。多根钢丝或钢筋的同时放张，应采用油压千斤顶、砂箱、楔块等。放张单根预应力筋，一般采用千斤顶放张。配筋较多的预应力钢筋，所有钢筋应同时放张，可采用砂箱或楔块等装置进行缓慢放张。

③采用湿热养护的预应力混凝土构件，宜热态放张预应力筋，而不宜降温后再放张。

（3）放张顺序。

预应力筋的放张顺序，应符合设计要求。如设计无要求，应满足下列规定。

①对承受轴心预压力的构件（如压杆、桩等），所有预应力筋应同时放张。

②对承受偏心预压力的构件（如吊车梁），先同时放张预压力较小区域的预应力筋，再同时放张预压力较大区域的预应力筋。

③如不能按以上规定放张，应分阶段、对称、相互交错地放张，以防止在放张过程中构件发生翘曲、裂纹及预应力筋断裂等现象。

④长线台座生产的钢弦构件，剪断钢丝宜从台座中部开始。

⑤叠层生产的预应力构件，宜按自上而下的顺序进行放张。

⑥板类构件放张时，从两边逐渐向中心进行。

7.4.2 后张法施工

后张法是先制作混凝土构件，在放置预应力筋的部位预先留有孔道，待构件混凝土达到规定强度后，将预应力筋穿入孔道内，用张拉机具夹持预应力筋将其张拉至设计规定的控制应力，然后借助锚具将预应力筋锚固在构件端部，最后进行孔道灌浆（亦有不灌浆者）。预应力筋的张拉力主要通过锚具传递给混凝土构件，使混凝土产生预压应力。

后张法施工步骤是先制作混凝土构件，预留孔道；待构建混凝土到达规定强度后，在孔道内穿放预应力筋，张拉并锚固；最后进行孔道灌浆。

1. 孔道留设

孔道留设是后张法构件制作中的关键工作。孔道直径取决于预应力筋和锚具：用螺丝端杆的粗钢筋，孔道直径应比螺丝端杆的螺纹直径大10～15 mm；用JM12型锚具的钢筋束或钢绞线束，对JM12－3、JM12－4孔道直径为42 mm，对JM12－5、JM12－6则为50 mm。

(1) 孔道留设的基本要求。

①孔道直径应保证预应力筋（束）能顺利穿过。

②孔道应按设计要求的位置、尺寸埋设准确、牢固，浇筑混凝土时不应出现移位和变形。

③在设计规定位置上留设灌浆孔和排气孔。

④在曲线孔道的曲线波峰部位应设置排气兼泌水管，必要时可在最低点设置排水管。

⑤灌浆孔及泌水管的孔径应能保证浆液畅通。

(2) 孔道留设的方法。

预留孔道形状有直线、曲线和折线形，留设方法一般有钢管抽芯法、胶管抽芯法和预埋管法。

①钢管抽芯法。

预先将钢管埋设在模板内孔道位置处，在混凝土浇筑过程中和浇筑之后，

每间隔一定时间慢慢转动钢管，使之不与混凝土黏结，待混凝土初凝后、终凝前抽出钢管，即形成孔道。该法只可留设直线孔道。

钢管要平直，表面要光滑，安放位置要准确。一般用间距不大于1 m的钢筋井字架固定钢管位置。每根钢管的长度最好不超过15 m，以便于旋转和抽管，较长构件则用两根钢管，中间用0.5 mm厚的铁皮套管连接。

恰当掌握抽管时间，过早会坍孔，太晚则抽管困难。一般在初凝后、终凝前，以手指按压混凝土不粘浆且无明显印痕时则可抽管。抽管顺序宜先上后下，抽管可用人工或卷扬机，抽管要边抽边转，速度均匀，与孔道成一直线。

在留设孔道的同时还要在设计规定位置留设灌浆孔和排气孔，其目的是方便构件孔道灌浆，可用木塞或白铁皮管留设。一般在构件两端和中间每隔12 m留一个直径为20 mm的灌浆孔，并在构件两端各设一个排气孔。

②胶管抽芯法。

胶管有5层或7层夹布胶管和钢丝网胶管两种。前者质软，用间距不大于0.5 m的钢筋井字架固定位置，浇筑混凝土前，胶管内充入压力为0.6～0.8 N/mm^{2}的压缩空气或压力水，此时胶管直径增大3 mm左右，待浇筑的混凝土初凝后，放出压缩空气或压力水，管径缩小而与混凝土脱离，便于抽出。后者质硬，具有一定弹性，留孔方法与钢管一样，只是浇筑混凝土后无须转动，由于其有一定弹性，抽管时在拉力作用下断面缩小易于拔出。

胶管抽芯法预留孔道，混凝土浇筑后不需要旋转胶管，抽管一般以200 h·℃作为控制时间。抽管时应先上后下，先曲后直。胶管抽芯法施工省去了转管工序，又由于胶管便于弯曲，所以胶管抽芯法既适用于直线孔道留设，也适用于曲线孔道留设。

胶管抽芯法的灌浆孔和排气孔的留设方法同钢管抽芯法。

③预埋管法。

预埋管法是用间距不大于0.8 m的钢筋井字架将黑铁皮管、薄钢管或金属螺旋管固定在设计位置上，在混凝土构件中埋管成型的一种施工方法。预埋管法因省去抽管工序，且孔道留设的位置、形状也易保证，故目前应用较为普遍。

预埋管法适用于预应力筋密集或曲线预应力筋的孔道埋设，但电热后张法施工中，不得采用波纹管或其他金属管作埋设的管道。

对螺旋管的基本要求：一是在外荷载作用下，有抵抗变形的能力；二是在浇筑混凝土过程中，水泥浆不得渗入管内。螺旋管的连接可采用大一号同型螺旋管作为接头管。接头管的长度为200～300 mm，用塑料热塑管或密封胶带封口。

螺旋管安装前，应根据预应力筋的曲线坐标在侧模或箍筋上画线，以确定螺旋管的安装位置。螺旋管间距为600 mm。钢筋托架应焊在箍筋上，箍筋下面要用垫块垫实。螺旋管安装就位后，必须用铁丝将螺旋管与钢筋托架扎牢，以防浇筑混凝土时螺旋管上浮而引起质量事故。

灌浆孔与螺旋管的连接是在螺旋管上开洞，其上覆盖海绵垫片与带嘴的塑料弧形压板，并用铁丝扎牢，再用增强塑料管插在嘴上，并将其引出梁顶面400～500 mm。灌浆孔间距不宜大于30 m，曲线孔道的曲线波峰位置宜设置泌水管。

在混凝土浇筑过程中，为了防止螺旋管偶尔漏浆引起孔道堵塞，应采用通孔器通孔。通孔器由长60～80 mm的圆钢制成，其直径小于孔径10 mm，用尼龙绳牵引。

2. 预应力筋张拉

张拉预应力筋时，构件混凝土的强度应按设计规定，如设计无规定则不宜低于混凝土标准强度的75%。用块体拼装的预应力构件，其拼装立缝处混凝土或砂浆的强度，如设计无规定时，不应低于块体混凝土标准强度的40%，且不得低于15 N/mm^2。

（1）张拉控制应力。

后张法施工张拉控制应力应符合设计规定。在施工中需要对预应力筋进行超张拉时，可比设计要求提高5%，但其最大张拉控制应力不得超过表7.8的规定。

后张法施工的张拉程序、预应力筋张拉力计算及伸长值验算与先张法相同。

（2）张拉方法。

为减少预应力筋与预留孔孔壁摩擦而引起的应力损失，预应力筋张拉端的设置应符合设计要求。当无设计规定时，应符合下列规定。

①抽芯成形孔道：曲线形预应力筋和长度大于24 m的直线预应力筋，应采用两端张拉；长度等于或小于24 m的直线预应力筋，可一端张拉。

②预埋管孔道：曲线形预应力筋和长度大于30 m的直线预应力筋宜在两端张拉；长度等于或小于30 m直线预应力筋，可在一端张拉。

③当同一截面中有多根一端张拉的预应力筋时，张拉端宜分别设置在构件两端。用双作用千斤顶两端同时张拉钢筋束、钢绞线束或钢丝束时，为减少顶压时的应力损失，可先顶压一端的锚塞，而另一端在补足张拉力后再行顶压。

后张法预应力筋张拉还应注意下列问题。

①对配有多根预应力筋的构件，不可能同时张拉，只能分批、对称地进行张拉，以免构件承受过大的偏心压力。分批张拉，要考虑后批预应力筋张拉时产生的混凝土弹性压缩，会对先批张拉的预应力筋的张拉应力产生影响。

②对平卧叠浇的预应力混凝土构件，上层构件的重量产生的水平摩阻力会阻止下层构件在预应力筋张拉时混凝土弹性压缩的自由变形，待上层构件起吊后，由于摩阻力影响消失会增加混凝土弹性压缩的变形，从而引起预应力损失。该损失值随构件形式、隔离层和张拉方式而不同。为便于施工，可由上到下采取逐层加大超张拉的办法来弥补该预应力损失，但底层超张拉值不宜比顶层张拉力大5%（钢丝、钢绞线、热处理钢筋）或9%（冷拉HRB400级及以上钢筋），并且要保证底层构件的控制应力，冷拉HRB400级及以上钢筋不得大于95%的屈服强度值，钢丝、钢绞线和热处理钢筋不大于标准强度的80%。如隔离层的隔离效果好，也可采用同一张拉应力值。

3. 孔道灌浆

预应力筋张拉锚固后，应随即进行孔道灌浆，以防止预应力筋锈蚀，增加结构的抗裂性、耐久性和整体性。

灌浆宜用强度等级不低于32.5级的普通硅酸盐水泥调制的水泥浆，对空隙大的孔道，水泥浆中可掺适量的细砂，但水泥浆和水泥砂浆的强度不宜低于20 N/mm^2，且应有较大的流动性和较小的干缩性、泌水性（搅拌后3 h的泌水率宜控制在2%）。水灰比一般为0.40～0.45。

为使孔道灌浆饱满，可在灰浆中掺入木质素磺酸钙。

灌浆前，用压力水冲洗和润湿孔道。灌浆过程中，可用电动或手动灰浆泵进行灌浆，水泥浆应均匀缓慢地注入，不得中断。灌满孔道并封闭气孔后，宜继续以0.5～0.6 MPa的压力灌浆，并稳定一段时间，以确保孔道灌浆的密实性。对不掺外加剂的水泥浆，可采用二次灌浆法来提高灌浆的密实性。

灌浆顺序应先下后上，曲线孔道灌浆宜由最低点注入水泥浆，至最高点排气孔排尽空气并溢出浓浆为止。

7.4.3 无黏结预应力混凝土施工

无黏结预应力混凝土施工是后张法预应力混凝土施工的延伸。施工方法是：在预应力筋表面刷涂料并包塑料布（管）后，如同普通钢筋一样先铺设在构件模板内，然后浇筑混凝土，待构件混凝土达到设计要求强度后，进行预应力筋张拉锚固。这种预应力工艺的优点是不需要预留孔道和灌浆，施工简单，张拉时摩阻力较小，预应力筋易弯成曲线形状，适用于曲线配筋的结构。在双向连续平板和密肋板中应用无黏结预应力混凝土施工比较经济合理，在多跨连续梁中也很有发展前途。

1. 无黏结预应力束的制作

（1）无黏结预应力束的组成。

无黏结预应力束由预应力筋、涂料层、外包层和锚具组成。

①预应力筋。

一般选用7根 $\varphi5$ 高强钢丝组成的钢丝束，也可选用7根 $\varphi4$ 或 $\varphi5$ 的钢绞线。

②涂料层。

涂料层除需长期保护预应力筋不受腐蚀，还应符合下列要求：温度在－20～＋70 ℃范围内不流淌、不裂缝、不变脆，并有一定韧性；使用期内化学稳定性高；对周围材料无侵蚀作用；不透水、不吸湿；防腐性能好；润滑性能好，摩擦阻力小。

根据上述要求，目前一般选用1号或2号建筑油脂作为无黏结预应力束的表面涂料。

③外包层。

外包层的包裹物必须具有一定的抗拉强度、防渗漏性能，同时还需符合下列要求：在使用温度范围内（－20～＋70 ℃），低温不脆化，高温化学性能稳定；具有足够的韧性、抗磨性；对周围材料无侵蚀作用；保证预应力筋在运输、贮存、铺设和浇筑混凝土过程中不发生不可修复的破坏。

一般常用的包裹物有塑料布、塑料薄膜或牛皮纸，其中塑料布或塑料薄膜防水性能、抗拉强度和延伸率较好。此外，还可选用聚氯乙烯、高压聚乙烯、低压聚乙烯和聚丙烯等挤压成型作为预应力筋的外包层。

④锚具。

无黏结预应力构件中，锚具是把预应力束的张拉力传递给混凝土的工具，外荷载引起的预应力束内力的变化全部由锚具承担。因此，无黏结预应力束的锚具不仅受力比有黏结预应力筋的锚具大，而且承受的是重复荷载。因而无黏结预应力束的锚具应有更高要求。

我国主要采用高强钢丝和钢绞线作为无黏结预应力束。高强钢丝预应力束主要采用镦头锚具，钢绞线预应力束则可采用XM型锚具。

(2) 无黏结预应力束的制作。

无黏结预应力束的制作一般有缠纸工艺和挤压涂层工艺两种。

①缠纸工艺。

缠纸工艺是在缠纸机上连续作业，完成编束、涂油、镦头、缠塑料布和切断等工序。

②挤压涂层工艺。

挤压涂层工艺主要是钢丝通过涂油装置涂油，涂油钢丝束通过塑料挤压机涂刷塑料薄膜，再经冷却筒槽成型塑料套管。这种无黏结钢丝束挤压涂层工艺与电线、电缆包裹塑料套管的工艺相似，并具有效率高、质量好、设备性能稳定的特点。

2. 无黏结预应力施工工艺

无黏结预应力施工工艺包括无黏结预应力束的铺设、张拉和端部锚头处理。

(1) 无黏结预应力束的铺设。

无黏结预应力束在铺设前应检查其外包层的完好程度。对轻微破损者，可用塑料带补包好；对破损严重的应予以报废。

无黏结预应力束在平板结构中多为双向曲线配置，因此其铺设顺序很重要。一般是根据双向钢丝束交点的标高差，绘制钢丝束的铺设顺序图，钢丝束波峰低的底层钢丝束先行铺设，然后依次铺设波峰高的上层钢丝束，这样可以避免钢丝束之间的相互穿插。钢丝束铺设波峰是用钢筋制成的“马凳”来架设而形成的，马凳间距不宜大于2 m。一般施工过程是依次放置钢筋马凳，然后按顺序铺设钢丝束，钢丝束就位后，调整波峰高度及其水平位置，经检查无误后，用铁丝将无黏结预应力束与非预应力钢筋绑扎牢固，防止钢丝束在浇筑混凝土过程中移位。

（2）无黏结预应力束的张拉。

无黏结预应力束的张拉与普通后张法带有螺丝端杆锚具的有黏结预应力钢丝束张拉方法相似。

无黏结预应力束一般为曲线配筋，故应采用两端同时张拉。张拉程序一般采用 $0 \rightarrow 103\% \sigma_{con}$。预应力束的张拉伸长值应符合设计要求。张拉顺序应根据其铺设顺序，先铺设的先张拉，后铺设的后张拉。

无黏结预应力束一般长度大，有时又呈曲线形布置，如何减少其摩阻损失值是一个重要问题。影响摩阻损失值的主要因素是润滑介质、包裹物和预应力束截面形式。摩阻损失值，可用标准测力计或传感器等测力装置进行测定。施工时，为降低摩阻损失值，宜采用多次重复张拉工艺。

（3）锚头端部处理。

无黏结预应力束由于一般采用镦头锚具，锚头部位的外径比较大，因此，钢丝束两端应在构件上预留一定长度的孔道，其直径略大于锚具的外径。无黏结预应力束张拉锚固后，其端部便留下孔道，并且该部分预应力筋没有涂层，为此应对端部加以防腐处理保护预应力筋。

无黏结预应力束锚头端部处理，目前常采用两种方法：一种方法是在孔道中注入油脂并加以封闭；另一种方法是在两端留设的孔道内注入环氧树脂水泥砂浆，其抗压强度不低于35 MPa。灌浆时将锚头封闭，防止预应力筋锈蚀，同时也起一定的锚固作用。

预留孔道中注入油脂或环氧树脂水泥砂浆后，用C30级的细石混凝土封闭锚头部位。

7.5　装配式混凝土结构施工

装配式钢筋混凝土结构是我国建筑结构发展的重要方向之一，它有利于我国建筑工业化的发展、提高生产效率、节约能源、发展绿色环保建筑，并且有利于提高和保证建筑工程质量。与现浇施工法相比，装配式钢筋混凝土结构施工更符合绿色施工的节地、节能、节材、节水和环境保护等要求，降低对环境的负面影响，包括降低噪声，防止扬尘，减少环境污染，清洁运输，减少场地干扰，节约水、电、材料等资源和能源，遵循可持续发展的原则。而且，装配式结构可以连续地按顺序完成工程的多个或全部工序，从而减少进场的工程机

械种类和数量，消除工序衔接的停闲时间，实现立体交叉作业，减少施工人员，从而提高工效、降低物料消耗、减少环境污染，为绿色施工提供保障。另外，装配式结构在较大程度上减少了建筑垃圾（占城市垃圾总量的30%～40%），如废钢筋、废铁丝、废竹木材、废弃混凝土等。

1. 构件制作

（1）预制构件制作单位应具备相应的生产工艺设施，并应有完善的质量管理体系和必要的试验检测手段。

（2）预制构件制作前，应对其技术要求和质量标准进行技术交底，并应制订生产方案。生产方案应包括生产工艺、模具方案、生产计划、技术质量控制措施，以及成品保护、堆放及运输方案等内容。

（3）预制结构构件采用钢筋套筒灌浆连接时，应在构件生产前进行钢筋套筒灌浆连接接头的抗拉强度试验，每种规格的连接接头试件数量不少于3个。

2. 运输与堆放

（1）制订预制构件的运输和堆放方案，其内容应包括运输时间、次序、堆放场地、运输线路、固定要求、堆放支垫及成品保护措施等。对于超高、超宽、形状特殊的大型构件的运输和堆放应有专门的质量安全保证措施。

（2）预制构件堆放应符合下列规定。

①堆放场地应平整、坚实，并应有排水措施。

②预埋吊件应朝上，标识宜朝向堆垛间的通道。

③构件支垫应坚实，垫块在构件下的位置宜与脱模、吊装时的起吊位置一致。

④重叠堆放构件时，每层构件间的垫块应上下对齐，堆垛层数应根据构件、垫块的承载力确定，并应根据需要采取防止堆垛倾覆的措施。

⑤堆放预应力构件时，应根据构件起拱值的大小和堆放时间采取相应措施。

（3）墙板的运输与堆放应符合下列规定。

①当采用靠放架堆放或运输构件时，靠放架应具有足够的承载力和刚度，与地面倾斜角度宜大于80°。墙板宜对称靠放且外饰面朝外，构件上部宜采用木垫块隔离。运输时，构件应采取固定措施。

②当采用插放架直立堆放或运输构件时，宜采取直立运输方式。插放架应

有足够的承载力和刚度，并应支垫稳固。

③采用叠层平放的方式堆放或运输构件时，应采取防止构件产生裂缝的措施。

3. 工程施工

（1）一般规定。

①吊具应根据预制构件形状、尺寸及重量等参数进行配置，吊索水平夹角不宜大于60°，且不应小于45°。对于尺寸较大或形状复杂的预制构件，宜采用有分配梁或分配桁架的吊具。

②钢筋套筒灌浆前，应在现场模拟构件连接接头的灌浆方式。每种规格钢筋应制作不少于3个套筒灌浆连接接头，进行灌注质量以及接头抗拉强度的检验，经检验合格后，方可进行灌浆作业。

③未经设计允许，不得对预制构件进行切割、开洞。

（2）安装与连接。

①采用钢筋套筒灌浆连接、钢筋浆锚搭接连接的预制构件就位前，应检查下列内容。

a. 套筒与预留孔的规格、位置、数量和深度。

b. 被连接钢筋的规格、数量、位置和长度。

当套筒、预留孔内有杂物时，应清理干净；当连接钢筋倾斜时，应进行校直。连接钢筋偏离套筒或孔洞中心线不宜超过5 mm。

②墙、柱构件的安装应符合下列规定。

a. 构件安装前，应清洁结合面。

b. 构件底部应设置可调整接缝厚度和底部标高的垫块。

c. 钢筋套筒灌浆连接接头、钢筋浆锚搭接连接接头灌浆前，应对接缝周围进行封堵，封堵措施应符合结合面承载力设计要求。

d. 多层预制剪力墙底部采用坐浆材料时，其厚度不宜大于20 mm。

③构件连接部位后浇混凝土及灌浆料的强度达到设计要求后，方可拆除临时固定措施。

第8章　防水工程施工

8.1　地下防水工程施工

地下防水工程适用于工业与民用建筑的地下室、大型设备基础、沉箱等防水结构，以及人防、地下商场、仓库等。地下水的渗漏会严重影响结构的使用功能，甚至会影响建筑物的使用年限。地下工程防水等级标准及适用范围见表8.1。

表8.1　地下工程防水等级标准及适用范围

防水等级	防水标准	适用范围
1级	不允许渗水，结构表面无湿渍	人员长期停留的场所；因有少量湿渍使物品变质失效的储物场所及严重影响设备正常运转和危及工程安全运营的部位；极重要的战备工程
2级	不允许漏水，结构表面可有少量湿渍； 工业与民用建筑：总湿渍面积不大于总防水面积（包括顶板、墙面、地面）的0.1%；任意100 m^2防水面积上的湿渍不超过2处，单个湿渍的最大面积不大于0.1 m^2； 其他地下工程：湿渍总面积不应大于总防水面积的 0.2%；任意100 m^2防水面积上的湿渍不超过3处，单个湿渍的最大面积不大于0.2 m^2；其中，隧道工程平均渗水量不大于0.05 L/（m^2·d），任意100 m^2防水面积上的渗水量不大于0.15 L/（m^2·d）	人员经常活动的场所；在有少量湿渍的情况下不会使物品变质，失效的储物场所及基本不影响设备正常运转和工程安全运营的部位；重要的战备工程

续表

防水等级	防水标准	适用范围
3级	有少量漏水点，不得有线流和漏泥沙；任意100 m^2防水面积上的漏水或湿渍点数不超过7处，单个漏水点的最大漏水量不大于2.5 L/d，单个湿渍的最大面积不大于0.3 m^2	人员临时活动的场所；一般战备工程
4级	有漏水点，不得有线流和漏泥砂；整个工程平均漏水量不大于2 L/（m^2·d），任意100 m^2防水面积上的平均漏水量不大于4 L/（m^2·d）	对渗漏水无严格要求的工程

地下防水工程根据不同的防水等级要求设防，因此在地下防水工程施工前，施工单位应进行图纸会审，掌握工程主体及细部构造的防水技术要求，并编制施工方案。地下防水工程防水层，严禁在雨天、雪天和五级风及以上时施工，其施工的环境气温条件要求应与所使用的防水层材料及施工方法相适应。

地下防水工程按防水材料划分，包括防水混凝土防水、卷材防水、涂料防水、水泥砂浆防水、塑料防水板防水和金属板防水等。下面主要介绍防水混凝土施工、卷材防水施工、涂料防水施工、水泥砂浆防水层施工和地下防水工程施工。

8.1.1 防水混凝土施工

防水混凝土为防水性材料，其刚性比较强。防水混凝土中的原材料有水泥、砂石、各类添加剂、高分子聚合物等等。根据配合比设计要求对各类原材料进行合理分配后，防水混凝土即可具备0.6 MPa以上的防水压力，进而充分发挥其防水性能。防水混凝土与常规混凝土有一定的区别，可堵塞混凝土混合料中的空隙，避免空气缝隙的流通，提升混凝土混合料的密度，使其具备良好的防水性能。

但需要注意的是，不是所有的混凝土结构均可以采用自防水，以下是不适用于混凝土结构自防水的情况。

（1）裂缝开展宽度大于《混凝土结构设计标准（2024年版）》（GB/T 50010—2010）的规定要求。

（2）遭受剧烈振动或冲击的结构。

（3）防水混凝土不能单独用于耐蚀系数小于0.8的受侵蚀防水工程；当在耐蚀系数小于0.8和地下混有酸、碱等腐蚀性的条件下应用时，应采取可靠的防腐蚀措施。

（4）用于受热部位时，其表面温度不应大于80 ℃，否则应采取相应的隔热防烤措施。

1. 防水混凝土施工技术

（1）模板。

①模板清理。

在地下室工程防水混凝土施工中，模板材料有木模板和钢模板两种类型。在模板安装前，需对模板表面进行全面清理，避免模板表面有杂物。如果使用木模板，还需对模板表面进行充分润湿处理，清除模板内部积水，严密拼接模板，如果模板拼接完成后有较大缝隙，则可采用纤维板或者塑料条做好封堵处理，避免在混凝土浇筑施工中出现漏浆问题。

②模板检查。

在模板拼接安装完成后，需对模板摆放位置、垂直度以及连接牢固性进行检查，确保符合施工要求。在混凝土浇筑施工过程中，如果模板发生移动，则应立即暂停混凝土浇筑施工，对模板进行返修处理，避免对混凝土浇筑施工质量造成不良影响。

③模板拆除。

在防水混凝土施工完成后，当混凝土结构强度已经达到设计强度的70%以上时，即可拆除模板。在拆模过程中，要求混凝土结构表面与环境之间的温差在15 ℃以内。

（2）钢筋。

①钢筋选材。

在防水混凝土浇筑施工前，还需进行钢筋制作安装。对此，施工人员应根据工程项目建设要求选择适宜的钢筋材料，对钢筋材料的类型、规格、数量等进行检查，确保符合工程项目设计要求。在钢筋材料使用前，还需对钢筋材料质量进行检查，确保质量合格后，才能够运输至施工现场安装。

②钢筋施工。

在钢筋施工过程中，在钢筋绑扎前，应去除钢筋表面锈蚀以及污染物。在钢筋绑扎过程中，要求根据工程项目设计要求预留保护层，对于迎水面钢筋保护层的厚度，应控制在5 cm以上。在钢筋绑扎施工中，必须保证钢筋绑扎的牢固性，避免钢筋发生较大位移，进而影响施工质量。

（3）防水混凝土施工。

①防水混凝土运输。

在防水混凝土运输过程中，应避免混凝土混合料离析，同时还需做好漏浆处理。如果环境温度比较高，则应在30 min内将防水混凝土运输至施工现场，而如果运输距离比较长，则可在混合料中加入一定的缓凝型减水剂。如果防水混凝土在运输过程中发生离析现象，则应进行二次搅拌处理，避免加水搅拌。

②防水混凝土浇筑、振捣。

在混凝土运输至施工现场后，需对其坍落度进行检查。在混凝土浇筑施工过程中，对于地下室墙体结构，可采用循环浇筑施工方式，分层、连续浇筑。在具体的浇筑过程中，通过溜槽入模，使得混凝土材料能够从一侧位置缓慢移动到另一侧。在混凝土浇筑完成后，还需进行混凝土振捣。在每一条浇筑带的前后位置，分别布设两道振动器，对于前道振动器，可设置在底排钢筋以及混凝土的坡脚位置，保证混凝土下部结构的密实性，而对于后道振动器，则可设置在混凝土卸料点，进而保障混凝土上部结构的密实性。在混凝土结构振捣过程中，需对振捣时间以及间距进行有效控制，避免混凝土结构表面出现浮浆、气泡等，同时还应注意避免少振、漏振等，对于振捣时间，应控制在20～30 s之间。

③防水混凝土养护。

混凝土浇筑完成后，应进行早期养护。在混凝土结构终凝前，可对混凝土结构浇水润湿养护，一般要求持续14 d以上。

2. 细部构造处理

地下室工程常因细部构造防水处理不当而出现渗漏，地下室工程的细部构造主要有施工缝、变形缝、后浇带、穿墙管（盒）、埋设件、预留孔洞、孔口等。为保证防水质量，对这些部位的设计与施工应遵守《地下工程防水技术规范》（GB 50108—2008）的规定，采取相应的加强措施。

（1）施工缝。

①施工缝留设。

防水混凝土应连续浇筑，宜少留施工缝。留施工缝时，应遵守下列规定。

a. 墙体水平施工缝不应留在剪力与弯矩最大处或底板与侧墙的交接处，应留在高出底板表面不小于300 mm的墙体上；拱（板）墙结合的水平施工缝，宜留在拱（板）墙接缝线以下150～300 mm处；墙体设有孔洞时，施工缝距孔洞边缘不宜小于300 mm。

b. 垂直施工缝应避开地下水和裂缝较多的地段，并宜与变形缝相结合。

外贴止水带时，如防水材料为钢板止水带或橡胶止水带，要求$L \geqslant 150$ mm（L为长度），如为外涂防水涂料或外抹防水砂浆，要求$L = 200$ mm。中埋止水带时，如为钢板止水带，要求$L \geqslant 100$ mm；如为橡胶止水带，要求$L \geqslant$ 125 mm；如为钢边橡胶止水带，要求$L \geqslant 120$ mm。

②施工缝处理。

施工缝处理应遵守下列规定。

a. 水平施工缝浇筑混凝土前，首先应将表面浮浆和杂物清除，铺净浆，再铺30～50 mm厚的1：1水泥砂浆或涂刷混凝土界面处理剂，并及时浇筑混凝土。

b. 垂直施工缝浇筑混凝土前，应将其表面清理干净，并涂刷水泥净浆或混凝土界面处理剂，并及时浇筑混凝土。

c. 选用的遇水膨胀止水条应具有缓胀性能，其7 d的膨胀率不应大于最终膨胀率的60%，遇水膨胀止水条应牢固地安装在缝表面或预留槽内。

d. 采用中埋式止水带时，应确保位置准确、固定牢固。

（2）变形缝。

变形缝应满足密封防水、适应变形、施工方便、检查容易等要求。用于伸缩的变形缝宜不设或少设，可根据不同的工程结构类别及工程地质情况采用诱导缝、加强带、后浇带等进行替代。用于沉降的变形缝最大允许沉降差值不应大于30 mm，当计算沉降差值大于30 mm时，应在设计时采取相应措施。用于沉降的变形缝的宽度宜为20～30 mm，用于伸缩的变形缝的宽度宜小于此值。变形缝的构造形式和材料，应根据工程特点、工程开挖方法、地基或结构变形情况，以及水压、水质和防水等级确定。

需要增强变形缝的防水能力时，可采用两道埋入式止水带，或采取嵌缝式、粘贴式、附贴式、埋入式等方法复合使用。其中埋入式止水带的接缝位置不得设在结构转角处，应设在边墙较高位置上，接头宜采用热压焊。

对水压小于0.03 MPa、变形量小于10 mm的变形缝，可用弹性密封材料嵌填密实或粘贴橡胶片。

对水压小于0.03 MPa、变形量为20～30 mm的变形缝，宜用附贴式止水带。

对水压大于0.03 MPa、变形量为20～30 mm的变形缝，应采用埋入式橡胶或塑料止水带。

(3) 后浇带。

后浇带应设在受力和变形较小的部位，间距宜为30～60 m，宽度宜为700～1000 mm。后浇带可做成平直缝，结构主筋不宜在缝中断开，如必须断开，则主筋搭接长度应大于45倍主筋直径，并按设计要求加设附加钢筋。后浇带应在其两侧混凝土龄期达到42 d（高层建筑应在结构顶板浇筑混凝土14 d）后，采用补偿收缩混凝土浇筑，强度应不低于两侧混凝土。后浇带混凝土养护时间不得少于28 d，并在后浇缝结构断面中部附近安设遇水膨胀橡胶止水条。

(4) 穿墙管。

①穿墙管留设。穿墙管留设应符合下列规定。

a. 穿墙管（盒）应在浇筑混凝土前预埋。

b. 穿墙管与墙角、凹凸部位的距离应大于250 mm。

c. 结构变形或管道伸缩量较小时，穿墙管可采用主管直接埋入混凝土的固定式防水法，并应预留凹槽，槽内用嵌缝材料嵌填密实。

d. 结构变形或管道伸缩量较大或有更换要求时，应采用套管式防水法，套管应加焊止水环。

②穿墙管施工。穿墙管防水施工应符合下列规定。

a. 金属止水环应与主管满焊密实。采用套管式穿墙管防水构造时，翼环与套管应满焊密实，并在施工前将套管内表面清理干净。

b. 管与管的间距应大于300 mm。

c. 采用遇水膨胀止水圈的穿墙管，管径宜小于50 mm，止水圈应用胶黏剂满粘固定于管上，并应涂缓胀剂。

d. 穿墙管线较多时，宜相对集中，采用穿墙盒方法。穿墙盒的封口钢板应与墙上的预埋角钢焊严，并从钢板上的预留浇筑孔注入改性沥青柔性密封材料或细石混凝土处理。

(5) 埋设件、预留孔。

结构上的埋设件宜预埋，埋设件端部或预留孔（槽）底部的混凝土厚度不得小于250 mm，当厚度小于250 mm时，应采用局部加厚或其他防水措施，

预留孔（槽）内的防水层，宜与孔（槽）外的结构防水层保持连接。地下室通向地面的各种孔洞、孔口应采取防止地面水倒灌的措施，出入口应高出地面不小于500 mm。

3. 施工质量验收

地下防水混凝土分项工程检验批的抽样检验数量，应按混凝土外露面积每100 m^2抽查1处，每处10 m^2，且不得少于3处。地下防水混凝土施工质量验收要求见表8.2。

表8.2　地下防水混凝土施工质量验收要求

检验项目		检验方法
主控项目	防水混凝土的原材料、配合比及坍落度必须符合设计要求	检查产品合格证、产品性能检测报告、计量措施和材料进场检验报告
	防水混凝土的抗压强度和抗渗性能必须符合设计要求	检查混凝土抗压强度、抗渗性能检验报告
	防水混凝土结构的变形缝、施工缝、后浇带、穿墙管、埋设件等设置和构造必须符合设计要求	观察检查和检查隐蔽工程验收记录
一般项目	防水混凝土结构表面应坚实、平整，不得有露筋、蜂窝等缺陷；埋设件位置应准确	观察检查
	防水混凝土结构表面的裂缝宽度不应大于0.2 mm，且不得贯通	用刻度放大镜检查
	防水混凝土结构厚度不应小于250 mm，其允许偏差应为＋8 mm、－5 mm；主体结构迎水面钢筋保护层厚度不应小于50 mm，其允许偏差为±5 mm	尺量检查和检查隐蔽工程验收记录

8.1.2　卷材防水施工

防水卷材主要是用于建筑墙体、屋面，以及隧道、公路、垃圾填埋场等处，起到抵御外界雨水、防止地下水渗漏作用的一种可卷曲成卷状的柔性建材产品。防水卷材作为工程基础与建筑物之间无渗漏连接，是整个工程防水的第一道屏障，对整个工程起着至关重要的作用。防水卷材的主流产品按材质可分为聚合物改性沥青防水卷材和合成高分子防水卷材两大类。

1. 施工准备

在地下防水工程施工前及施工期间，应根据地下水位高低和土质情况采取地面排水、基坑排水及井点降水的方法，确保基坑内不积水，保证防水工程的安全施工。采取降水措施使坑内地下水降低到垫层以下不小于300 mm处，如果基层有渗水现象，应进行堵漏。如果基层有少量渗水，可采用防水胶粉，用水调成糊状后在基层涂刮均匀，待干燥后再进行防水卷材施工。

卷材防水层施工前，基层表面应坚实、平整。用2 m长的直尺检查，直尺与基层表面间的空隙不应超过5 mm。平面与立面的转角处，阴阳角应做成圆弧或钝角。如基层不做找平层，卷材可直接铺贴在混凝土表面，但必须检查混凝土表面是否有蜂窝、麻面、孔洞等，如有应使用掺有108胶的水泥砂浆或胶乳水泥砂浆进行修复。

2. 卷材铺贴

（1）卷材铺贴方法。

①冷粘法。冷粘法是指采用与卷材配套的专用冷胶黏剂将卷材与基层、卷材与卷材相互黏结的方法。

②热熔法。热熔法是指采用加热工具将热熔型防水卷材底面的热熔胶加热熔化而使卷材与基层、卷材与卷材之间相互黏结的方法。加热卷材时应控制好温度，避免加热不足或熔透卷材。厚度小于3 mm的高聚物改性沥青防水卷材严禁采用热熔法铺贴。

③自粘法。自粘法是指采用带有自粘胶的防水卷材，不用热施工，也不需涂胶结材料，而进行黏结的方法。铺贴时将卷材底面的隔离层揭掉即可进行铺贴，搭接部位必须采用热风焊枪加热后粘贴牢固，溢出的自粘胶应刮平封口。接缝口用不小于10 mm宽的密封材料封严。

④热风焊接法。热风焊接法是指采用热空气焊枪加热卷材搭接缝进行黏结的方法。

（2）卷材铺贴要点。

①铺贴高聚物改性沥青防水卷材应采用热熔法施工，铺贴合成高分子防水卷材应采用冷粘法施工。

②采用外防外贴法铺贴卷材防水层时，应先铺平面，后铺立面，交接处进

行交叉搭接。

当施工条件受到限制时，可采用外防内贴法铺贴卷材防水层。卷材宜先铺立面，后铺平面。铺贴立面时，应先铺转角，后铺大面。保护层根据卷材特性选用。

③底板垫层混凝土平面部位的卷材宜采用空铺法或点粘法，其他与混凝土结构相接触的部位应采用满粘法；热熔法铺贴卷材时，火焰加热器加热卷材应均匀，不得过分加热或烧穿卷材；厚度小于3 mm的高聚物改性沥青防水卷材，不得采用热熔法施工；冷粘法施工合成高分子卷材时，必须采用与卷材材料性质相容的胶黏剂，并应涂刷均匀；铺贴时应展平压实，卷材与基面和各层卷材间必须黏结紧密；卷材接缝必须粘贴封严，两幅卷材短边和长边的搭接宽度均不应小于100 mm；采用多层卷材时，上下两层和相邻两幅卷材的接缝应错开1/3～1/2幅宽，且两层卷材不得相互垂直铺贴；在立面与平面的转角处，卷材的接缝应留在平面上，距立面不应小于600 mm；阴阳角处找平层应制成圆弧或45°（135°）角，并应增加一层相同的卷材，宽度不宜小于500 mm。

3. 卷材防水施工方法

地下室防水以“外防”为主，“内防”为辅，可采用防水卷材和防水涂料进行防水施工。根据水的侵入方向，地下室卷材防水层的防水做法主要有两种：外防水法和内防水法。把卷材防水层设在建筑结构的外侧，称为外防水；把卷材防水层设在建筑结构的内侧，称为内防水。外防水的防水层在迎水面，受压力水的作用紧压在结构上，防水效果好，而内防水的卷材防水层在结构背面，受压力水的作用容易脱开，对防水不利。因此，一般多采用外防水。

外防水有两种施工方法，即“外防外贴法”和“外防内贴法”。

（1）外防外贴法施工。

外防外贴法是将立面卷材防水层直接铺设在需防水结构的外墙外表面，其施工顺序如下。先浇筑防水结构的底面混凝土垫层，在垫层上砌筑永久性保护墙，墙下干铺一层防水卷材。墙的高度（从底板以上）不小于500 mm。在永久性保护墙上用石灰砂浆接砌临时保护墙，在垫层和永久性保护墙上抹1：3水泥砂浆找平层，转角处抹成圆弧形。在临时保护墙上用石灰砂浆抹找平层，待找平层基本干燥后，再在找平层上满涂冷底子油。在永久保护墙和垫层上应将卷材防水层黏结牢固，在临时保护墙上应将卷材防水层临时贴附，并分层临时固定在保护墙最上端。施工防水结构底板和墙体时，保护墙可作为混凝土墙体一侧的模板，在结构外墙外表面抹1∶3水泥砂浆找平层。在铺贴卷材防水层时，应首先拆除临时保护墙，清除石灰砂浆，将油毡逐层揭开，清除卷材表面浮灰及杂物，再在该区段防水结构外墙外表面上补抹水泥砂浆找平层；在找平层上满涂冷底子油后，将卷材分层错槎搭接向上铺贴。卷材防水层施工完毕，经验收合格后，及时做好防水层的保护措施。

(2) 外防内贴法施工。

外防内贴法是浇筑混凝土垫层后，在垫层上将永久保护墙全部砌好，然后将卷材防水层铺贴在永久保护墙和垫层上。施工顺序如下。

在已施工完毕的混凝土垫层上砌筑永久保护墙，用1∶3水泥砂浆做好垫层及永久保护墙上的找平层。保护墙上干铺油毡一层，找平层干燥后即涂冷底子油，然后铺贴卷材防水层。卷材防水层铺完即应做好保护层，立面抹水泥砂浆，平面抹水泥砂浆或浇一层细石混凝土。最后施工防水结构，使其压紧防水层。

4. 保护层施工

卷材防水层完工并经验收合格后应及时做保护层。所做的保护层应符合下列规定。

①顶板的细石混凝土保护层与防水层之间宜设置隔离层。细石混凝土保护层厚度：机械回填时不宜小于70 mm，人工回填时不宜小于50 mm。

②底板的细石混凝土保护层厚度不应小于50 mm。

③侧墙宜采用软质保护材料或铺抹20 mm厚1∶2.5水泥砂浆。

5. 卷材防水施工质量验收

卷材防水层的施工质量验收，应按铺贴面积每100 m^2抽查1处，每处10 m^2，且不得少于3处。卷材防水层施工质量验收要求见表8.3。

表8.3　卷材防水层施工质量验收要求

检验项目		检验方法
主控项目	卷材防水层所用卷材及其配套材料必须符合设计要求	检查产品合格证、产品性能检测报告和材料进场检验报告

续表

检验项目		检验方法
主控项目	卷材防水层在转角处、变形缝、施工缝、穿墙管等部位做法必须符合设计要求	观察检查和检查隐蔽工程验收记录
一般项目	卷材防水层的搭接缝应粘贴或焊接牢固，密封严密，不得有扭曲、折皱、翘边和起泡等缺陷	观察检查
	采用外防外贴法铺贴卷材防水层时，立面卷材接槎的搭接宽度，高聚物改性沥青类卷材应为150 mm，合成高分子类卷材应为100 mm，且上层卷材应盖过下层卷材	观察和尺量检查
	侧墙卷材防水层的保护层与防水层应结合紧密，保护层厚度应符合设计要求	观察和尺量检查
	卷材搭接宽度的允许偏差应为−10 mm	观察和尺量检查

8.1.3　涂料防水施工

涂料防水就是在需防水结构的混凝土或砂浆基层上涂上一定厚度的合成树脂、合成橡胶，或高聚物改性沥青乳液，经过常温交联固化，或溶剂挥发而形成弹性的连续封闭且具有防水作用的结膜。涂料防水层适用于受侵蚀性介质作用或受振动作用的地下工程，包括无机防水涂料和有机防水涂料。其中有机防水涂料宜用于主体结构的迎水面，无机防水涂料宜用于主体结构的迎水面或背水面。

地下工程中应根据工程特点及功能要求等各方面因素恰当设置涂料防水层，通常将其作为复合防水的一道防水层，以其独有的优点弥补其他防水层的不足，从而获得理想的防水效果。涂料防水层施工具有较大的随意性，无论是形状复杂的基面，还是面积窄小的节点，凡能涂刷到的部位，均可做涂料防水层，这是因为用作防水层的涂料在固化成膜前呈流态、具有塑性的缘故。

1. 基层处理

有机防水涂料基面应保持干燥，当基面较潮湿时，应涂刷湿固化型胶结剂或潮湿界面隔离剂；无机防水涂料施工前，基面应充分润湿，但不得有明水。

2. 涂料防水施工

涂料防水层的施工要求主要包括以下几个方面。

（1）多组分涂料应按配合比准确计量，搅拌均匀，并根据有效时间确定每次配制的用量。

（2）涂料应分层涂刷或喷涂，涂层应均匀，待前遍涂层干燥成膜后进行再次涂刷；每遍涂刷时应交替改变涂层的涂刷方向，同层涂膜的先后搭压宽度宜为30～50 mm。

（3）涂料防水层的甩槎处接缝宽度不应小于100 mm，接涂前应将其甩槎表面处理干净。

（4）采用有机防水涂料时，基层阴阳角处应做成圆弧；在转角处、变形缝、施工缝、穿墙管等部位应增加胎体增强材料和增涂防水涂料，宽度不应小于50 mm。

（5）胎体增强材料的搭接宽度不应小于100 mm，上下两层和相邻两幅胎体的接缝应错开1/3幅宽，且上下两层胎体不得相互垂直铺贴。

3. 保护层施工

涂料防水层完工并经验收合格后应及时做保护层，保护层的施工要求同卷材防水保护层施工。

4. 施工质量验收

涂料防水层分项工程检验批的抽检数量，应按铺贴面积每100 m^2抽查1处，每处10 m^2，且不得少于3处。涂料防水施工质量验收要求见表8.4。

表8.4　涂料防水施工质量验收要求

检验项目		检验方法
主控项目	涂料防水层所用的材料及配合比必须符合设计要求	检查产品合格证、产品性能检测报告、计量措施和材料进场检验报告
	涂料防水层的平均厚度应符合设计要求，最小厚度不得低于设计厚度的90%	用针测法检查
	涂料防水层在转角处、变形缝、施工缝、穿墙管等部位做法必须符合设计要求	观察检查和检查隐蔽工程验收记录

续表

检验项目		检验方法
一般项目	涂料防水层应与基层黏结牢固、涂刷均匀，不得流淌、鼓泡、露槎	观察检查
	涂层间夹铺胎体增强材料时，应使防水涂料浸透胎体、覆盖完全，不得有胎体外露现象	观察检查
	侧墙涂料防水层的保护层与防水层应结合紧密，保护层厚度应符合设计要求	观察检查

8.1.4　水泥砂浆防水层施工

水泥砂浆防水层是一种刚性防水层，它依靠提高砂浆层的密实性来达到防水要求。水泥砂浆防水层应采用聚合物水泥防水砂浆或掺外加剂或掺合料的防水砂浆。应使用硅酸盐水泥、普通硅酸盐水泥或特种水泥，不得使用过期或受潮结块的水泥。砂宜采用中砂，含泥量不应大于1%，硫化物和硫酸盐含量不应大于1%。

在水泥砂浆防水层施工中需要分层铺抹或喷涂，铺抹时应压实、抹平，最后一层表面应提浆压光。防水层各层应紧密结合，每层宜连续施工；必须留设施工缝时，应采用阶梯坡形槎，接槎要依照层次顺序操作，层层搭接紧密，接槎位置均需离开阴角处200 mm。待地面有一定强度后，表面盖麻袋或草袋并经常浇水湿润，养护时间不应少于14 d，此期间不得受静水压力作用。养护环境温度不宜低于5 ℃。

1. 基层处理

(1) 混凝土墙面如有蜂窝及松散的混凝土，应剔除，用水冲净后，用1∶3水泥砂浆抹平或用1∶2干硬性水泥砂浆捻实。表面油污应用10%浓度火碱溶液刷洗干净、用水冲净；混凝土表面应凿毛。

(2) 砖墙抹防水层前，必须在砌砖时随手划砖缝，缝深10～12 mm。穿墙预埋钢管露出基层，在其周围应剔成宽20～30 mm、深50～60 mm的槽，用1∶2干硬性水泥砂浆捻实。穿墙管道应做防水处理，并办好隐检手续。

2. 混凝土墙抹水泥砂浆防水层（五层做法）

(1) 刷水泥素浆。配合比为水泥：水：防水油＝1：0.8：0.025（重量比），

先将水泥与水拌匀，再加入防水油搅拌均匀，再用软毛刷在其表面涂刷均匀，随即抹底层防水砂浆。

(2) 抹底层砂浆。用1：2.5水泥砂浆，加水泥重3%～5%的防水粉，水灰比为0.6～0.65，稠度为7～8 cm，先将防水粉和水泥、砂子拌匀后，再加水拌和；搅匀后进行抹灰操作。底层灰抹灰厚度为5～10 mm，在灰未凝固前用扫帚扫毛。砂浆要随拌随用，从拌和到使用砂浆时间不宜超过60 min，严禁使用过夜砂浆。

(3) 刷水泥素浆。底灰抹完后，常温时隔1 d再刷水泥素浆，配合比及做法与第一层相同。

(4) 抹面层砂浆。刷过素浆后，紧接着抹面层水泥砂浆，配合比同底层砂浆，抹灰厚度为5～10 mm，凝固前应用木抹子搓平、用铁抹子压光。

(5) 刷水泥素浆。面层抹完1 d后刷水泥素浆一道，配合比为水泥：水：防水油＝1：1：0.003（重量比），做法和第一层相同。

(6) 第五层水泥素浆终凝后即可用喷壶进行养护。用普通硅酸盐水泥调制的水泥砂浆防水层养护期为7～10 d，用矿渣硅酸盐水泥调制的，养护期为14～20 d。

3. 砖墙抹水泥砂浆防水层（四层做法）

(1) 基层浇水湿润。抹前一天用水管把砖墙浇透，第二天抹灰时再把砖墙洒水湿润。

(2) 抹底层砂浆。配合比为水泥：砂＝1：2.5，加水泥重3%的防水粉。先用铁抹子薄薄刮一层，然后再用木抹子上砂浆，搓平、压实，使表面顺平，厚6～10 mm。

(3) 抹水泥素浆。底层抹完后1～2 d，将表面洒水湿润，再刮抹水泥防水素浆，掺水泥重3%的防水粉；先将水泥与防水粉拌匀，然后加入适量水搅拌均匀，用铁抹子薄薄刮抹一层，厚度约1 mm。

(4) 抹面层砂浆。抹完水泥素浆后，紧接着抹面层砂浆，配合比与底层相同，先用木抹子搓平，后用铁抹子压实、压光。抹灰厚度为6～8 mm。

（5）刷水泥素浆。面层抹完1 d后，刷水泥素浆，配合比为水泥：水：防水油＝1：1：0.03（重量比），方法是先将水泥与水拌匀后，加入防水油再搅拌均匀，用软毛刷将面层均匀涂刷一遍。

4. 地面（水池底）抹水泥砂浆防水层（五层做法）

（1）清理基层。将基层上松散的混凝土、砂浆等清除、洗净，凸出的鼓包剔除、整平。

（2）刷水泥素浆。配合比为水泥：防水油＝1：0.03（重量比），加适量水拌和成粥状，摊铺在地面（池底）上，用扫帚均匀扫一遍。

（3）抹底层砂浆。底层用1：3水泥砂浆，掺入水泥重3%～5%的防水粉。拌好的砂浆倒在地面（池底）上，用刮杠刮平、木抹子顺平，最后用铁抹子压一遍。

（4）刷水泥素浆。常温时隔1 d后刷水泥素浆一道，配合比为水泥：防水油＝1：0.03（重量比），加适量水。

（5）抹面层砂浆。刷水泥素浆后，紧接着抹面层砂浆，配合比及做法同底层。

（6）刷水泥素浆。面层砂浆初凝后刷最后一遍水泥素浆，厚度不小于1 mm，配合比为水泥：防水油＝1：0.01（重量比），加适量水，压实、压光，至少压两遍。

（7）养护。待地面（池底）有一定强度后，表面用草帘或麻袋覆盖后浇水，使其表面湿润；养护时间视气温而定，一般不少于7 d，矿渣水泥不少于14 d。养护期间不得受静水压力作用；冬期养护环境温度不应低于5 ℃。

5. 抹灰程序、接槎及阴阳角做法

（1）抹灰程序。一般先抹墙面、后抹地面。

（2）槎子不应甩在阴阳角处，各层槎子不得留在一条线上，底层与面层接槎在15～20 cm之间，接槎时要先刷水泥防水素浆。

（3）所有墙的阴角都要做成半径为50 mm的圆角，阳角做成半径为10 mm的圆角。地面上的阴角都要做成半径为50 mm以上的圆角，用阴角抹子压实、压光。

6. 施工质量验收

水泥砂浆防水层的施工质量验收，应按施工面积每100 m^2抽查1处，每处10 m^2，且不得少于3处。水泥砂浆防水层施工质量验收要求见表8.5。

表8.5　水泥砂浆防水层施工质量验收要求

检验项目		检验方法
主控项目	防水砂浆的原材料及配合比必须符合设计规定	检查产品合格证、产品性能检测报告、计量措施和材料进场检验报告
	防水砂浆的黏结强度和抗渗性能必须符合设计规定	检查砂浆黏结强度、抗渗性能检测报告
	水泥砂浆防水层与基层之间应结合牢固，无空鼓现象	观察和用小锤轻击检查
一般项目	水泥砂浆防水层表面应密实、平整，不得有裂纹、起砂、麻面等缺陷	观察检查
	水泥砂浆防水层施工缝留槎位置应正确，接槎应按层次顺序操作，层层搭接紧密	观察检查和检查隐蔽工程验收记录
	水泥砂浆防水层的平均厚度应符合设计要求，最小厚度不得小于设计值的85%	用针测法检查
	水泥砂浆防水层表面平整度的允许偏差应为5 mm	用2 m靠尺和楔形塞尺检查

8.1.5　地下防水工程施工质量问题处理

1. 防水混凝土施工缝渗漏水

（1）现象。

施工缝处混凝土松散，骨料集中，接槎明显，沿缝隙处出现渗漏水。

（2）原因分析。

①施工缝留设位置不当。

②在支模和绑钢筋的过程中，没有及时对掉入缝内的杂物进行清除，浇筑上层混凝土后，在新旧混凝土之间形成夹层。

③在浇筑上层混凝土时，未按规定处理施工缝，从而导致上、下层混凝土

不能牢固黏结。

④钢筋过密，内、外模板距离狭窄，混凝土浇捣困难，施工质量不易保证。

⑤下料方法不当，骨料集中于施工缝处。

⑥浇筑地面混凝土时，因工序衔接等原因造成新旧接槎部位产生收缩裂缝。

(3) 治理。

①根据渗漏、水压大小情况，采用促凝胶浆或氰凝灌浆堵漏。

②不渗漏的施工缝，可沿缝剔成“八”字形凹槽，剔除松散石子，刷洗干净，用水泥素浆打底，抹1：2.5水泥砂浆找平压实。

2. 防水混凝土裂缝渗漏水

(1) 现象。

混凝土表面有不规则的收缩裂缝，且贯通于混凝土结构，有渗漏水现象。

(2) 原因分析。

①混凝土搅拌不均匀，或水泥品种混用，导致收缩不一致而产生裂缝。

②设计中，对土的侧压力及水压作用考虑不周，结构缺乏足够的刚度。

③由于设计或施工等原因产生局部断裂或环形裂缝。

(3) 治理。

①采用促凝胶浆或氰凝灌浆堵漏。

②不渗漏的裂缝，可用灰浆或用水泥压浆法处理。

③对于结构所出现的环形裂缝，可采用埋入式橡胶止水带、后埋式止水带、粘贴式氯丁胶片以及涂刷式氯丁胶片等方法进行处理。

3. 管道穿墙（地）部位渗漏水

(1) 现象。

常温管道、热力管道以及电缆等穿墙（地）时与混凝土脱离，产生裂缝漏水。

(2) 原因分析。

①穿墙（地）管道周围的混凝土浇筑困难，振捣不密实。

②没有认真清除穿墙（地）管道表面锈蚀层，致使穿墙（地）管道与混凝土黏结不严密。

③穿墙（地）管道接头不严或使用有缝管，水渗入管内后，又从管内流出。

④在施工或使用中，穿墙（地）管道受振松动，与混凝土间产生缝隙。

⑤热力管道穿墙部位构造处理不当，致使管道在温差作用下往返伸缩变形而与结构脱离，产生裂缝。

（3）治理。

①水压较小的常温管道穿墙（地）渗漏水可采用直接堵漏法处理：沿裂缝剔成“八”字形边坡沟槽，采用水泥胶浆将沟槽挤压密实，达到强度后，表面做防水层。

②水压较大的常温管道穿墙（地）渗漏水可采用下线堵漏法处理：沿裂缝剔成“八”字形边坡沟槽，挤压水泥胶浆同时留设线孔或钉孔，使漏水顺孔眼流出。经检查无渗漏后，沿沟槽涂抹素浆、砂浆各一道。待其达到强度要求后再按方式“①”堵塞漏水孔眼，最后再为整条裂缝做好防水层。

③热力管道穿内墙部位出现渗漏水时，可将穿管孔眼剔大，通过埋设预制半圆混凝土套管进行处理。

④热力管道穿外墙部位出现渗漏水，修复时需将地下水位降至管道标高以下，用设置橡胶止水套的方法处理。

8.2 屋面防水工程施工

屋面防水工程一般包括屋面卷材防水、屋面涂膜防水、屋面刚性防水、瓦屋面防水、屋面接缝密封防水。屋面防水层严禁在雨天、雪天和五级及以上大风时施工。其施工的环境、气温条件要求应与所使用的防水层材料及施工方法相适应。下面主要介绍屋面卷材防水施工、屋面涂膜防水施工、屋面刚性防水施工和屋面防水工程施工质量问题处理。

8.2.1 屋面卷材防水施工

卷材防水屋面是指采用黏结胶粘贴卷材或采用带底面黏结胶的卷材进行热熔或冷粘贴于屋面基层进行防水的屋面，其典型构造如图 8.1 所示，施工时以设计为施工依据。

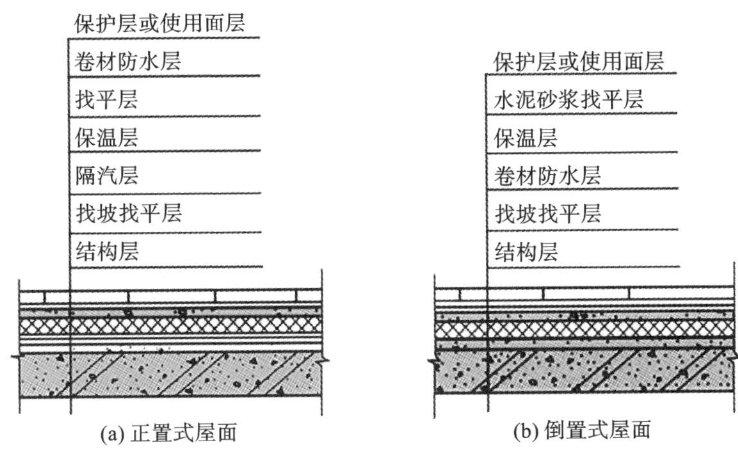

图8.1　卷材防水屋面构造层次示意图

1. 基层（找平层）处理

防水层的基层是防水层卷材直接依附的一个层次，一般是指结构层上或保温层上的找平层。为了保证防水层受基层变形影响小，基层应有足够的刚度和强度。目前，作为防水层基层的找平层可采用水泥砂浆、细石混凝土。

找平层的排水坡度应符合设计要求。平屋面采用结构找坡不应小于3%，采用材料找坡宜为2%；天沟、檐沟纵向找坡不应小于1%，沟底水落差不得超过200 mm。

基层与凸出屋面结构（女儿墙、山墙、天窗壁、变形缝、烟囱等）的交接处和基层的转角处，找平层均应做成圆弧形。圆弧半径：高聚物改性沥青卷材为50 mm；合成高分子卷材为20 mm。为了避免或减少找平层开裂，找平层宜设分格缝，缝宽5～20 mm，并嵌填密封材料。分格缝应留设在板端缝处，其纵、横缝的最大间距为6 m。找平层表面要二次压光，充分养护，使表面平整、坚固、不起砂、不起皮、不疏松、不开裂，并做到表面干净、干燥。

基层处理剂是为了增强防水材料与基层之间的黏结力，在防水层施工之前，预先涂刷在基层上的涂料。基层处理剂的选用要与卷材的材料性能相容，基层处理剂可以采用喷涂、刷涂施工。喷涂、刷涂应均匀，待第一遍干燥后再进行第二遍喷涂与刷涂，等最后一遍基层处理剂干燥后，才能铺贴卷材。

2. 隔汽层施工

隔汽层设置在结构层和保温层之间，应选用气密性、水密性好的材料；在屋面与墙的连接处，隔汽层应沿墙面向上连续铺设，高出保温层上表面不得小于150 mm。隔汽层采用卷材时宜空铺，卷材搭接缝应满粘，其搭接宽度不应小于80 mm；隔汽层采用涂料时，应涂刷均匀。

3. 保温层施工

根据所使用的材料，保温层可分为松散保温层、板状保温层和整体保温层。

（1）松散保温层施工。

施工前，应对松散保温材料的粒径、堆积密度、含水率等抽样复查，当其符合设计要求时方可使用。施工时，松散保温材料应分层铺设，每层虚铺厚度应不大于150 mm，且边铺边压实，压实后不得直接在保温层上行车或堆放重物。保温层施工完成后应及时铺抹找平层。铺抹找平层时，可在松散保温层上铺一层塑料薄膜等隔水物，以阻止找平层砂浆中的水分被保温材料吸收。

（2）板状保温层施工。

板状保温层采用干铺法施工时，保温材料应紧靠在基层表面铺平、垫稳，分层铺设的板块上下层接缝应相互错开，板间缝隙应采用同类材料的碎屑嵌填密实。采用粘贴法施工时，胶黏剂应与保温材料的材性相容，并应贴严、粘牢；板状材料保温层的平面接缝应挤紧拼严，不得在板块侧面涂抹胶黏剂，超过2 mm的缝隙应采用相同材料板条或片填塞严实。采用机械固定法施工时，应选择专用螺钉和垫片；固定件与结构层之间应连接牢固。

（3）整体保温层施工。

整体保温层施工常用的材料有膨胀珍珠岩、膨胀蛭石及硬泡聚氨酯等。水泥膨胀珍珠岩、水泥膨胀蛭石宜人工搅拌，随拌随铺，铺后压实抹平至设计厚度，压实抹平后应立即抹找平层。沥青膨胀珍珠岩、沥青膨胀蛭石宜机械搅拌，拌至色泽一致、无沥青团，沥青的加热温度不高于240 ℃，使用温度不低于190 ℃，膨胀珍珠岩、膨胀蛭石的预热温度为100～120 ℃。硬泡聚氨酯现浇喷涂施工时，气温应为15～35 ℃，风速不要超过5 m/s，相对湿度应小于85%，否则会影响硬泡聚氨酯质量。

4. 卷材铺贴

（1）卷材的铺贴方向。

卷材铺贴的方向应根据屋面坡度或屋面是否受振动来确定。当屋面坡

度小于3%时，卷材宜平行于屋脊铺贴；屋面坡度在3%～15%之间时，卷材可平行或垂直于屋脊铺贴；屋面坡度大于15%或屋面受振动时，沥青防水卷材应垂直于屋脊铺贴，高聚物改性沥青防水卷材和合成高分子防水卷材可平行或垂直于屋脊铺贴。在叠层铺贴油毡时，上下层油毡不得互相垂直铺贴。

（2）卷材的铺贴方法。

卷材防水层上有重物覆盖或基层变形较大时，应优先采用空铺法、条粘法或点粘法，但距屋面周边800 mm内以及叠层铺贴的各层卷材之间应满粘；防水层采取满粘法施工时，找平层的分格缝处宜空铺，空铺的宽度宜为100 mm；在坡度大于25%的屋面上采用卷材作为防水层时，应采取防止卷材下滑的固定措施。

空铺法：铺贴卷材防水层时，卷材与基层仅在四周一定宽度内黏结，其余部分采取不黏结的施工方法。

条粘法：铺贴卷材时，卷材与基层黏结面不少于两条，每条宽度不小于150 mm。

点粘法：铺贴卷材时，卷材或打孔卷材与基层采用点状黏结的施工方法，每平方米黏结不少于5点，每点面积为100 mm×100 mm。

（3）卷材的铺贴顺序。

防水施工时，应先做好节点、附加层和屋面排水比较集中部位（如屋面与水落口连接处、檐口、天沟、檐沟、屋面转角处、板端缝等）的处理，然后由屋面最低标高处向上施工。铺贴天沟、檐沟卷材时，宜顺天沟、檐口方向，减少搭接。铺贴多跨和有高低跨的屋面时，应按先高后低、先远后近的顺序进行。等高的大面积屋面，先铺贴离上料地点较远的部位，后铺贴较近的部位。划分施工段施工时，其界限宜设在屋脊、天沟、变形缝等处。

（4）卷材搭接。

铺贴卷材应采用搭接法，平行于屋脊的搭接缝应顺水流方向搭接，垂直于屋脊的搭接缝应顺年最大频率风向（主导风向）搭接。

叠层铺贴的各层卷材，在天沟与屋面的交接处，应采用叉接法搭接；搭接缝宜留在屋面或天沟侧面，不宜留在沟底。上下层及相邻两幅卷材的搭接缝应错开，各种卷材的搭接宽度应符合表8.6的要求。

表8.6 卷材搭接宽度

卷材类别		搭接宽度/mm
合成高分子防水卷材	胶黏剂	80
	胶黏带	50
	单缝焊	60，有效焊接宽度不小于25
	双缝焊	80，有效焊接宽度（10×2+空腔宽）
高聚物改性沥青防水卷材	胶黏剂	100
	自粘	80

（5）卷材收头。

天沟、檐沟、檐口、泛水和立面卷材收头的端部应裁齐，塞入预留凹槽内，用金属压条钉压固定，最大钉距不应大于900 mm，并用密封材料嵌填封严。

5. 蓄水试验

蓄水的高度根据工程而定，在屋面重量不超过荷载的情况下，应尽可能使水没过屋面、蓄水24 h以上，屋面无渗漏为合格。对有坡度的屋面应做淋水试验，时间不少于2 h，屋面无渗漏为合格。屋面卷材防水层施工完毕，经蓄水试验合格后应立即进行保护层施工。

6. 保护层施工

防水层上的保护层施工，应待卷材铺贴完成或涂料固化成膜，并经检验合格后进行。常用的保护层做法有以下几种。

（1）块体材料保护层。

用块体材料做保护层时，宜设置分格缝，分格缝纵横间距不应大于10 m，分格缝宽度宜为20 mm。

块体材料保护层的结合层可采用砂或水泥砂浆。在砂结合层上铺设块体时，砂层应洒水压实、刮平，块体间应预留10 mm的缝隙，缝内应填砂，并应用1∶2水泥砂浆勾缝，为防止砂子流失，在保护层四周500 mm范围内，应改用低强度等级水泥砂浆做结合层。在水泥砂浆结合层上铺设块体时，应先在防水层上做隔离层，块体间应预留10 mm的缝隙，缝内应用1∶2水泥砂浆勾缝。上人屋面的预制块体保护层，块体材料应按照楼地面工程质量要求选用，

结合层应选用1：2水泥砂浆。

（2）水泥砂浆及细石混凝土保护层。

水泥砂浆及细石混凝土保护层铺设前，应在防水层上做隔离层，并按设计要求支设好分格缝模板，也可以全部浇筑硬化后用锯切割出混凝土缝。水泥砂浆及细石混凝土表面应抹平压光，不得有裂纹、脱皮、麻面、起砂等缺陷。

用水泥砂浆做保护层时，表面应抹平压光，并设表面分格缝，分格面积宜为1 m^2。用细石混凝土做保护层时，混凝土应振捣密实，表面应抹平压光，分格缝纵横间距不应大于6 m，分格缝的宽度宜为10～20 mm。一个分格内的混凝土应连续浇筑，不留施工缝，当施工间隙超过时间规定时，应对接槎进行处理。振捣宜采用铁辊滚压或人工拍实，以防破坏防水层。拍实后随即用刮尺按排水坡度刮平，初凝前用木抹子提浆抹平，初凝后及时取出分格缝模板，终凝前用铁抹子压光。细石混凝土保护层浇筑后应及时进行养护，养护时间不应少于7 d。养护期满即将分格缝清理干净，待干燥后嵌填密封材料。

7. 质量验收

卷材防水施工质量验收要求见表8.7。

表8.7　卷材防水施工质量验收要求

检验项目		检验方法
主控项目	防水卷材及其配套材料的质量，应符合设计要求	检查出厂合格证、质量检验报告和进场检验报告
	卷材防水层不得有渗漏和积水现象	雨后观察或淋水、蓄水试验
	卷材防水层在檐沟、檐口、天沟、水落口、泛水、变形缝和伸出屋面管道的防水构造，应符合设计要求	观察检查
一般项目	卷材的搭接缝应黏结或焊接牢固，密封应严密，不得有扭曲、折皱和翘边等缺陷	观察检查
	卷材防水层的收头应与基层黏结，钉压应牢固，密封应严密	观察检查
	卷材防水层的铺贴方向应正确，卷材搭接宽度的允许偏差为－10 mm	观察和尺量检查

续表

检验项目		检验方法
一般项目	屋面排气构造的排气道应纵横贯通，不得堵塞；排气管应安装牢固，位置应正确，封闭应严密	观察检查

8.2.2 屋面涂膜防水施工

涂膜防水屋面是在屋面基层上涂刷防水涂料，经固化后形成一层有一定厚度和弹性的整体涂膜，从而达到防水目的的一种防水屋面形式。

1. 基层处理

涂膜防水施工的基层处理主要是指涂膜防水找平层的处理。涂膜防水层的找平层宜设宽20 mm的分格缝，并嵌填密封材料。分格缝应留设在板端缝处，其纵、横缝的最大间距为：水泥砂浆或细石混凝土找平层，不宜大于6 m；沥青砂浆找平层，不宜大于4 m。基层转角处应抹成圆弧形，其半径不小于50 mm。要严格要求平整度，以保证涂膜防水层的厚度，保证和提高涂膜防水层的防水可靠性和耐久性。涂膜防水层是满粘于找平层的，所以找平层开裂（强度不足）易引起防水层的开裂，因此涂膜防水层的找平层应有足够的强度，尽可能避免裂缝的产生，出现裂缝应进行修补。涂膜防水层的找平层宜采用掺膨胀剂的细石混凝土，强度等级不低于C20，厚度不小于30 mm，一般为40 mm。

屋面基层的干燥程度，应视所选用的涂料特性而定。当采用溶剂型、热熔型改性沥青防水涂料时，屋面基层应干燥、干净，无空隙、起砂和裂缝。

2. 涂布防水涂料及铺贴胎体增强材料

防水涂膜应分遍涂布，不得一次涂成，应待先涂布的涂料干燥成膜后，方可涂布后一遍涂料，且前后两遍涂料的涂布方向应相互垂直，总厚度应达到设计要求，涂层的厚度应均匀平整。涂膜施工应先做好节点处理，然后再大面积涂布。涂层间可夹铺胎体增强材料，铺设胎体增强材料时，若屋面坡度小于15%，可平行于屋脊铺设；若屋面坡度大于15%，应垂直于屋脊铺设，并由屋面最低处向上进行。胎体增强材料长边搭接宽度不得小于50 mm，短边搭接宽度不得小于70 mm。采用两层胎体增强材料时，由于胎体增强材料的纵向和横向延伸率不同，因此上下层胎体应同方向铺设，使两层胎体增强材料有一致

的延伸性。上下层的搭接缝还应错开，其间距不得小于1/3幅宽，以避免产生重缝。

胎体材料应铺平并排除气泡，且与涂料黏结牢固，涂料应浸透胎体，最上面的涂层厚度不应小于1.0 mm。涂膜防水层的收头，应用防水涂料多遍涂刷或用密封材料封严。施工完毕后，应做屋面保护层。

3. 保护层施工

涂膜防水屋面应设置保护层。保护层材料可采用细砂、云母、蛭石、浅色涂料、水泥砂浆、块体材料或细石混凝土等。采用水泥砂浆、块体材料或细石混凝土时，应在涂膜与保护层之间设置隔离层。采用混凝土保护层，应在3 d后浇捣强度等级不小于C20的细石混凝土。以水泥砂浆作保护层，应在做最后一道防水层后，即撒上洁净的干燥中粗砂粒，3 d后再抹1∶2.5（重量比）的水泥砂浆，水泥砂浆保护层厚度不宜小于20 mm。当用细砂、云母、蛭石时，应在最后一遍涂刷后随即撒上，并用扫帚清扫均匀，轻拍粘牢。当用浅色涂料作保护层时，应在涂膜固化后进行。

4. 施工质量验收

涂膜防水施工质量验收要求见表8.8。

表8.8　涂膜防水施工质量验收要求

检验项目		检验方法
主控项目	防水涂料和胎体增强材料的质量，应符合设计要求	检查出厂合格证、质量检验报告和进场检验报告
	涂膜防水层不得有渗漏或积水现象	雨后观察或淋水、蓄水检验
	涂膜防水层在檐沟、檐口、天沟、水落口、泛水、变形缝和伸出屋面管道的防水构造，应符合设计要求	观察检查
	涂膜防水层的平均厚度应符合设计要求，且最小厚度不得小于设计厚度的80%	针测法或取样量测
一般项目	涂膜防水层与基层应黏结牢固，表面应平整，涂刷应均匀，不得有流淌、折皱、起泡和露胎体等缺陷	观察检查
	涂膜防水层的收头应用防水涂料多遍涂刷	观察检查

续表

检验项目		检验方法
一般项目	铺贴胎体增强材料应平整顺直，搭接尺寸应准确，应排除气泡，并应与涂料黏结牢固；胎体增强材料搭接宽度的允许偏差为－10 mm	观察和尺量检查

8.2.3　屋面刚性防水施工

刚性防水屋面多以细石混凝土、块体材料或补偿收缩混凝土等材料做防水层，主要依靠混凝土自身的密实性，并采取一定的构造措施以达到防水目的。

刚性防水屋面的构造层次如图8.2所示。下面以细石混凝土防水层为例进行介绍。

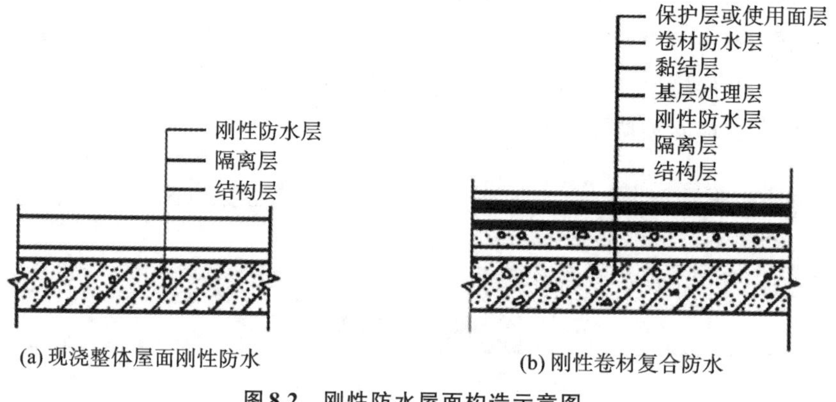

(a) 现浇整体屋面刚性防水　　(b) 刚性卷材复合防水

图8.2　刚性防水屋面构造示意图

（1）设置分格缝。为防止防水层由于温度变化等影响产生裂缝，对防水层必须设置分格缝。分格缝的位置应按设计要求而定，一般应留在结构应力变化较大部位。分格缝处应有防水措施。

（2）设置隔离层。为减少结构变形对防水层的不利影响，宜在防水层与基层间设置隔离层。

（3）混凝土浇筑。浇筑混凝土时必须保证钢筋不错位。分格板块内的混凝土应一次整体浇筑，不留施工缝。从搅拌至浇筑完成应控制在2 h以内。

（4）振捣。用平板振捣器振捣至表面泛浆为度，在分格缝处，应在两侧同时浇筑混凝土后再振，以免模板移位。浇筑中用2 m靠尺检查，混凝土表面应刮平、抹压。

（5）表面处理。表面刮平，用铁抹子压光、压实，达到平整并符合排水坡要求。抹压时严禁在表面洒水、加水泥浆或撒干水泥。当混凝土初凝后，提出分格缝模板并修整。混凝土收水后应进行二次表面压光，或在终凝前3次压光成活。

（6）养护。混凝土浇筑12～24 h后应进行养护，养护时间不应少于14 d。养护方法采用淋水，覆盖砂、锯末、草帘或涂刷养护剂等。养护初期屋面不允许上人。

8.2.4　屋面防水工程施工质量问题处理

1. 卷材屋面开裂

（1）现象。

卷材屋面开裂一般有两种情况。一种是装配式结构屋面上出现的有规则横向裂缝。当屋面无保温层时，这种横向裂缝往往是通长和笔直的，位置正对屋面板支座的上端；当屋面有保温层时，裂缝往往是断续的、弯曲的，位于屋面板支座两边10～50 cm的范围内。这种有规则裂缝一般在屋面完成后1～4年的冬季出现，开始细如发丝，以后逐渐加剧，一直发展到1～2 mm甚至更宽。另一种是无规则裂缝，其位置、形状、长度各不相同，出现的时间也无规律，一般贴补后不再裂开。

（2）原因分析。

①产生有规则横向裂缝的主要原因是温度变化，屋面板产生胀缩，引起板端角度变化。此外，卷材质量差、老化或在低温条件下产生冷脆，降低了其韧性和延伸度等也会导致产生横向裂缝。

②产生无规则裂缝的原因是卷材搭接长度太小，卷材收缩后接头开裂、翘起，卷材老化龟裂、鼓泡破裂或外伤等。此外，找平层的分格缝设置不当或处理不好，以及水泥砂浆不规则开裂等，也会引起卷材的无规则开裂。

（3）治理。

对于基层未开裂的无规则裂缝（老化龟裂除外），一般在开裂处补贴卷材即可。有规则横向裂缝在屋面完工后的几年内，正处于发生和发展阶段，只有逐年治理方能收效。治理方法如下。

①用盖缝条补缝。

盖缝条用卷材或镀锌薄钢板制成。补缝时，按修补范围清理屋面，在裂缝处先嵌入防水油膏或浇灌热沥青。卷材盖缝条应用玛蹄脂粘贴，周边要压实刮平。镀锌薄钢板盖缝条应用钉子钉在找平层上，其间距为200 mm左右，两边再附贴一层宽200 mm的卷材条。用盖缝条补缝，能适应屋面基层伸缩变形，避免防水层被拉裂，但盖缝条易被踩坏，故不适用于积灰严重、扫灰频繁的屋面。

②用干铺卷材作延伸层。

在裂缝处干铺一层250～400 mm宽的卷材条作延伸层。干铺卷材的两侧20 mm处应用玛蹄脂粘贴。

③用防水油膏补缝。

补缝用的油膏，目前采用的有聚氯乙烯胶泥和焦油麻丝两种。用聚氯乙烯胶泥时，应先切除裂缝两边各宽50 mm的卷材和找平层，保证深度为30 mm。然后清理基层，热灌胶泥至高出屋面5 mm以上。用焦油麻丝嵌缝时，先清理裂缝两边各宽50 mm的绿豆砂保护层，再灌上油膏即可。油膏配合比（质量比）为焦油：麻丝：滑石粉=100：15：60。

2. 卷材屋面流淌

（1）现象。

①严重流淌。

流淌面积占屋面50%以上，大部分流淌距离超过卷材搭接长度。卷材大多折皱成团，垂直面卷材拉开脱空，卷材横向搭接有严重错动。在一些脱空和拉断处，产生漏水。

②中等流淌。

流淌面积占屋面20%～50%，大部分流淌距离在卷材搭接长度范围之内，屋面有轻微折皱，垂直面卷材被拉开100 mm左右，只有天沟卷材耸肩脱空。

③轻微流淌。

流淌面积占屋面20%以下，流淌长度仅2～3 cm，在屋架端坡处有轻微折皱。

（2）原因分析。

①胶结料耐热度偏低。

②胶结料黏结层过厚。

③屋面坡度过陡，而采用平行于屋脊的方式铺贴卷材；或采用垂直于屋脊的方式铺贴卷材，在半坡进行短边搭接。

（3）治理。

严重流淌的卷材防水层可考虑拆除重铺。轻微流淌如不发生渗漏，一般可不予治理。中等流淌可采用下列方法治理。

①切割法。

对于天沟卷材耷肩脱空等部位，可先清除保护层，切开将脱空的卷材，刮除卷材底下积存的旧胶结料，待内部冷凝水晒干后，将下部已脱开的卷材用胶结料粘贴好，加铺一层卷材，再将上部卷材盖上。

②局部切除重铺法。

对于天沟处折皱成团的卷材，先予以切除，仅保留原有卷材较为平整的部分，使之沿天沟纵向呈直线（也可用喷灯烘烤胶结料后，将卷材剥离）；新旧卷材的搭接应按接槎法或搭槎法进行。

a. 接槎法。先将旧卷材槎口切齐，并铲除槎口边缘200 mm处的保护层。新旧卷材按槎口分层对接，最后将表面一层新卷材搭入旧卷材150 mm并压平，上做“一油一砂”（此法一般用于治理天窗泛水和山墙泛水处）。

b. 搭槎法。将旧卷材切成台阶形槎口，每阶宽度大于80 mm。用喷灯将旧胶结料烤软后，分层掀起80～150 mm，除净旧胶结料，晒干卷材下面的水汽。最后把新铺卷材分层压入旧卷材下面（此法多用于治理天沟处）。

③钉钉子法。

当施工后不久，卷材有下滑趋势时，可在卷材的上部离屋脊300～450 mm范围内钉三排50 mm长圆钉，钉眼上灌胶结料。卷材流淌后，横向搭接若有错动，应清除边缘翘起处的旧胶结料，重新浇灌胶结料，并压实刮平。

3. 卷材屋面起鼓

（1）现象。

卷材起鼓一般在施工后不久产生。在高温季节，有时上午施工下午就起鼓。鼓泡一般由小到大，逐渐发展，大的直径可达200～300 mm，小的直径为数十毫米，大小鼓泡还可能成片串连。起鼓一般从底层卷材开始，其内还有冷凝水珠。

（2）原因分析。

在卷材防水层中黏结不实的部位，窝有水分和气体；当其受到太阳照射或人工热源影响后，体积膨胀，造成鼓泡。

（3）治理。

①直径在100 mm以下的中、小鼓泡可用抽气灌胶法治理，并压上几块砖，几天后再将砖移去即可。

②直径为100～300 mm的鼓泡可先铲除鼓泡处的保护层，再用刀将鼓泡按斜十字形割开，放出鼓泡内气体，擦干，清除旧胶结料，用喷灯把卷材内部吹干；随后按顺序把旧卷材分片重新粘贴好，再新贴一块方形卷材（其边长比开刀范围大100 mm），压入旧卷材下；最后，粘贴覆盖好卷材，四边搭接好，并重做保护层。上述分片铺贴顺序是按屋面流水方向先下再左右后上。

③当屋面空鼓面积较大时，则需将卷材全部铲除翻新，重做防水层。

4. 山墙、女儿墙部位漏水

（1）现象。

在山墙、女儿墙部位漏水。

（2）原因分析。

①卷材收口处张口，固定不牢；封口砂浆开裂、剥落，压条脱落。

②压顶板滴水线破损，雨水沿墙浸入卷材。

③山墙或女儿墙与屋面板缺乏牢固拉结，转角处没有做成钝角，垂直面卷材与屋面卷材没有分层搭槎，基层松动（如墙外倾或不均匀沉陷）。

④垂直面保护层因施工困难而被省略。

（3）治理。

①清除卷材张口脱落处的旧胶结料，烤干基层，重新钉上压条，将旧卷材贴紧钉牢，再覆盖一层新卷材，收口处用防水油膏封口。

②凿除开裂和剥落的压顶砂浆，重抹1:（2～2.5）水泥砂浆，并做好滴水线。

③将转角处开裂的卷材割开，旧卷材烘烤后分层剥离，清除旧胶结料，将新卷材分层压入旧卷材下，并搭接粘贴牢固。再在裂缝表面增加一层卷材，四周粘贴牢固。

第9章　建筑电气工程施工

9.1　变配电设备安装

9.1.1　变压器的安装

变压器是用来改变交流电压大小的一种重要的电气设备，其在电力系统和供电系统中占有很重要的地位。电力变压器有多种类型，各有各的安装要求。目前，10 kV配电用得比较多的还是油浸式变压器，但进入高层、大型民用建筑内配电变压器要求采用干式变压器，而一些规划小区或设置专用变配电所不便的，则选用箱式变电站。

1. 安装前的准备

（1）确保安装人员具备足够的专业技能，能够胜任安装工作。在这时需要对工作人员进行专业知识考核，确保具体工作人员对安装的变压器型号和操作方法足够熟练。不合格的工作人员需要在这一步中更换。此外，还需要为工作人员制定合理的工作计划，保证其能有较好的工作状态。

（2）需要确定设备的包装完好，并确认设备型号与设计要求相符。在这时主要检查的是包装是否有任何的缺漏，如果包装破损需要及时填写退货单并说明原因。如果包装符合设计标准就可签字并进行开箱检查，检查设备铭牌与设计和外包装是否一致，设备的附件和备件是否与设计相同，并且查看相应文件是否齐全。

（3）做好设备点件工作。设备点件工作需要在开箱后较快进行，其中需要安装方、供货方以及施工方代表同时参与。这个准备工作的内容主要是确认附件的齐全以及没有丢失和损坏的情况，确保变压器及其附件的质量合格，最后做好相应记录。

（4）做好对安装工具的点件准备工作和保养准备工作。这个工作能够保证变压器安装过程更加顺利。

2.变压器安装工艺

变压器安装工艺流程如图9.1所示。

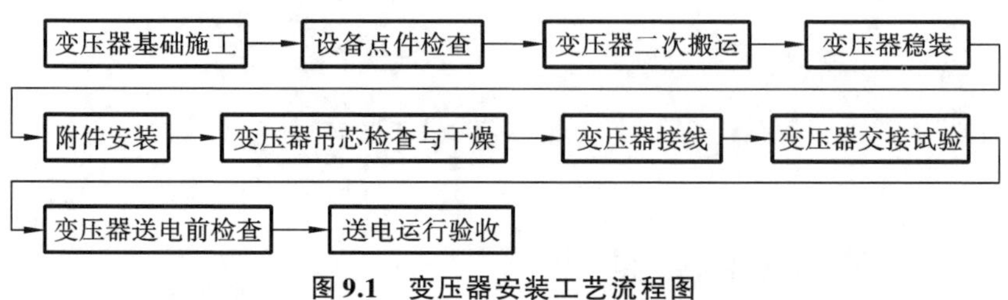

图9.1　变压器安装工艺流程图

（1）变压器基础施工。

在将变压器运到安装地点前，应完成变压器安装基础墩的施工。变压器基础墩一般采用砖块砌筑而成，基础墩的强度和尺寸应根据变压器的质量和有关尺寸而定。有防护罩的变压器还需配备金属支座，变压器、防护罩均可通过金属支座可靠接地。通常采用40 mm×40 mm×4 mm的镀锌扁钢将接地线与就近接地网用电焊焊接。

（2）设备点件检查。

①设备点件检查应由安装单位、供货单位、建设单位三方代表共同进行，并做好记录。

②按照设备清单、施工图纸及设备技术文件核对变压器本体和附件备件的规格型号是否符合设计要求，是否齐全，有无丢失及损坏。

③检查变压器本体外观有无损伤及变形，油漆是否完好、无损伤。

④油箱封闭是否良好，有无漏油、渗油现象，油标处油面是否正常，发现问题应立即处理。绝缘瓷件和环氧树脂铸件有无损伤、缺陷及裂纹。

（3）变压器的搬运。

10 kV配电变压器单台容量多为1000 kV•A左右，质量较轻，均为整体运输、整体安装。因此施工现场对这种小型变压器的搬运，均采用起重运输机械，其注意事项如下。

①小型变压器一般均采用吊车装卸。在起吊时，应使用油箱壁上的吊耳，严禁使用油箱顶盖上的吊环。吊钩应对准变压器中心，吊索与铅垂线的夹角不得大于30°，若不能满足，应采用专用横梁挂吊。

②当变压器吊起约30 mm时，应停车检查各部分是否有问题，变压器是否平衡等，若不平衡，应重新找正。确认各处无异常，即可继续起吊。

③变压器装到拖车上时，其底部应垫以方木，且应用绳索将变压器固定，防止运输过程中发生滑动或倾倒。

④在运输过程中车速不可太快，特别是上、下坡和转弯时，车速应放慢，一般为10～15 km/h，以防因剧烈冲击和严重振动而损坏变压器内部绝缘构件。

⑤变压器短距离搬运可利用底座滚轮在搬运轨道上牵引，前进速度不应超过0.2 km/h。牵引的着力点应在变压器重心以下。

（4）变压器稳装。

变压器就位可用汽车吊直接甩进变压器室内，或用道木搭设临时轨道，用三步搭、吊链吊至临时轨道上，然后用吊链拉入室内合适位置。变压器就位时，其方位和距墙尺寸应与图纸相符，允许误差为±25 mm。图纸若无标注，纵向按轨道定位，横向距离不得小于800 mm，距门不得小于1000 mm，并适当注意屋内吊环的垂线位于变压器中心，以便于吊芯，干式变压器安装图纸若无注明，安装、维修最小环境距离应符合图9.2和表9.1的要求。

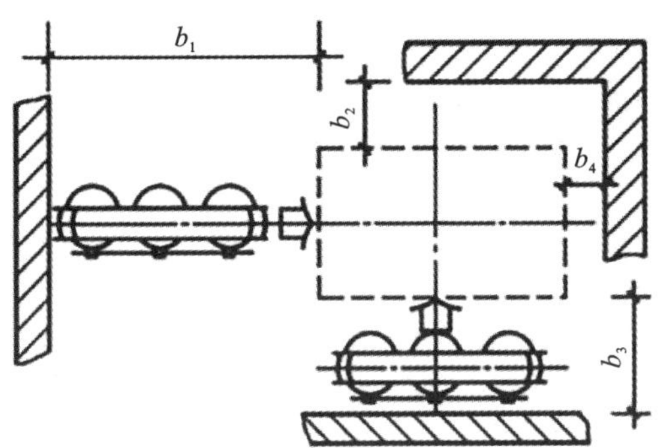

图9.2　安装、维修最小环境距离示意图

表9.1　安装、维修最小环境距离

部位	周围条件	最小距离/mm
b_1	有导轨	2600
	无导轨	2000
b_2	有导轨	2200
	无导轨	1200
b_3	距墙	1100
b_4	距墙	600

变压器基础的轨道应保持水平，轨距与轮距相配合，装有气体继电器的变压器，应使其顶盖沿气体继电器气流方向有1%～1.5%的升高坡度（制造厂规定不需安装坡度者除外）。变压器宽面推进时，低压侧应向外；窄面推进时，油枕侧一般应向外。在装有开关的情况下，操作方向应留有1200 mm以上的宽度。油浸变压器的安装，应考虑能在带电的情况下，便于检查油枕和套管中的油位、上层油温、瓦斯继电器等。装有滚轮的变压器，滚轮应能转动灵活，变压器就位后，应将滚轮用能拆卸的制动装置加以固定。变压器的安装应采取抗地震措施。

（5）附件安装。

①气体继电器安装。

气体继电器安装前应进行检验鉴定。气体继电器应水平安装，在便于检查的一侧安装观察窗，箭头方向应指向油枕，与连通管的连接应密封良好。截油阀应位于油枕和气体继电器之间。打开放气嘴，放出空气，直到有油溢出时方可将放气嘴关上，避免有空气致使继电保护器误动作。当操作电源为直流电时，必须将电源正极接到水银侧的接点上，避免接点断开时产生飞弧。安装事故喷油管时，应注意到事故排油时不致危及其他电器设备；喷油管口应替换为割划有“十”字线的玻璃，以便发生故障时气流能顺利冲破玻璃。

②防潮呼吸器的安装。

安装防潮呼吸器前，应检查硅胶是否失效，如已失效，需在115～120 ℃温度下烘烤8 h，使其复原或更新。浅蓝色硅胶变为浅红色，即表示已经失效；白色硅胶，不加鉴定一律烘烤。安装防潮呼吸器时，必须将呼吸器盖子上橡皮垫去掉，使其通畅，并在下方隔离器具中安装适量变压器油，从而起到滤尘作用。

③温度计的安装。

安装套管温度计时，应直接安装在变压器上盖的预留孔内，并在孔内加上适量的变压器油。

安装电接点温度计前应进行校验，油浸变压器一次元件应安装在变压器顶盖上的温度计套筒内，并加上适量的变压器油；二次仪表挂在变压器一侧的预留板上。干式变压器一次元件应按厂家说明书位置安装，二次仪表应安装在便于观测的变压器护网栏上。软管不得出现压扁或死弯的情况，弯曲半径不得小于50 mm，富余部分应盘圈并固定在温度计附近。

干式变压器的电阻温度计，一次元件应预埋在变压器内，二次仪表应安装

在值班室或操作台上，导线应符合仪表要求，并加以适当的附加电阻校验调试后方可使用。

④电压切换装置的安装。

变压器电压切换装置各分接点与线圈之间的连线应紧固、正确，且接触紧密、良好。转动点应正确停留在各个位置上，并与指示位置一致。电压切换装置的拉杆、分接头的凸轮、小轴销子等皆应完整无损；转动盘应动作灵活，密封良好。电压切换装置的传动机构（包括有载调压装置）的固定应牢靠，传动机构的摩擦部分应有足够的润滑油。

有载调压切换装置的调换开关的触头及铜辫子软线应完整无损，触头之间应有足够的压力（一般为8～10 kg）。有载调压切换装置转动到极限位置时，应装有机械联锁与带有限位开关的电气联锁。有载调压切换装置的控制箱一般应安装在值班室或操作台上，联线应正确无误，并调整好，手动、自动工作正常，挡位指示正确。

电压切换装置吊出检查调整时，暴露在空气中的时间应符合表9.2的规定。

表9.2　调压切换装置露空时间

环境温度/℃	>0	>0	>0	<0
空气相对湿度/%	65以下	65～75	75～85	不控制
持续时间，不大于/h	24	16	10	8

（6）变压器吊芯检查与干燥。

①变压器吊芯检查。

经过长途运输和装卸，变压器内部铁芯常因振动和冲击而导致螺栓松动或掉落，穿心螺栓也因绝缘能力降低，因此，安装变压器时一般应进行器身检查。器身检查可分为吊罩（或吊器身）和不吊罩两种方式。但当满足下列条件之一时，可不必进行器身检查。

a. 制造厂规定可不做器身检查者。

b. 容量为1000 kV•A及以下，运输过程中无异常情况者。

c. 就地生产仅作短途运输的变压器，如果事先参加了制造厂的器身总装，质量符合要求，且在运输过程中进行了有效的监督，无紧急制动、剧烈振动、冲击或严重颠簸等异常情况者。

器身检查应遵守的条件有以下几项。

a.检查铁芯一般在干燥、清洁的室内进行，如条件不允许而需要在室外检查时，最好在晴天无风沙时进行；否则应搭设篷布，以防临时雨、雪或灰尘落入。但雨、雪天或雾天不宜在室外进行吊芯（吊器身）检查。

b.冬天检查铁芯时，周围空气温度不低于0 ℃。变压器铁芯温度不应低于周围空气温度。如铁芯温度低于周围空气温度，可用电炉在变压器底部加热，从而使铁芯温度高于周围空气温度10 ℃，以免检查铁芯时线圈受潮。

c.铁芯在空气中停放的时间，干燥天气（相对湿度不大于65%）不应超过16 h，潮湿天气（相对湿度不大于75%）不应超过12 h。计算时间应从开始放油时算起，到注油时止。

d.雨天或雾天不宜进行吊芯检查，如遇特殊情况应在室内进行，而室内的温度应比室外温度高10 ℃，室内的相对湿度也不应超过75%，变压器运到室内后应停放24 h以上。

油浸式变压器的油是起绝缘和冷却作用的，对带有调压装置的变压器，油还能起到灭弧作用。器身检查完毕后，必须用合格的变压器油对器身进行冲洗，并清洗油箱底部，不得有遗留杂物。注入变压器中的绝缘油必须是按规定试验合格的油，不同牌号的绝缘油或同牌号的新油与旧油不宜混合使用，否则应做混油试验。

②变压器的干燥。

根据各项检查和试验，经过鉴定判明变压器绝缘受潮时，则应进行干燥。而新装变压器是否需要进行干燥，应根据新装电力变压器不需干燥的条件进行综合分析判断后确定。

a.带油运输的变压器。

（a）绝缘油电气强度及微量水试验合格。

（b）绝缘电阻及吸收比符合规定。

（c）介质损失角正切值tanδ（%）符合规定（电压等级在35 kV以下及容量在4000 kV•A以下者不做要求）。

b.充氮运输的变压器。

（a）器身内压力在出厂至安装前均保持正压。

（b）残油中微量水不应大于0.003%；电气强度试验在电压等级为330 kV及以下者不低于30 kV。

（c）变压器注入合格油后：绝缘油电气强度及微量水试验符合规定；绝缘电阻及吸收比符合规定；介质损失角正切值tanδ（%）符合规定。

当变压器不能满足上述条件时，则应进行干燥。

电力变压器常用干燥方法较多，有铁损干燥法、铜损干燥法、零序电流干燥法、真空热油喷雾干燥法、煤油气相干燥法、热风干燥法及红外线干燥法等。干燥方法的选用应根据变压器绝缘受潮程度及变压器容量大小、结构形式等具体条件确定。

（7）变压器接线。

变压器的一、二次联线、地线、控制管线均应符合相关的规定。变压器一、二次引线的施工，不应使变压器的套管直接承受较大应力。

变压器工作零线与中性点接地线，应分别敷设。工作零线宜用绝缘导线。变压器中性点的接地回路中，靠近变压器处，宜做一个可拆卸的连接点。油浸变压器附件的控制导线，应使用具有耐油性能的绝缘导线。靠近箱壁的导线，应用金属软管保护并排列整齐，接线盒应密封良好。

（8）变压器交接试验。

变压器的交接试验应由当地供电部门许可的实验室进行，试验标准应符合《电气装置安装工程 电气设备交接试验标准》（GB 50150—2016）、当地供电部门规定及产品技术资料的要求。

变压器交接试验的内容包括以下几项。

①测量绕组连同套管的直流电阻。

②检查所有分接头的变压比。

③检查变压器的三相接线组别和单相变压器引出线的极性。

④测量绕组连同套管的绝缘电阻、吸收比或极化指数。

⑤测量绕组连同套管的介质损耗角正切值 $\tan\delta$。

⑥测量绕组连同套管的直流泄漏电流。

⑦绕组连同套管的交流耐压试验。

⑧绕组连同套管的局部放电试验。

⑨测量与铁芯绝缘的各紧固件及铁芯接地线引出套管对外壳的绝缘电阻。

⑩绝缘油试验。

⑪有载调压切换装置的检查和试验。

⑫额定电压下的冲击合闸试验。

⑬检查相位。

⑭测量噪声。

（9）变压器送电前检查。

变压器试运行前应做全面检查，确认符合试运行条件时方可投入运行。变压器试运行前，必须由质量监督部门检查合格。变压器试运行前的检查内容有以下几项。

①各种交接试验单据齐全，数据符合要求。

②变压器应清理、擦拭干净，确保顶盖上无遗留杂物，本体及附件无缺损且不渗油。

③变压器一、二次引线相位正确，绝缘良好。

④接地线良好。

⑤通风设施安装完毕，工作正常，事故排油设施完好，消防设施齐备。

⑥油浸变压器油系统油门应打开，并且油门指示正确，油位正常。

⑦油浸变压器的电压切换装置应设置正常的电压挡位。

⑧保护装置整定值符合规定要求，操作及联动试验正常。

⑨干式变压器护栏安装完毕。各种标志牌挂好，门装锁。

（10）送电运行验收。

①送电试运行。

a. 变压器第一次投入时，可全压冲击合闸，冲击合闸时一般可由高压侧投入。

b. 变压器第一次受电后，持续时间不应少于10 min，并无异常情况。

c. 变压器应进行3～5次全压冲击合闸，情况正常，励磁涌流不应引起保护装置误动作。

d. 油浸变压器带电后，检查系统是否出现渗油现象。

e. 变压器试运行时要关注冲击电流、空载电流，一、二次电压及温度，并做好详细记录。

f. 变压器并列运行前，应检查是否满足并列运行的条件，同时核对好相位。

g. 变压器空载运行24 h，确定无异常情况时方可投入负荷运行。

②验收。

变压器自开始带电起，24 h后无异常情况，应办理验收手续。验收时应移交变更设计证明、安装检查及调整记录等资料，以及产品说明书、试验报告单、合格证及安装图纸等技术文件。

9.1.2　配电柜的安装

配电柜是电动机控制中心的统称。配电柜使用在负荷比较分散、回路较少的场合；电动机控制中心用于负荷集中、回路较多的场合。它们把上一级配电设备某一电路的电能分配给就近的负荷。这级设备应对负荷提供保护、监视和控制。

1. 安装前的准备及要求

（1）技术准备及要求。

①施工图纸、设备产品合格证等技术资料齐全。

②施工方案、技术、安全、消防措施落实。

（2）设备及材料要求。

①设备及材料均应符合国家现行技术标准，符合设计要求。选择符合生产许可证和安全认证制度的产品，有许可证编号和安全认证标志，相关认证资料齐全。

②设备应有铭牌，铭牌上注明厂家、型号。

③安装使用材料。

a. 型钢表面无严重锈斑，无过度扭曲、弯折变形，焊条无锈蚀，有合格证和材质证明书。

b. 镀锌制品螺栓、垫圈、支架、横担表面无锈斑，有合格证和质量证明书。

c. 铅丝、酚醛板、油漆、绝缘胶垫等其他材料均应符合质量要求。

d. 配电箱体应有一定的机械强度，周边平整、无损伤。铁制箱体二层底板厚度不小于1.5 mm，阻燃型塑料箱体二层底板厚度不小于8 mm，木制板盘的厚度不应小于20 mm，并应刷漆做好防腐处理。

e. 导线电缆的规格型号必须符合设计要求，有产品合格证。

（3）安装前的作业条件。

①土建工程施工标高、尺寸、结构及埋件均符合设计要求。

②盘柜屏台所在房间土建施工完毕，门窗封闭，墙面、屋顶油漆喷刷完毕，地面工程施工完毕。

③施工图纸、技术资料、柜面布置图齐全。技术、安全、消防措施落实。

④设备、材料齐全，并运至现场仓库。

2. 配电柜安装工艺

配电柜的安装工艺如图9.3所示。

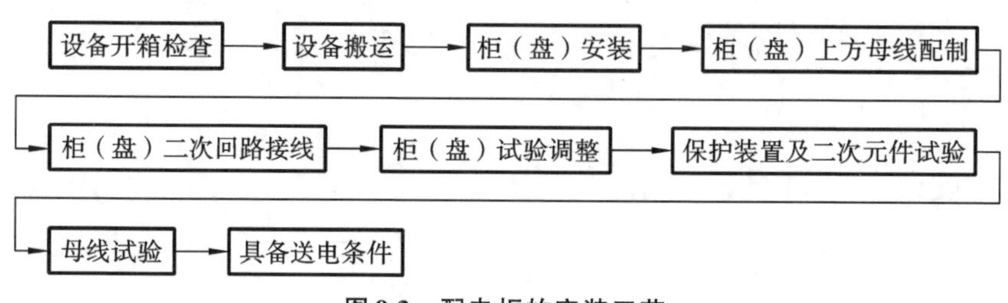

图9.3　配电柜的安装工艺

（1）设备开箱检查。

设备开箱检查由安装单位、供货单位及监理单位人员共同进行，并做好检查记录。按照设备清单、施工图纸及设备技术资料进行核对，确保柜本体及内部配件、备件的规格型号符合设计图纸要求；附件、备件齐全；产品合格证件、技术资料、说明书齐全。柜（盘）本体外观检查应无损伤及变形，油漆完整无损。各配件布置整齐，符合设计要求。柜（盘）内部检查：电气装置及元件、保护装置、仪表、绝缘瓷件齐全，符合确认的图纸及技术协议要求，无损伤、裂纹等缺陷。

（2）设备搬运。

可根据设备质量、距离长短选择汽车、汽车吊配合运输，人力推车运输或滚杠运输。设备运输、吊装时应注意以下事项。

①道路要事先清理，保证平整畅通。

②设备吊点：柜（盘）顶部有吊环者，吊索应穿在吊环内；无吊环者，吊索应挂在四角主要承力结构处，不得将吊索吊在设备部件上。吊索的绳长应一致，以防柜体变形或损坏部件。

③汽车运输时，必须用麻绳将设备与车身固定牢固，开车要平稳，以防撞击损坏配电柜。

（3）柜（盘）安装。

①基础型钢安装。

配电柜（盘）的安装通常是以角钢或槽钢作基础。为便于今后维修拆换，则多采用槽钢。埋设之前应将型钢调直，除去铁锈，按图纸要求尺寸下料钻孔

(不采用螺栓固定者不钻孔)。型钢的埋设方法，一般有下列两种。

a. 随土建施工时在混凝土基础上根据型钢固定尺寸，先预埋好地脚螺栓，待基础混凝土强度符合要求后再安放型钢。也可在混凝土基础施工时预先留置方洞，待混凝土强度符合要求后，将基础型钢与地脚螺栓同时配合土建施工进行安装，再在方洞内浇筑混凝土。

b. 随土建施工时预先埋设固定基础型钢的底板，待安装基础型钢时与底板进行焊接。型钢顶部宜高出室内抹平地面10 mm，手车式柜应按产品技术要求执行，一般宜与抹平地面相平。

②柜（盘）安装。

柜（盘）安装，应按施工图纸的布置，将柜放在基础型钢上。单独柜（盘）只找柜面和侧面的垂直度。成列柜（盘）各台就位后，先找正两端的柜，在从柜下至上2/3高的位置绷上小线，逐台找正。找正时采用0.5 mm铁片进行调整，每处垫片最多不能超过3片。然后按柜固定螺孔尺寸，在基础型钢架上用手电钻钻孔。无要求时，低压柜钻φ12.2孔，高压柜钻φ16.2孔，分别用M12、M16镀锌螺钉固定。其允许偏差见表9.3。

表9.3 柜(盘)安装的允许偏差表

项目		允许偏差/mm
垂直度（每米）		<1.5
水平偏差	相邻两盘顶部	<2
	成列盘顶部	<5
盘面偏差	相邻两盘边	<1
	成列盘面	<5
盘间接缝		<2

(4) 柜（盘）上方母线配制。

①盘柜的排列。

盘柜的排列应按设计的布柜图进行。

a. 柜（盘）就位。找正、找平后，除柜体与基础型钢固定，柜体与柜体、柜体与侧挡板均用镀锌螺钉连接。

b. 柜（盘）接地。每台柜（盘）单独与基础型钢连接。每台柜从后面左下部的基础型钢侧面上焊上鼻子，用6 mm^2铜线与柜上的接地端子连接牢固。

②母线安装。

a. 母线的材质、尺寸及截面面积应符合设计要求。

b. 所有柜内的母线应进行绝缘化处理。

c. 母线接头处应处理良好，防止产生应力。

d. 各相间的距离应符合要求。

e. 柜（盘）顶上母线配制应进行局部的绝缘化处理，标号清晰。

（5）柜（盘）二次回路接线。

①按图施工，接线正确。导线与电气元件间采用螺栓连接、插接、焊接或压接等，均应牢固可靠，配线应整齐、清晰、美观，导线绝缘应良好，无损伤。

②所配导线和电缆芯线的端部均应标明其回路编号。编号应正确，字迹清晰且不易脱色。

③柜（盘）内的导线不应有接头，导线芯线应无损伤。每个接线端子的每侧接线宜为一根，不得超过两根。对于插接式端子，不同截面的两根导线不得接在同一端子上；对于螺栓连接端子，当接两根导线时，中间应加平垫片。

④为了保证必要的机械强度，柜、盘内的配线，电流回路应采用电压不低于500 V的铜芯绝缘导线，其截面不应小于2.5 mm^2；其他回路截面不应小于1.5 mm^2，对电子元件回路、弱电回路采用锡焊连接时，在满足载流量和电压降及有足够机械强度的情况下，可使用截面不小于0.5 mm^2的绝缘导线。

⑤用于连接可动部位（门上电器、控制台板等）的导线还应满足下列要求。

a. 应采用多股软导线，敷设长度应有适当余量。

b. 线束应有加强绝缘层（如外套塑料管）。

c. 与电器连接时，端部应绞紧，并应加终端附件，不得松散、断股。

d. 在可动部位两端应用卡子固定。

⑥引进柜（盘）内的控制电缆及其芯线应符合下列要求。

a. 引进柜（盘）的电缆应排列整齐，编号清晰，避免交叉，并应固定牢固，不得使所接的端子排受到机械应力。

b. 铠装电缆的钢带不应进入柜（盘）内，铠装钢带切断处的端部应扎紧，并应将钢带接地。

c. 用于晶体管保护、控制等逻辑回路的控制电缆应采用屏蔽电缆。其屏蔽层应按设计要求的接地方式接地。

d. 橡皮绝缘芯线应用外套绝缘管保护。

e. 柜（盘）内的电缆芯线，应按垂直或水平有规律地配置，不得任意歪斜交叉连接。备用芯线长度应留有适当余量。

f. 强、弱电回路不应使用同一根电缆，并应分别成束分开排列。

（6）柜（盘）试验调整。

高压试验应按电气设备交接试验标准进行。试验标准符合现行国家规范及产品技术资料要求。试验内容如下。

①母线。

a. 绝缘电阻。

b. 交流耐压。

②真空断路器。

a. 测量绝缘拉杆的绝缘电阻。

b. 测量每相导电回路的电阻。

c. 交流耐压试验。

d. 测量断路器的分、合闸时间。

e. 测量断路器主触头分、合闸同期性。

f. 测量断路器合闸时触头的弹跳时间。

g. 测量分、合闸线圈及安装接触器线圈的绝缘电阻和直流电阻。

h. 断路器操动机构的试验。

③电流互感器。

a. 绕组的绝缘电阻。

b. 交流耐压试验。

c. 极性。

d. 绕组的直流电阻。

e. 励磁特性试验。

f. 变比测试。

④电压互感器。

a. 绕组的绝缘电阻。

b. 交流耐压试验。

c. 极性。

d. 绕组的直流电阻。

e. 电压比测试。

⑤保护装置试验。

a. 模拟量采样。

b. 保护装置功能试验。

c. 出口回路校验。

⑥二次控制小线调整。

a. 将所有的接线端子螺钉再紧一次。

b. 绝缘摇测：用500 V摇表在端子板处测试每条回路的电阻，所测电阻必须大于0.5 MΩ。

c. 二次小线回路如有晶体管、集成电路、电子元件，该部位的检查不得使用摇表和试铃测试，需使用万用表测试回路是否接通。

d. 接通临时的控制电源和操作电源；将柜（盘）内的控制、操作电源回路熔断器上端相线拆掉，接上临时电源。

⑦模拟试验。

按图纸要求，分别模拟试验控制、连锁、继电保护和信号动作，正确无误，灵敏可靠。拆除临时电源，将被拆除的电源线复位。

（7）送电运行验收。

①送电前的准备工作。

a. 一般应由建设单位备齐试验合格的验电器、绝缘靴、绝缘手套、临时接地编织铜线、绝缘胶垫、粉末灭火器等。

b. 彻底清扫全部设备及变配电室、控制室的灰尘。用吸尘器清扫电器、仪表元件。另外，除送电需用的设备用具外，其他物品不得堆放于室内。

c. 检查母线上、设备上有无遗留下的工具、金属材料及其他物件。

d. 试运行的组织工作，明确试运行指挥者、操作者和监护人。

e. 安装作业全部完毕，质量检查部门检查全部合格。

f. 试验项目全部合格，并有试验报告单。

g. 继电保护动作灵敏可靠，控制、连锁、信号等动作准确无误。

②送电。

a. 将电源送至室内，经验电、校相无误。

b. 对各路电缆摇测合格后，检查受电柜总开关处于“断开”位置，再进行送电，开关试送3次。

c. 检查受电柜三相电压是否正常。

③验收。

送电空载运行 24 h、无异常现象即可办理验收手续，交建设单位使用。同时，提交变更洽商记录、产品合格证、说明书、试验报告单等技术资料。

3. 配电柜安装的一般规定

(1) 配电箱上母线的相线应用不同颜色标出，L_1相用黄色，L_2相用绿色，L_3相用红色，中性线 N 相用蓝色，保护地线（protecting earthing, PE 线）用黄、绿相间双色。

(2) 柜（盘）与基础型钢间连接紧密，固定牢固，接地可靠，柜（盘）间接缝平整。

(3) 盘面标志牌、标志框齐全，正确并清晰。

(4) 小车、抽屉式柜推拉灵活，无卡阻碰撞现象；接地触头接触紧密，调整正确；推入时接地触头比主触头先接触，退出时接地触头比主触头后脱开。

(5) 有两个电源的柜（盘）母线的相序排列一致，相对排列的柜（盘）母线的相序排列对称，母线色标正确。

(6) 盘内母线色标均匀完整；二次接线排列整齐，回路编号清晰、齐全，每个端子螺丝上接线不超过两根。柜（盘）的引入、引出线路整齐。

(7) 柜、屏、台、箱、盘的金属框架及基础型钢必须接地（PE）或接零（PEN，三相四线系统的中性 N 与保护地线 PE 合一时，称 PEN 线，即保护接零）可靠；装有电器的可开门，门和框架的接地端子间应用裸编织铜线连接且有标识。

(8) 低压成套配电柜、控制柜（屏、台）和动力、照明配电箱（盘）应有可靠的电击保护。柜（屏、台、箱、盘）内保护导体应有裸露的连接外部保护导体的端子，当设计无要求时，柜（屏、台、箱、盘）内保护导体最小截面面积 S_p 不应小于表 9.4 的规定。

(9) 柜内相间和相对地间的绝缘电阻值应大于 10 MΩ。

表 9.4　相应的保护导体的最小截面面积 S_p

装置的相线、导线的截面面积 S/mm^2	相应的保护导体的最小截面面积 S_p/mm^2
$S \leqslant 16$	$S_p = S$
$16 < S \leqslant 35$	$S_p = 16$
$35 < S \leqslant 400$	$S_p = S/2$

9.1.3 二次配线的安装

高低压开关柜、动力箱和三箱（配电箱、计量箱、端子箱）均需进行二次配线的安装。二次配线应按照二次接线图进行，除用于配电柜的安装接线外，二次接线图还可为日常维修提供方便。常见的二次安装接线方法有直接法、线路编号法和元件相对编号法三种。本节主要通过元件相对编号法来阐述。

1. 二次配线的安装工艺

二次配线的安装工艺如图9.4所示。

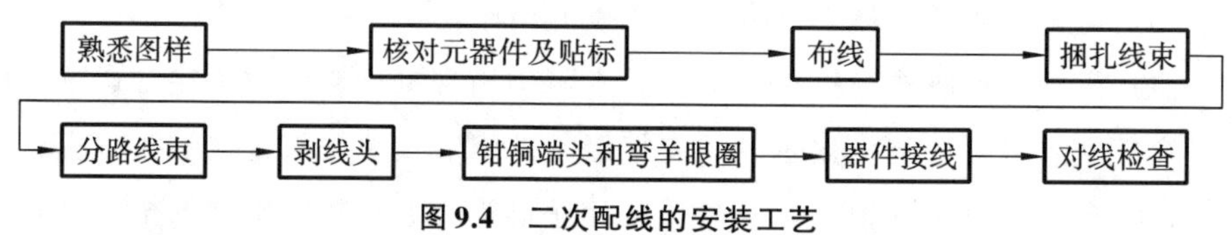

图9.4 二次配线的安装工艺

（1）熟悉图样。

①看懂并熟悉电路原理图、施工接线图和屏面布置图等。

②按施工接线图布线顺序标上导线标号（导线控制回路一般采用1.5 mm^2，电流回路采用2.5 mm^2），标号套内容按电路原理回路编号进行加工（图纸有特殊要求除外），如2 DM、863、861等。

③按施工接线图标记端子功能名称填写名称单，并规定纸张尺寸，以便加工端子标条。

④按施工接线图加工线号和元器件标贴。

（2）核对元器件及贴标。

①根据施工接线图，核对柜体内所有电器元件的型号、规格、数量、质量，确认安装是否符合要求，如发现电器元件外壳罩有碎裂、缺陷及接点有生锈、发霉等质量问题，应予以调换。

②按图样规定的电器元件标志，将“器件标贴”贴于该器件适当位置（一般贴于器件的下端中心位置），要求“标贴”整齐、美观，并避开导线行线部位，便于阅读。

③按图样规定的端子名称，将“端子标条”插入该端子名称框内，JF5型标记端子的平面处朝下，避免积尘。

④按原理图中规定的各种元器件的不同功能，将功能标签紧固到元器件安

装板（面板）正面，并且使用φ2.5的螺钉紧固或粘贴。

⑤有模拟线的面板应校核与一次方案是否相符，如有错误，应反馈给有关部门。

（3）布线。

①线束要求横平竖直，层次分明，外层导线应平直，内层导线不扭曲或扭绞。布线时，需将贯穿上下的较长导线排在外层，分支线与主线成直角，从线束的背面或侧面引出，线束的弯曲宜逐条用手弯成小圆角，其弯曲半径应大于导线直径的2倍，严禁用钳强行弯曲。布线时应按从上到下、从左到右（端子靠右边，否则反之）的顺序布线。

②按图样要求选择导线截面，如表9.5所示。

表9.5　高低压柜及三箱类的二次配线选择表

电路特征、用途		导线截面/mm	颜色
直流电压	≤48 V	0.5～1.0（优先采用1.0）	黑
	≤220 V	1.5	黑
保护电压回路		1.5	黑
保护电流回路		2.5	黑
计量电压回路		1.5（2.5*）	黑
电压互感器		2.5	黑
计量电流回路		2.5	黑
接地线		2.5	黄、绿双色

注:1.“*”表示用于供电局规定的计量用表配线;

2.导线截面当图纸有规定时,应按图纸所规定配线,特殊情况另与技术部、品质部议定。

③将导线套上“标号套”打上一个扣固定套管，然后对比测量第一个器件接头布线至第二个器件接头的导线长度，加20 cm的余量长度后，剪断导线并套上“标号套”后打扣固定套管（标号套长度控制在13 mm±0.5 mm），特殊标号较长，其规格按整台柜（箱）内容确定。

④在二次接线图中，元器件安装位置可分为仪表门背视、操作板背视、端子箱、仪表箱、操作机构、柜内断路器室等。不同部位操作板布线时，应按器件安装的实际尺寸剪取导线，然后套上标号套。

（4）捆扎线束。

①可根据线束直径选择适当材料捆扎塑料缠绕管线束，见表9.6，捆扎缠绕管线束时，每节需间隔5～10 mm，力求间隔一致，线束应平直。

表9.6　塑料缠绕管线束对照表

名称	型号规格	适用导线束的外径
塑料缠绕管	PCG1—6	φ6～φ12，10根线以内
	PCG1—12	φ12～φ20，20根线以内
	PCG1—20	φ20～φ28，30根线以内

②落料。根据元件位置及配线实际走向量出用线长度，加上20 cm余量后落料、拉直、套上标号套。

③线束固定。用线夹将圆束线固定悬挂于柜内，使之与柜体之间保持5 mm以上的距离，且不应贴近有夹角的边缘敷设，在柜体骨架或底板适当位置设置线夹，两线夹之间的距离横向不应超过300 mm，纵向不应超过400 mm，紧固后线束不得晃动，且不能损伤导线绝缘。

④跨门线一律采用多股软线，线长以门开至极限位置，关闭时线束不受其拉力与张力的影响而松动，以及不损伤绝缘层为原则，并与相邻的器件保持安全的距离，线束两端用支撑件压紧，根据走线方位弯成U形或S形。

（5）分路线束。

线束排列应整齐、美观。如分路到继电器的线束，通常按水平居两个继电器中间两侧分开的方向行走，到接线端的每根线应略带弧形、裕度连接。继电器安装接线示意图如图9.5所示。如分路到双排仪表的线束，可采用中间分线的方式进行布置。双排仪表安装接线示意图如图9.6所示。

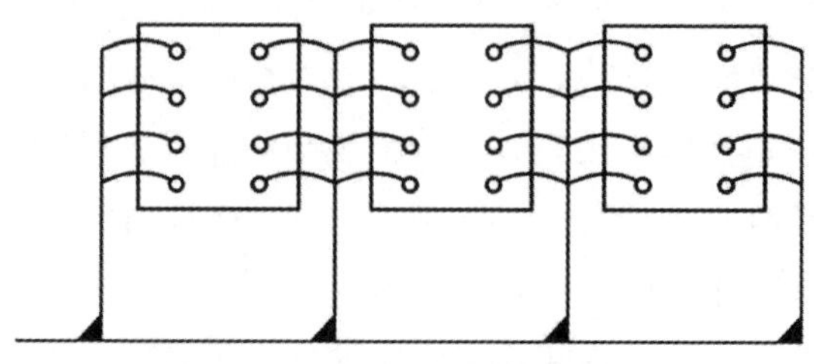

图9.5　继电器安装接线示意图

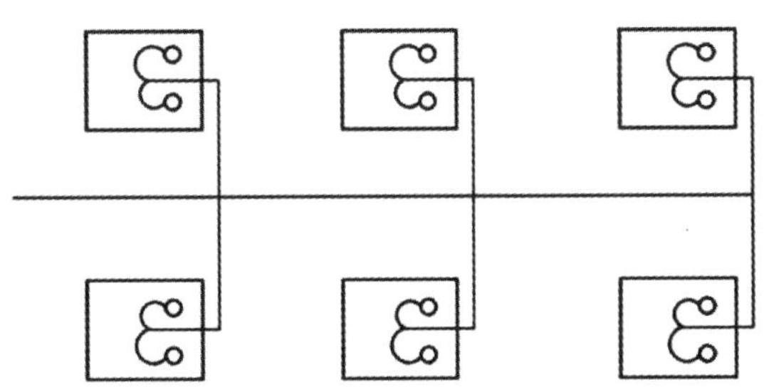

图9.6　双排仪表安装接线示意图

（6）剥线头。

导线端头连接器件接头，每根导线须有弧形余量，剪断导线多余部分，按规格用剥线钳剥去端头所需长度的塑胶皮后，适当折弯线头。为防止标号头脱落，剥线时不可损伤线芯。

（7）钳铜端头和弯羊眼圈。

①按导线截面选取合适的导线端头连接器件接头，用冷压钳将导线芯线压入铜端头内，需注意其裸线部分不得大于0.5 mm，导线也不得过多伸出铜端头的压接孔，更不得将绝缘层压入铜端头内。

②回路中所有冷压端头应采用OT型铜端头，通常不得采用UT型铜端头，特殊元件可依实际情况选择UT型铜端头或IT型铜端头。

③有规定必须热敷的产品应在铜端头冷压后，用50 W或30 W的电熔铁进行焊锡。焊锡点应牢固，均匀发亮，不得有残留助焊剂或损伤绝缘。

④单股导线的羊眼圈，曲圆的方向应与螺钉的紧固方向相同，开始曲圆部分和绝缘外皮的距离应为2～3 mm，并且以垫圈不会压住绝缘外皮为原则，圆圈内径和螺钉的间隙应不大于螺钉直径的1/5。截面小于或等于1 mm^2的单股导线应用焊接方法与接点连接，如元件的接点为螺钉紧固，要用焊片过渡。

（8）器件接线。

①严格按照施工接线图进行接线。

②接线前应先用万用表或对线器校核是否正确，并注意标号套在接线后的视读方向（即从左到右，从下到上），一旦发现方向不对则应立即纠正。

③当二次线接入一次线时，应在母线的相应位置钻φ6孔，用M5螺钉紧固，或用子母垫圈进行连接。

④管形熔断器的连接线，应在上端或左端接点引入电源，下端或右端接点引出；螺旋形熔断器应在内部接点引入电源，由螺旋套管接点引出。

⑤电流互感器的二次侧只允许有一个接地点,对于多组电流互感器相互有电气联系的二次回路接地点宜设在保护盘上。

⑥导线接入元件接头上,用元件上原有螺钉拧紧,应加弹簧垫圈,不得有滑牙,螺钉帽不得有损伤现象,螺钉尾部应露出螺母2～5牙。

⑦标号套套入导线，导线压上铜端头后，须将“标号套”字体向外，并且各标号套长度统一，排列整齐。

⑧所有器件不接线的端子都需配齐螺钉、螺母、垫圈，并拧紧。

⑨导线与小功率电阻及须焊接的器件连接时，应在焊接处与导线之间加上绝缘套管，导线与发热件连接时，其绝缘层剥离长度按表9.7的规定确定，并套上适当长度的瓷管。

表9.7　绝缘层剥离长度表

管形电阻发热功率为额定不同百分比时	7.5～15 W		25～200 W	
	≤30%	≤50%	≤30%	≤50%
选用BV、BVR导线剥去的绝缘长度/mm	10	20	20	40

注:1.BV线,简称塑铜线,全称为铜芯聚氯乙烯绝缘布电线。B代表类别为布电线,V代表绝缘材料为聚氯乙烯;

2.BVR线是一种配电柜专用软电线,也叫二次线。由铜导线和聚氯乙烯绝缘材料组成,B表示导线为铜线,V表示导线绝缘材料为聚氯乙烯,R表示软线(即轻型电缆,柔软度较高)。

⑩长期带电发热元件安装位置应靠上方，按照功率的大小，其与周围元件及导线束之间保持不小于20 mm的间隙距离。

(9) 对线检查。

二次安装接线即将完工时，应用万用表或校线仪对每根导线进行对线检查。可先用导通法进行对线检查，确定接线无误后方可采用通电法对各回路进行通电试验。

2. 二次配线安装的一般规定

(1) 配线排列应做到布局合理、横平竖直、弯曲美观一致，接线应正确、牢固。

(2) 可采用成束捆扎行线的布置方法，采用该方法时，布线时将较长的导线放在线束上面，再从后面或侧面分出分支线，紧固线束的夹具应结实、可靠，不可损伤导线的外绝缘，严禁用金属等易破坏绝缘的材料捆扎线束，屏

(柜、台) 内需安装用于固定线束的支架或线夹。

(3) 行线槽布线时，行线槽的配置应合理。固定可靠，线槽盖启闭性好，颜色应保持一致。

(4) 在装有电子器件的控制装置中，交流电流线及高电平 (110 V以上) 控制回路线应与低电平 (110 V以下) 控制回路线分开走线，对容易受干扰的连接线，应采取有效的抗干扰措施。

(5) 连接元器件端子或端子排的多股线，应采用冷压接端头，冷压连接要牢靠、接触良好，在冷压的基础上，高压产品的二次配线还必须进行热敷 (焊锡)。

(6) 连接元器件端子或端子排的导线，在接线端处需添加识别标记。导线标记主要用来识别电路中的导线，因此字迹排列应便于阅读，且符合标号头和符号牌加工固定工艺守则规定。

(7) 在可运动的地方布线一律采用多股软线，且须留有一定余量，原则上，应做到门板、翻板开至极限位置仍不因张力和拉力影响而使连接松动或损伤绝缘，且关闭时无过大应力。

(8) 过门线束应采用固定线束的措施，1.5 mm^2过门线束不超过30根，1 mm^2过门线束不超过45根。如果导线超出规定数量，可将线束分成2束或更多，以免因线束过大而导致门的开关不自如，过门接地线低压柜不小于2.5 mm^2，高压柜不小于4 mm^2 (指门与骨架之间)。

(9) 连接导线中间不允许有接头，每一个端子不允许有两个以上的导线端头，并应确保连接可靠，元件本身引出线不够长，应用端子过渡，不允许悬空连接。

(10) 导线束不可紧贴金属构件敷设，穿越金属构件时应加装橡胶垫圈或其他绝缘套管。

(11) 二次线所有紧固螺钉拧紧后螺纹宜露出螺帽2～3牙，所有螺钉不得有滑牙。

(12) 已定型的批量产品，二次布线应一致，同批量产品材料、色泽应力求相同。

(13) 二次接线与高低压导体之间的电气绝缘距离按表9.8执行。

(14) 如无特殊要求，指示灯及按钮的颜色按表9.9执行。

表9.8　二次接线与高低压导体之间的电气绝缘距离

额定电压/kV	≤0.5	3	6～10
二次线与裸露导电体之间距离/mm	≥12	≥75	≥125
二次带电体与地之间绝缘距离/mm	≥5	—	—
二次带电导体之间的电气间隙/mm	≥3	—	—

表9.9　指示灯及按钮颜色对照表

名称	功能		
	合闸	分闸	储能
指示灯	白或红	绿	黄
按钮	绿	红	黑

9.2　电气照明装置安装

9.2.1　照明灯具安装

照明灯具安装应按以下程序进行。

（1）安装灯具的预埋螺栓、吊杆和吊顶上嵌入式灯具安装专用骨架等，应按设计要求做承载试验且合格后才能安装灯具。

（2）影响灯具安装的模板、脚手架拆除，顶棚和墙面喷浆油漆或壁纸等施工完毕，以及地面清理工作基本完成后，才能安装灯具。

（3）导线绝缘测试合格后，灯具才能接线。

（4）高空安装的灯具，地面通断电试验合格后，才能安装灯具。

1. 普通灯具安装

（1）吊灯的安装。

安装吊灯通常需要吊线盒和绝缘台两种配件。绝缘台规格应根据吊线盒的大小选择，既不能太大，又不能太小，否则影响美观，绝缘台应安装牢固可靠。软线吊灯的组装过程及要点如下。

①检查吊线盒、灯座、软线和焊锡等是否齐全、能正常使用。

②截取适当长度的软线，剥露线芯两端，拧紧线芯后挂锡。

③打开灯座及吊线盒盖，往灯座及吊线盒盖的孔分别穿软线。完成后为防止线芯接头受力打上一个保险结。

④将软线一端线芯与吊线盒内接线端子连接，另一端的线芯与灯座的接线端子连接。

⑤拧好灯座及吊线盒盖。

软线吊灯质量限于0.5 kg以下，当质量在0.5 kg以上时，应采用吊链式（或吊杆式）固定。采用吊链时，灯线宜与吊链编叉在一起，灯线不应受力。采用钢管作灯具吊杆时，其钢管内径不小于10 mm，钢管壁厚度不小于1.5 mm。若吊灯灯具质量超过3 kg，则应预埋吊钩或螺栓固定。灯具的固定应牢固可靠，禁止使用木楔。若绝缘台直径在75 mm以上，每个灯具应用不少于两个螺钉或螺栓固定；若在75 mm及以下，用1个螺钉或螺栓固定。固定花灯的吊钩，其圆钢直径不小于6 mm，同时不小于灯具挂销的直径。大型花灯、吊装花灯的固定及悬吊装置，应按灯具质量的2倍做过载试验。大型花灯如采用专用绞车悬挂固定，应注意：绞车的棘轮必须有可靠的闭锁装置；绞车的钢丝绳抗拉强度不小于花灯重量的10倍；当花灯放下时，其距地面或其他物体不得小于250 mm。

（2）吸顶灯和嵌入式灯具的安装。

安装吸顶灯，一般直接把绝缘台固定在天花板的预埋木砖上，或预埋螺栓，再固定绝缘台，然后在绝缘台上固定灯具。对装有白炽灯泡的吸顶灯具，应检查灯泡是否过于贴近灯罩。当灯泡和绝缘台距离小于5 mm时（如半扁罩灯），应在灯泡与绝缘台间放置隔热层（石棉板或石棉布）。

若吸顶灯质量超过3 kg，应把灯具（或绝缘台）直接固定在预埋螺栓上。

嵌入顶棚内的装饰灯具应固定在专门设置的框架上，导线不贴近灯具外壳，且在灯盒内留有余量，灯具的边框须紧贴在顶棚面上。当嵌入灯具为矩形时，其边框宜与顶棚面的装饰直线平行，其偏差不应大于5 mm。

（3）壁灯的安装。

壁灯若装在墙上，一般在砌墙时预埋木砖（不可使用木楔代替），也可以采用膨胀螺栓或预埋金属构件。

壁灯若安装在柱子上，一般在柱子上预埋金属构件，或用抱箍在柱子上直接固定金属构件，然后再将壁灯固定在金属构件上。

安装时如需要设置绝缘台，该绝缘台应根据壁灯底座的外形进行选择或制作。能够紧贴建筑物表面，且不歪斜，才是合适的绝缘台。

（4）荧光灯的安装。

荧光灯的安装方法有吸顶、吊链和吊管，但均应注意灯管、镇流器、启辉器、电容器的互相匹配，不能随便代用。特别是带有附加线圈的镇流器，接线不能接错，否则会损坏灯管。荧光灯常见故障分析如表9.10所示。

表9.10　荧光灯常见故障分析

故障现象	故障原因	检修方法
不能发光或发光困难	①电源电压太低或线路压降太大； ②启辉器陈旧损坏或内部电容击穿； ③新荧光灯接线错误或灯座接触不良； ④灯丝断丝或灯管漏气； ⑤镇流器使用不当或内部接线松动； ⑥气温过低	调整电源电压或加粗导线； 更换启辉器； 检查线路和接触点； 用万用电表或小灯泡； 检查修理或更换； 灯管加热加罩或换用低温管
灯光抖动及灯管两头发光	①接线错误或灯座灯脚等接头松动； ②启辉器内部触点并合或电容击穿； ③镇流器不匹配或内部接线松动； ④电源电压低或线路压降大； ⑤灯丝上电子发射质将尽，不能发生放电作用； ⑥气温过低； ⑦灯管陈旧、寿命将终	检查线路并加固接触点； 更换启辉器； 修理或更换镇流器； 调整电压、加粗导线； 换灯管； 灯管加热； 更换灯管
灯光闪烁	①新灯管暂时现象； ②单根管常有现象； ③启辉器损坏或接线不良； ④内部接线不牢或镇流器配用不当	开用几次即可消除； 如有可能改用双管； 更换启辉器； 检查加固或换适当镇流器

续表

故障现象	故障原因	检修方法
灯管两头发黑或生黑斑	①灯管寿命将终的现象； ②如果是新灯管，可能是启辉器损坏引起阴极发射物质加速蒸发； ③灯管内水银凝结，是细灯管常有的现象； ④电源或线路电压太高； ⑤启辉器不良或接触不牢，接线错误，长时间闪烁； ⑥镇流器配合不当	换新灯管； 换启辉器； 启动后即可蒸发，并将灯管旋转180°； 调整电压； 更换启辉器或检查接线； 更换镇流器
灯管光度减低或色彩差别	①灯管陈旧，使用日久的必然现象； ②空气温度低或冷风吹打在灯管上； ③线路电压低或压降大； ④灯管上积垢太多	更换灯管； 加防护罩或回避冷风； 检查调整线路电压； 洗涤灯管
无线电干扰	①同一电路上灯管放射电波的干扰辐射； ②收音机与灯管距离太近； ③镇流器质量不佳	电路上加装电容或进线上加装滤波器； 增大距离； 换一台质量好的镇流器
杂声及电磁声	①镇流器质量差、硅钢片未夹紧； ②线路电压升高引起镇流器发声； ③镇流器过载，引起内部短路； ④镇流器受热过度； ⑤启辉器启辉不良引起辉光杂声	换一台镇流器； 调整电压； 修理或更换； 检查受热原因； 换启辉器
镇流器过热	①灯架内温度过高； ②电压过高或过载； ③内部线圈或电容器短路或接线不牢； ④灯管闪烁或使用时间过长	改善装置方法； 检查纠正或调换； 修理或更换； 检查闪烁原因或减少使用时间

续表

故障现象	故障原因	检修方法
灯管寿命短	①镇流器配用不当或质量差致电压不正常； ②开关次数太多或启辉器不良致长时间闪烁	选用合适的镇流器； 减少开关次数，检查闪烁原因

（5）高压汞灯的安装。

高压汞灯的安装要注意分清带镇流器和不带镇流器。带镇流器的一定要使镇流器与灯泡相匹配，否则，会立刻烧坏灯泡。安装方式一般为垂直安装。因为水平点燃时，光通量减少约70%，而且容易自熄灭。镇流器宜安装在灯具附近，人体触及不到的地方，并应在镇流器接线柱上覆盖保护物。

高压汞灯线路常见故障如下。

①不能启辉。一般由电源电压太低或灯泡内部损坏等原因引起。

②只亮灯芯。一般由灯泡玻璃破碎或漏气等原因引起。

③开而不亮。一般是停电、熔丝烧断、连接导线脱落或镇流器、灯泡烧毁所致。

④亮后突然熄灭。一般是电源电压下降，或线路断线、灯泡损坏等原因所致。

⑤忽亮忽灭。一般是电源电压波动在启辉电压的临界值上，或灯座接触不良、接线松动等原因所致。

（6）碘钨灯的安装。

碘钨灯的安装，必须保持水平位置，一般倾角不得大于±4°，否则会严重影响灯管寿命。因为倾斜时，灯管底部将积聚较多的卤素和碘化钨，使引线腐蚀损坏；灯管的上部则由于缺少卤素，而不能维持正常的碘钨循环，使玻璃壳很快发黑、灯丝烧断。

碘钨灯正常工作时，管壁温度约为600 ℃，因此，安装时不能与易燃物接近，且一定要加灯罩。在使用前，应用酒精擦去灯管外壁油污，否则会在高温下形成污点而降低亮度。另外，碘钨灯的耐振性能差，不能用在振动较大的场所，更不宜作为移动光源使用。当碘钨灯功率在1000 W以上时，则应使用胶盖瓷底刀开关进行控制。

（7）金属卤化物灯的安装。

金属卤化物灯具的安装高度宜大于5 m，导线应经接线柱与灯具连接，且

不得靠近灯具表面。灯管必须与触发器和限流器配套使用。落地安装的反光照明灯具，应采取保护措施。

（8）灯具安装一般规定。

①灯具安装高度设计无要求时，一般用敞开式灯具，灯头对地面距离按以下标准设置：室外不小于2.5 m（室外墙上安装）；厂房内2.5 m；室内2 m；软吊线带升降器的灯具在吊线展开后0.8 m。在危险性较大及特殊危险场所，当灯具距地面高度小于2.4 m时，应使用额定电压为36 V及以下的照明灯具，或采取专用保护措施。

②当灯具距地面高度小于2.4 m时，灯具的可接近裸露导体必须接地（PE）或接零（PEN）可靠，并应有专用接地螺栓，且有标志。

③引向每个灯具的导线线芯最小截面应符合表9.11的规定。

表9.11　导线线芯最小截面

灯具的安装场所及用途		线芯最小截面/mm²		
		铜芯软线	铜线	铝线
灯头线	民用建筑室内	0.4	0.5	2.5
	工业建筑室内	0.5	0.8	2.5
	室外	1.0	1.0	2.5
移动用电设备的导线	生活用	0.4	—	—
	生产用	1.0	—	—

④灯具的外形、灯头及接线应符合以下规定。

a. 灯具及其配件齐全，无机械损伤、变形、涂层剥落及灯罩破裂等缺陷。

b. 软线吊灯的软线两端均做保险扣，两端芯线搪锡；当装升降器时，套塑料软管，采用安全灯头。

c. 各类灯具灯泡容量在100 W及以上者，采用瓷质灯头（敞开式灯具除外）。

d. 连接灯具的软线盘扣、搪锡压线，当采用螺口灯头时，相线接于螺口灯头中间的端子上。

e. 灯头的绝缘外壳不破损和漏电；带有开关的灯头，开关手柄无裸露的金属部分。

2. 装饰灯具安装

装饰灯具与照明灯具既有相同之处，又有不同之处。相同之处是装饰灯具也有一定的照明作用；不同之处是装饰灯具将普通的照明灯具艺术化，从而达到预期的装饰效果。

装饰灯具能对建筑物起画龙点睛的作用，它不但可以渲染气氛，而且可以美化环境，夸大室内空间的高度，还可以有光有色地体现出装饰效果，从而显示建筑的富丽豪华。

装饰灯具必须达到功能性、经济性和艺术性的统一，应在改善照明效果的基础上，形成建筑物所特有的风格，取得良好的照明及装饰效应。

为配合建筑艺术的需要，可考虑采用建筑装饰化的照明装置。常见的如透光的发光顶棚、光梁、光带、光柱头，以及反光的光檐、光龛等。此类照明装置的特点是把照明灯具与室内装饰组合为一体，把光源隐蔽于建筑的装修之中，形成具有照明功能的室内建筑或装饰体。

（1）在吊顶上安装吸顶灯。

若需要在建筑装饰吊顶上安装灯具，轻型灯具（不超过3 kg）可用自攻螺钉将灯具固定在中龙骨上。若灯具质量超过3 kg，应使用吊杆螺栓，连接设置在吊顶龙骨上的专用龙骨，以确保灯具被固定。专用龙骨也可使用吊杆与建筑物结构相连接。

（2）在吊顶上安装吊灯。

小型吊灯通常可安装在龙骨或附加龙骨上，具体方法是：用螺栓穿通吊顶板材，直接固定在龙骨上。当吊灯质量超过1 kg时，应增加附加龙骨，吊灯固定在附加龙骨上。

（3）嵌入式灯具安装。

小型嵌入式灯具（如筒灯）一般安装在吊顶的顶板上，或安装在龙骨上。大型嵌入式灯具则应采用在混凝土梁、板中伸出支撑铁架、铁件的连接方法。

（4）光带、光梁和发光顶棚。

光带即是灯具嵌入顶棚内，外面罩以半透明反射材料同顶棚相平，连续组成的一条带状式照明装置。带状照明装置突出顶棚下成梁状的则称光梁。光梁和光带的光源主要是组合荧光灯，灯具安装施工方法基本上与嵌入式灯具的安装方法相同。根据维护形式的不同，光带和光梁可以做成在天棚下维护和在天棚上维护两种类型，前者反射罩应做成可揭开式，灯座和透光面则需要固定安

装。后者应将透光面做成可拆卸式，便于维修灯具时更换灯管或其他元件。

发光顶棚是利用有扩散特征的介质，如磨砂玻璃、半透明有机玻璃、棱镜、格栅等制作而成的。光源装设在这些大片安装的介质之上，光源的光通量经介质重新分配，从而更好地照亮房间。

发光顶棚的照明装置有两种形式：一是将光源装在带有散光玻璃或遮光栅格的顶棚内；二是将照明灯具悬挂在房间的顶棚内，房间的顶棚装有散光玻璃或遮光格栅的透光面。在发光顶棚内照明灯具的安装同吸顶灯及吊杆灯的做法。

（5）舞厅灯安装。

舞厅作为公共娱乐场所，为营造幽雅环境，调节气氛，一般需要设置多层次的照明系统。在舞厅内作为座位的低调照明和舞池的背景照明，一般采用筒形嵌入灯具做点式布置。舞厅的舞区内顶棚上宜设置各种宇宙灯、旋转效果灯、频闪灯等现代舞用灯光，中间部位通常设有镜面反射球。有的舞池地板还安装由彩灯组成的图案，借助程控或音控实现各种图形变换。

①旋转彩灯安装。

比较流行的旋转彩灯品种有：WM—101 10头蘑菇形旋转彩灯；WY—302 30头宇宙形旋转彩灯；WW—521卫星宇宙舞台灯；WL—201 20头立式滚筒式旋转彩灯。

旋转彩灯的构造各有不同，但总的可分为底座和灯箱两大部分。交流220 V电源通过底座插口，由电刷过渡到导电环，再通过插头过渡到灯箱内，灯箱内的灯泡因而得到电源。

安装人员在安装旋转彩灯前应熟悉说明书，开箱后应检查彩灯是否因运输有明显损坏、彩灯附件是否齐全。安装后将灯箱电源线插入底座插口内，接通电源后检查彩灯能否正常工作。

②地板灯光设置。

舞池地板上安装彩灯时，应先在舞池地板下安装许多小方格，方格应采用优质木材制作，内壁四周镶以玻璃镜面，以增加反光，增大亮度。

地板小方格中每一种方格图案表示一种彩灯的颜色。根据实际需要，每一个方格内装设一个或几个彩灯。

地板小方格上可再铺以厚度大于20 mm的高强度有机玻璃板作为舞池的地板。

（6）喷水照明灯安装。

高层建筑中的高级旅游宾馆、饭店、办公大厦的庭院或广场上，经常安装灯光喷水池或音乐灯光喷水池。照明同充满动态和力量感的喷泉和色彩、音乐配合，给人们的生活增添了生气。

灯光喷水系统由喷嘴、压力泵及水下照明灯组成。由于喷嘴的不同，喷嘴在水中或水面喷出来的形式也不同。水下照明灯用于喷水池中作为水面、水柱、水花的彩色灯光照明，使人工喷泉景色在各色灯光的交相辉映下比白天更为壮观，绚丽多姿，光彩夺目。

常用的水下照明灯每只额定功率为300 W，额定电压有220 V和12 V两种。220 V电压用于喷水照明，12 V电压用于水下照明。水下照明灯的滤色片分为红、黄、绿、蓝、透明5种。

喷水照明一般选用白炽灯，并且宜采用可调光方式，当喷水高度高并且不需要调光时，可采用高压汞灯或金属卤化物灯。喷水高度与光源功率的关系如表9.12所示。

表9.12　喷水高度与光源功率的关系

光源类别	白炽灯					高压汞灯	金属卤化物灯
光源功率/W	100	150	200	300	500	400	400
适宜喷水高度/m	1.5～3	2～3	2～6	3～8	5～8	>7	>10

水下照明灯具是具有防水措施的投光灯，投光灯下是固定用的三角支架，根据需要可以随意调整灯具投光角度、位置，使之处于最佳投光位置，达到最满意的照明效果。

安装喷水照明灯，需要设置水下接线盒，水下接线盒为铸铝合金结构，密封可靠，进线孔在接线盒的底部，可与预埋在喷水池中的电源配管相连接，接线盒的出线孔在接线盒的侧面，分为二通、三通、四通，各个灯的电源引入线由水下接线盒引出，用软电缆连接。

喷水照明灯，在水面以下设置时，白天看上去应难以发现隐藏在水中的灯具，但是由于水深会引起光线减少，要适当控制高度，一般安装在水面以下30～100 mm为宜。安装后灯具不得露出水面，以免灯具玻璃冷热突变使玻璃灯泡碎裂。

调换灯泡时，应先提出灯具，待干后，方可松开螺钉，以免漏入水滴造成短路及漏电。待换好装实后，才能放入水中工作。为使喷水的形态有所变化，

可与背景音乐结合而形成“声控喷水”方式，或采用“时控喷水”方式。时控是由彩灯闪烁控制器按预先设定的程序自动循环，按时变换各种灯光色彩。较先进的声控方式是由一台小型专用计算机和一整套开关元件及音响设备实现的，灯光的变化与音乐同步，使喷出的水柱随音乐的节奏而变化，灯光的色彩和亮灯数量也作相应的变化。

彩色音乐喷泉控制系统原理如图9.7所示。利用音频信号控制水流变化，以随机控制或微机控制高压潜水泵、水下电磁阀、水下彩灯的工作情况。随机控制是根据操作人员对音乐的理解，随时对喷泉开动时的图案、色彩进行变换；微机控制是对特定的乐曲预先编程，对喷泉开动时的图案、色彩自动控制。

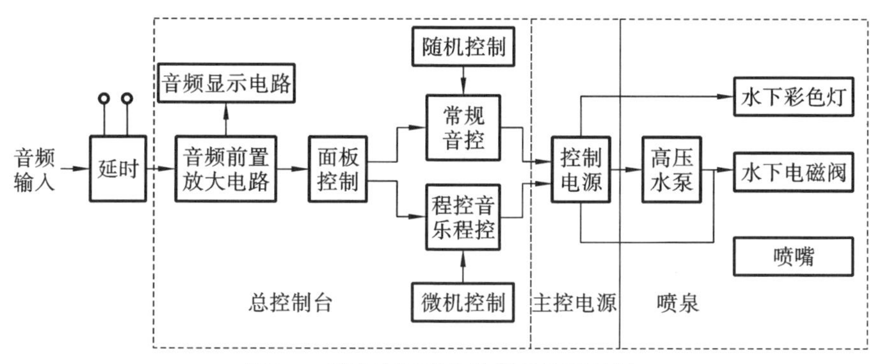

图9.7　彩色音乐喷泉控制系统原理图

3. 建筑物景观照明灯、航空障碍标志灯和庭院灯安装

(1) 建筑物彩灯安装一般规定。

建筑物彩灯安装应符合下列规定。

①建筑物顶部彩灯采用有防雨性能的专用灯具，灯罩要拧紧，且完整无裂纹。

②彩灯配线管路按明配管敷设，敷设要平整顺直，且有防雨功能。管路间、管路与灯头盒间螺纹连接，金属导管及彩灯的构架、钢索等可接近裸露导体接地（PE）或接零（PEN）可靠。

③垂直彩灯悬挂挑臂采用不小于10°的槽钢。端部吊挂钢索用的吊钩螺栓直径不小于10 mm，螺栓在槽钢上固定，两侧有螺母，且加平垫及弹簧垫圈紧固。

④悬挂钢丝绳直径不小于4.5 mm，底把圆钢直径不小于16 mm，地锚采

用架空外线用拉线盘，埋设深度大于1.5 m。

⑤垂直彩灯采用防水吊线灯头，下端灯头距离地面高于3 m。

(2) 霓虹灯安装。

霓虹灯是一种艺术和装饰用灯。它既可以在夜空显示多种字形，又可在橱窗里显示各种各样的图案或彩色的画面，广泛用于广告、宣传等业务。

霓虹灯由霓虹灯管和高压变压器两大部分组成。

①霓虹灯安装基本要求。

a. 灯管应完好，无破裂。

b. 灯管应采用专用的绝缘支架固定，且必须牢固可靠。专用支架可采用玻璃管制成。固定后的灯管与建筑物、构筑物表面的最小距离不宜小于20 mm。

c. 霓虹灯专用变压器采用双圈式，所供灯管长度不应超过允许负载长度，露天安装的有防雨措施。

d. 霓虹灯专用变压器的安装位置宜隐蔽，且方便检修，并不易被非检修人员触及。但不宜装在吊顶内，明装时，其高度不宜小于3 m；当小于3 m时，应采取防护措施；在室外安装时，应采取防水措施。

e. 霓虹灯专用变压器的二次电线和灯管间的连接线，应采用额定电压大于15 kV的高压尼龙绝缘电线。二次电线与建筑物、构筑物表面的距离不应小于20 mm，并应采用玻璃制品绝缘支持物固定。支持点距离：水平线段0.5 m，垂直线段0.75 m。

②霓虹灯管的安装。

霓虹灯管由直径10～20 mm的玻璃管弯制而成。灯管两端各装一个电极，玻璃管内抽成真空后，再充入氖、氦等惰性气体作为发光的介质。在电极的两端加上高压，电极发射电子激发管内惰性气体，使电流导通灯管发出红、绿、蓝、黄、白等不同颜色的光束。表9.13展示了霓虹灯的色彩与气体、玻璃管颜色的关系。

表9.13　霓虹灯的色彩与气体、玻璃管颜色的关系

灯光色彩	气体种类	玻璃管颜色
红	氖	透明
橘黄	氖	黄色
淡蓝	少量汞和氖	透明

续表

灯光色彩	气体种类	玻璃管颜色
绿	少量汞	黄色
黄	氦	黄色
粉红	氦和氖	透明
纯蓝	氩	透明
紫	氖	蓝色
淡紫	氪	透明
鲜蓝	氩	透明
日光、白光	氦或氩或汞	白色

霓虹灯管本身容易破碎，管端部还有高电压，因此应安装在人不易触及的地方，应特别注意安装牢固可靠，防止高电压泄漏和气体放电而使灯管破碎下落伤人。

安装霓虹灯灯管时，一般用角铁做成框架，框架既要美观、又要牢固，在室外安装时还要经得起风吹雨淋。

安装灯管时应用各种玻璃或瓷制、塑料制的绝缘支持件固定。有的支持件可以将灯管直接卡入，有的则可用$\varphi0.5$的裸细铜线扎紧，再用螺钉将灯管支持件固定在木板或塑料板上。

室内或橱窗里的小型霓虹灯管安装时，在框架上拉紧已套上透明玻璃管的镀锌铁丝，组成200～300 mm间距的网格，然后将霓虹灯管用$\varphi0.5$的裸铜丝或弦线等与玻璃管绞紧即可。

③霓虹灯变压器的安装。

霓虹灯变压器是一种漏磁很大的单相干式变压器。霓虹灯变压器必须放在金属箱子内，箱子两侧应开百叶窗孔通风散热。

霓虹灯变压器一般紧靠灯管安装，隐蔽在霓虹灯板后面，可以减短高压接线，但要注意切不可安装在易燃品周围。霓虹灯变压器离阳台、架空线路等距离不宜小于1 m。

霓虹灯变压器的铁芯，金属外壳、输出端的一端以及保护箱等均应进行可靠的接地。

④高压线的连接。

霓虹灯管和变压器安装后，即可进行高压线的连接，霓虹灯专用变压器的

二次导线和灯管间的连接线，应采用额定电压不低于15 kV的高压尼龙绝缘线。

高压导线支持点间的距离，在水平敷设时为0.5 m；垂直敷设时，支持点间的距离为0.75 m。

高压导线在穿越建筑物时，应穿双层玻璃管加强绝缘，玻璃管两端须露出建筑物两侧，长度各为50～80 mm。

⑤低压电路的安装。

对于容量不超过4 kW的霓虹灯，可采用单相供电；对超过4 kW的大型霓虹灯，需要提供三相电源，霓虹灯变压器要均匀分配在各相上。

在霓虹灯控制箱内一般装设有电源开关、定时开关和控制接触器。电源开关采用塑壳自动开关，定时开关有电子式及钟表式两种。图9.8所示为钟表式定时开关的接线系统图。定时开关有两个时间固定插销，一个作接通用，另一个作断开用。在同步电动机M通电后，经过减速机构使转盘随着时间而转动，当经过盘面微动开关时，碰触微动开关，使接触器接通或断开，控制霓虹灯时通时断，闪烁发光。

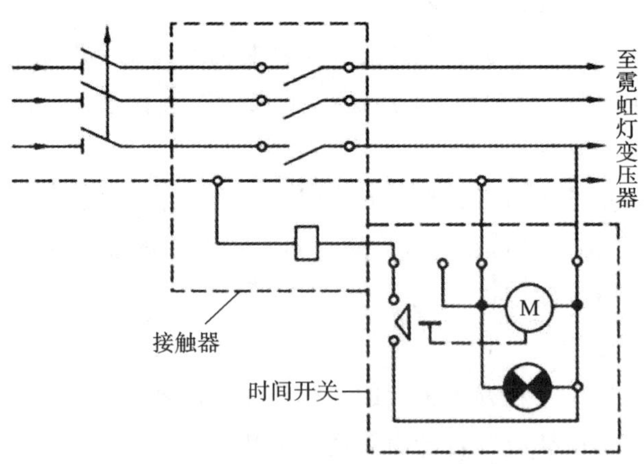

图9.8　霓虹灯控制箱内钟表式定时开关的接线系统图

一般控制箱装设在邻近霓虹灯的房间内。为防止检修霓虹灯时触及高压线，在霓虹灯与控制箱之间应加装电源控制开关和熔断器。在检修灯管时，先断开控制箱开关，再断开现场的控制开关，以防止造成误合闸而使霓虹灯管带电的危险。

霓虹灯通电后，灯管内会产生高频噪声电波，它将辐射到霓虹灯的周围，严重干扰电视机和收音机的正常使用。为了避免这种情况，只要在低压回路上

装接一个电容器即可。

(3) 建筑景观照明灯安装。

对主要街道或广场附近的重要高层建筑，一般采用景观照明，以便晚上突出建筑物的轮廓，是渲染气氛、美化城市、标志人类文明的一种宣传性照明。

景观照明通常用泛光灯。投光的设置应能表现建筑物或构筑物的特征，并能显示出建筑艺术立体感。

建筑物的景观照明，通常可采用在建筑物自身或在相邻建筑物上设置灯具的布置方式，或是将两种方式相结合，也可以将灯具设置在地面绿化带中。

安装景观照明时，应使整个建筑物或构筑物受照面的上半部的平均亮度为下半部的2～4倍。但尽量不要在顶层设立向下的投光照明，因为这样设置，投光灯就要伸出墙一段距离，不但难安装、难维护，而且有碍建筑物外表美观。

建筑景观照明灯具安装应符合下列规定。

①每套灯具的导电部分对地绝缘电阻值大于2 MΩ。

②在人行道等人员来往密集场所安装的落地式灯具，无围栏防护，安装高度距地面2.5 m以上。

③灯具构架应固定可靠，地脚螺栓拧紧，备帽齐全；灯具的螺栓紧固、无遗漏。灯具外露的电线或电缆应有柔性金属导管保护。

④金属构架和灯具的可接近裸露导体及金属软管的接地(PE)或接零(PEN)可靠，且有标志。

景观照明灯的控制电源箱可安装在所在楼层竖井内的配电小间内，控制启闭宜由控制室或中央电脑统一管理。

(4) 航空障碍标志灯安装。

航空障碍灯作为城市高层建筑、烟囱、桥梁、广播电视发射塔、电力通信铁塔、内河海上船舶助航及机场周边设施等标志性闪光灯，可确保夜间航空安全，而且可以起到美化建筑物夜间景观的作用。

按国家标准，顶部高出其地面45 m以上的高层建筑必须设置航空障碍标志灯。为了与一般用途的照明灯有所区别，对航空障碍标志灯闪光频率、光强等均实行标准限制，闪光频率应为每分钟20～60次，且应根据安装高度选择适当颜色和光强。

航空障碍标志灯安装应符合下列规定。

①灯具装设在建筑物或构筑物最高部位。当最高部位平面面积较大或为建

筑群时，除在最高端装设外，还在其外侧转角的顶端分别装设灯具。

②当灯具在烟囱顶上安装时，安装在低于烟囱口1.5～3 m的部位，且呈正三角形水平排列。

③灯具的类型应根据安装高度确定。低光强的（距地面60 m以下装设时采用）为红色光，其有效光强大于1600 cd。高光强的（距地面150 m以上装设时采用）为白色灯，有效光强随背景亮度而定。

④灯具安装牢固可靠，且设置方便维修和更换光源的设施。同一建筑物或建筑群灯具间的水平、垂直距离不大于45 m。

⑤灯具的电源按主体建筑中最高负荷等级要求供电；灯具的自动通、断电源控制装置动作准确。

航空障碍标志灯的启闭一般可使用露天安放的光电自动控制器进行控制。它以室外自然环境照度为参量来控制光电元件的动作启闭障碍标志灯，也可以通过建筑物的管理电脑，以时间程序来启闭障碍标志灯。为了有可靠的供电电源，两路电源的切换最好在障碍标志灯控制盘处进行。安装障碍标志灯的金属支架一定要与建筑物防雷装置进行焊接。

（5）庭院灯安装。

庭院灯安装应符合下列规定。

①每套灯具的导电部分对地绝缘电阻值大于2 MΩ。

②立柱式路灯、落地式路灯、特种园艺灯等灯具与基础固定可靠，地脚螺栓备帽齐全。灯具的接线盒或熔断器盒，盒盖的防水密封垫完整；架空线路电杆上的路灯，固定可靠，紧固件齐全、拧紧，灯位正确；每套灯具配有熔断器保护。

③金属立柱及灯具可接近裸露导体接地（PE）或接零（PEN）可靠。接地线单设干线，干线沿庭院灯布置位置形成环网状，且不少于两处与接地装置引出线连接。由干线引出支线与金属灯柱及灯具的接地端子连接，且有标志。

④灯具的自动通、断电源控制装置动作准确，每套灯具熔断器盒内熔丝齐全，规格与灯具适配。

4. 专用灯具安装

（1）应急照明灯具安装。

应急照明灯具的安装方法与普通照明灯具安装方法基本相同，为满足它的特种用途，应符合下列规定。

①应急照明灯的电源除正常电源外，另有一路电源供电。或者是独立于正

常电源的柴油发电机组供电；或由蓄电池柜供电或选用自带电源型应急灯具。

②应急照明在正常电源断电后，电源转换时间为：疏散照明≤15 s；备用照明≤15 s（金属商店交易所≤1.5 s）；安全照明≤0.5 s。

③疏散照明由安全出口标志灯和疏散指示灯组成。安全出口标志灯距地高度不低于2 m，且安装在疏散出口和楼梯口里侧的上方。

④疏散指示灯安装在安全出口的顶部，楼梯间、疏散走道及其转角处应安装在1 m以下的墙面上。不易安装的部位可安装在上部。疏散通道上的标志灯间距不大于20 m（人防工程不大于10 m）。

⑤疏散标志灯的设置，不影响正常通行，且不在其周围设置容易混同疏散指示灯的其他标志牌等。

⑥疏散照明采用荧光灯或白炽灯；安全照明采用卤钨灯，或采用能瞬时可靠点燃的荧光灯。

⑦应急照明灯具、运行中温度大于60 ℃的灯具，靠近可燃物时，应采取隔热、散热等防火措施。当采用白炽灯、卤钨灯等光源时，不直接安装在可燃装修材料或可燃物件上。

⑧安全出口标志灯和疏散标志灯装有玻璃或非燃材料的保护罩，面板亮度均匀度为1∶10（高低：最高），保护罩应完整、无裂纹。

⑨应急照明线路在每个防火分区有独立的应急照明回路，穿越不同防火分区的线路有防火隔堵措施。

⑩疏散照明线路采用耐火电线、电缆，穿管明敷或在非燃烧体内穿刚性导管暗敷，暗敷保护层厚度不小于30 mm。电线采用额定电压不低于750 V的铜芯绝缘电线。

（2）防爆灯具安装。

防爆灯具安装应符合下列规定。

①灯具的防爆标志、外壳防护等级和温度组别与爆炸危险环境相适配。

②灯具配套齐全，不用非防爆零件替代灯具配件（金属护网、灯罩、接线盒等）；灯具及开关的外壳完整，无损伤、无凹陷或沟槽，灯罩无裂纹，金属护网无扭曲变形，防爆标志清晰。

③灯具的安装位置离开释放源，且不在各种管道的泄压口及排放口上下方安装灯具。

④灯具及开关安装牢固可靠，紧固螺栓无松动、锈蚀，密封垫圈完好。灯具吊管及开关与接线盒螺纹啮合扣数不少于5扣，螺纹加工光滑、完整、无锈

蚀，并在螺纹上涂以电力复合脂或导电性防锈脂。

⑤开关安装位置便于操作，安装高度宜为1.3 m。

（3）36 V及以下行灯变压器和行灯安装。

36 V及以下行灯变压器和行灯安装必须符合下列规定。

①行灯电压不大于36 V，在特殊潮湿场所或导电良好的地面上以及工作地点狭窄、行动不便的场所行灯电压不大于12 V。

②行灯变压器的固定支架牢固，油漆完整；变压器外壳、铁芯和低压侧的任意一端或中性点，接地（PE）或接零（PEN）可靠。

③行灯变压器为双圈变压器，其电源侧和负荷侧有熔断器保护，熔丝额定电流分别不应大于变压器一次、二次的额定电流。

④行灯体及手柄绝缘良好，坚固、耐热、耐潮湿；灯头与灯体结合紧固，灯头无开关，灯泡外部有金属保护网、反光罩及悬吊挂钩，挂钩固定在灯具的绝缘手柄上。

⑤携带式局部照明灯电线采用橡套软线。

9.2.2 配电箱安装

配电箱根据其主要用途，可分为动力配电箱和照明配电箱；按其安装方式，可分为挂墙（柱）明装、嵌墙暗装和落地式安装。

1. 配电箱挂墙（柱）明装

配电箱明装可以直接固定在墙（柱）表面，也可以先在墙（柱）上安装支架，将配电箱固定在支架上。

直接安装在墙上时，应先埋设固定螺栓或膨胀螺栓。螺栓的规格应根据配电箱的型号和质量选择。其长度应为埋设深度（一般为120～150 mm）加箱壁厚度以及螺帽和垫圈的厚度，再加3～5扣的余量长度。

施工时，先量好配电箱安装孔的尺寸，在墙上画好孔位，然后打洞，埋设螺栓（或金属膨胀螺栓）。待填充的混凝土牢固后，即可安装配电箱。安装配电箱时，要用水平尺放在箱顶上，测量箱体是否水平。如果不平，可调整配电箱的位置以达到要求，同时在箱体的侧面用磁力吊线锤测量配电箱上下端与吊线的距离；如果相等，说明配电箱装得垂直，否则应查明原因，并进行调整。

配电箱安装在支架上时，应先将支架加工好，支架上钻好安装孔，然后将

支架埋设固定在墙上，或用抱箍固定在柱子上，再用螺栓将配电箱安装在支架上，并调整其水平度和垂直度。应注意加工支架时，下料和钻孔严禁使用气割，支架焊接应平整，不能歪斜，并应除锈露出金属光泽，而后刷樟丹漆一道，灰色油漆两道。

配电箱安装应牢固，其安装高度应按施工图纸要求确定。若无要求，一般底边距地面为1.5 m，安装垂直度允许偏差为1.5‰。配电箱上应注明用电回路名称。

2. 配电箱嵌墙暗装

配电箱嵌墙暗装（嵌入式安装）通常是指在配合土建砌墙时将箱体预埋在墙内。面板四周边缘应紧贴墙面，箱体与墙体接触部分应刷防腐漆；按需要砸下敲落孔压片；有贴脸的配电箱，应把贴脸揭掉。一般当主体工程砌至安装高度就可以预埋配电箱，配电箱的宽度超过300 mm时，箱上应加过梁，避免安装后受压变形。放入配电箱时应使其保持水平和垂直，应根据箱体的结构形式和墙面装饰厚度来确定突出墙体的尺寸。预埋的电线管均应接入配电箱内。配电板安装之前，应对箱体和线管的预埋质量进行检查，确认符合设计要求后，再进行板的安装。安装配电板时，先清除杂物、补齐护帽，检查板面安装的各种部件是否齐全、牢固。配电板安装好后，安装地线。照明配电箱内，应分别设置零线（N）和保护地线（PE线）汇流排，零线和保护地线应在汇流排上连接，不得铰接。暗装照明配电箱底边一般距地面1.5 m；安装垂直度允许偏差为1.5‰。导线引出盘面，均应套绝缘管。

3. 配电箱落地式安装

落地式配电箱可以直接安装在地面上，也可以安装在混凝土台上。这两种形式实为一种，都要埋设地脚螺栓，以固定配电箱。

埋设地脚螺栓时，要使地脚螺栓之间的距离和配电箱安装孔尺寸一致，且地脚螺栓不可倾斜，其长度要适当，使紧固后的螺栓高出螺帽3～5扣。

配电箱安装在混凝土台上时，混凝土台的尺寸应视贴墙或不贴墙两种安装方法而定。不贴墙时，四周尺寸均以超出配电箱50 mm为宜；贴墙安装时，除贴墙的一边外，其余各边应超出配电箱50 mm，超得太窄，螺栓固定点强度不够，太宽了浪费材料，也不美观。

待地脚螺栓或混凝土台干固后，即可将配电箱就位，调整水平度和垂直度，水平度误差不应大于1/1000，垂直度误差不应大于1.5/1000，符合要求后，即可将螺帽拧紧固定。

安装在振动场所时，应采取防振措施，可在盘与基础间加以适当厚度的橡皮垫（一般不小于10 mm），防止由于振动使电器发生误动作，造成事故。

4. 照明配电箱安装质量要求

照明配电箱安装应符合下列规定。

（1）配电箱内配线整齐，无绞接现象。回路编号齐全，标志正确；导线连接紧密，不伤芯线，不断股。垫圈下螺钉两侧压的导线截面积相同，同一端子上导线连接不多于2根，防松垫圈等零件齐全。

（2）箱内开关动作灵活可靠，带有漏电保护的回路，漏电保护装置动作电流不大于30 mA，动作时间不大于0.1 s。

（3）箱内分别设置零线（N）和保护地线（PE线）汇流排，零线和保护地线经汇流排配出。

（4）配电箱安装牢固，位置正确，部件齐全，箱体开孔与导管管径适配，暗装配电箱箱盖紧贴墙面，箱面涂层完整。

9.2.3 开关、插座、风扇安装

1. 照明开关安装

照明的电气控制方式有两种：一种是单灯或数灯控制；另一种是回路控制。单灯或数灯控制采用室内照明开关，即通常的灯开关。灯开关的品种、型号很多，适用范围也很广。

（1）灯开关的品种、型号。

灯开关按其安装方式，可分为明装开关和暗装开关两种；按其操作方式不同，可分为拉线开关、扳把开关、跷板开关及床头开关等；按其控制方式，可分为单控开关和双控开关。

跷板开关均为暗装开关，开关与盖板连成一体，与86型开关盒配套使用，安装比较方便。跷板开关的一块面板上一般可装1～3个开关，称为单联、双联、三联开关。指甲式开关则可装成面板尺寸为86 mm×86 mm的四联开关和五联开关。另外，还有带指示灯开关，指示灯在开关断开时可显示方位，辨清开关位置，方便操作；防潮防溅开关是在跷板上设置防溅罩，这样就不怕水淋和潮气。

灯开关还有定时、延时开关，调光开关，以及声控、光控开关等多种。

（2）灯开关的安装。

灯开关的安装位置应便于操作，开关边缘距门框边缘的距离宜为0.15～0.2 m，开关距地面高度一般为1.3 m；拉线开关距地面高度宜为2～3 m，层高小于3 m时，拉线开关距顶板应不小于100 mm，拉线出口应垂直向下。

同一建筑物、构筑物的开关应采用同一系列的产品，开关的通断位置应一致，操作灵活、接触可靠；相同型号并列安装及同一室内开关安装高度应一致，且控制有序、不错位；并列安装的拉线开关的相邻间距不小于20 mm。

暗装的开关应采用专用盒，开关面板应紧贴墙面，四周无缝隙，安装牢固，表面光滑整洁、无碎裂、划伤，装饰帽应齐全。面板安装时应注意方向和指示灯：面板上有指示灯的，指示灯应在上面；面板上有产品标识或跷板上有英文字母的不能装反；跷板上部顶端有压制条纹或红色标志的应朝上安装。跷板或面板上无任何标志的，应装成跷板下部按下时开关应处在合闸位置，跷板上部按下时开关应处在断开位置。

开关接线时，应仔细辨认识别好导线，严格做到使开关控制电源相线，使开关断开后灯具上不带电。由两个开关在不同地点控制一盏或多盏灯时，应使用双控开关。

2. 插座安装

插座是各种移动电器的电源接取口，如台灯、电视机、台式电风扇、空调器及洗衣机等。

（1）插座的品种。

插座根据线路的明敷设或暗敷设的需要，有明装式和暗装式两种。250 V单相插座分二孔和三孔等多种，二孔插座专为外壳不需接地的移动电器供电源；三孔插座专为金属外壳需接地的移动电器供电源，它可有力防止电器外壳带电，避免触电危险。另外还有安全型插座、带开关的插座、带熔丝管插座等。

（2）插座的安装。

目前86系列插座已被广泛采用，插座和面板连成一体，在接线桩上接好线后，将面板固定在插座盒上即可。

插座安装高度：当设计图纸未提出要求时，一般距地面高度不宜小于1.3 m；在托儿所、幼儿园、住宅及中小学校等不宜低于1.8 m，同一场所安装的插座，高度应一致。车间及实验室的插座一般距地面高度不宜低于0.3 m；特殊场所暗装插座一般不应低于0.15 m。同一室内安装的插座高度应一致。落地插座应具有牢固可靠的保护盖板。当交流、直流或不同电压等级的插座安装在同一场所时，应有明显区别，且必须选择不同结构、不同规格和不能互换的插座，其配套的插头，应按交流、直流或不同电压等级区别使用。

暗装的插座面板应紧贴墙面，四周无缝隙，安装牢固，表面光滑整洁，无裂纹、划伤，装饰帽齐全。

（3）插座的接线。

插座是长期带电的电器，是线路中容易发生故障的地方，插座的接线孔都有一定的排列位置，不能接错，尤其是单相带保护接地插孔的三孔插座，一旦接错，则容易发生触电伤亡事故。

插座接线孔的排列顺序：单相双孔插座为面对插座的右孔或上孔接相线，左孔或下孔接零线；单相三孔插座，面对插座的右孔接相线，左孔接零线；单相三孔、三相四孔及三相五孔插座的接地线或接零线均应接在上孔。插座的接地端子不应与零线端子连接，同一场所的三相插座，其接线的相位必须一致。

应特别注意，接地（PE）或接零（PEN）线在插座间不串联连接。

3. 吊扇的安装

吊扇的安装需在土建施工中预埋吊钩，吊扇吊钩的选择和安装尤为重要，因为造成吊扇坠落的原因，大多数是吊钩选择不当或安装不牢。

（1）对吊钩的要求。

①吊钩挂上吊扇后一定要使吊扇的重心和吊钩直线部分在同一直线上。吊钩安装应牢固。

②吊钩要能承受住吊扇的质量和运转时的扭力，吊扇吊钩的直径不应小于吊扇悬挂销钉的直径，且不得小于8 mm；有防振橡胶垫；挂销的防松零件齐全、可靠。

③吊钩伸出建筑物的长度应以盖上风扇吊杆护罩后能将整个吊钩全部罩住为宜。

（2）吊钩的安装。

在不同建筑结构上，吊钩的安装方法也不同。

①在木结构梁上，吊钩要对准梁的中心。

②在现浇混凝土楼板上，吊钩采用预埋T形圆钢的方式，吊钩应与主筋焊

接。如无条件，可将吊钩末端部分弯曲后绑扎在主筋上，待模板拆除后，用气焊把圆钢露出的部分加热弯成吊钩。但加热时应用薄铁板与混凝土楼板隔离，防止烤坏楼板。吊钩弯曲半径不宜过小。

③在多孔预制板上安装吊钩，应在架好预制楼板后、没做水泥地面之前进行。在所需安装吊钩的位置凿一个对穿的小洞，把T形圆钢穿下，等浇好楼面埋住后，再把圆钢弯制成吊钩形状。

(3) 吊扇安装。

组装吊扇时，应根据产品说明书进行，严禁改变扇叶角度，且扇叶的固定螺钉应装设防松装置。吊杆之间、吊杆与电机之间的螺纹连接，啮合长度每端不得小于20 mm，并必须装设防松装置，且防松零件齐全紧固。

安装吊扇时，将吊扇托起，用预埋的吊钩将吊扇的耳环挂牢，为了保证安全，避免电扇在运转时人手碰到扇叶。扇叶距地面的高度不应低于2.5 m。然后按接线图进行正确接线，并将导线接头包扎紧密。向上托起吊杆上的护罩，将接头扣于其内，护罩应紧贴建筑物表面，拧紧固定螺钉。

吊扇调速开关安装高度应为1.3 m，同一室内并列安装的开关高度一致，且控制有序不错位。吊扇运转时扇叶不应有显著的颤动和异常声响。

4. 壁扇安装

壁扇适用于正常环境条件的建筑厅室内。它的安装，通常在产品设计时已提出要求。壁扇底座可采用尼龙塞或膨胀螺栓固定；尼龙塞或膨胀螺栓的数量不应少于两个，且直径不应小于8 mm，使壁扇底座固定牢固。

为了避免妨碍人的活动，壁扇安装好后，其下侧边缘距地面高度不宜小于1.8 m，且底座平面的垂直度偏差不宜大于2 mm。

将壁扇的防护罩扣紧，固定可靠，使运转时扇叶和防护罩均没有明显的颤动和异常声响。

9.3　防雷与接地装置安装

9.3.1　防雷装置的安装

雷击可能对建筑物、电气设备、人身安全带来极大的危害，所以防雷与接地一样，都是电气安装工程中极其重要的施工项目。

1. 防雷装置的构成

所谓防雷装置，是指接闪器、引下线、接地装置、过电压保护器及其他连接导体的总和。

（1）接闪器：直接接受雷击的避雷针、避雷带（线）、避雷网以及用作接闪的金属屋面和金属构件等。

（2）引下线：连接接闪器与接地装置的金属导体。

（3）接地装置：接地体和接地线的总和。

（4）接地体：埋入土壤或混凝土基础中作散流用的导体。

（5）接地线：从引下线断接卡或换线处至接地体的连接导体。

（6）过电压保护器：用来限制存在于某两物体之间的冲击过电压的一种设备，如放电间隙、避雷器或半导体器具。

2. 防雷装置的安装方法

（1）屋面避雷针安装。

单支避雷针的保护角可按45°或60°考虑。两支避雷针外侧的保护范围按单支避雷针确定，两针之间的保护范围，对民用建筑可简化为两针间的距离不小于避雷针的有效高度（避雷针凸出建筑物的高度）的15倍，且不宜大于30 m。

屋面避雷针安装时，地脚螺栓和混凝土支座应在屋面施工中由土建人员浇灌好，地脚螺栓预埋在支座内，至少有2根与屋面、墙体或梁内钢筋焊接。待混凝土强度满足施工要求后，再安装避雷针，连接引下线。

施工前，先组装好避雷针，在避雷针支座底板上相应的位置，焊上一块肋板，再将避雷针立起，找直、找正后进行点焊，最后加以校正，焊上其他三块肋板。

避雷针要求安装牢固，并与引下线焊接牢固，屋面上有避雷带（网）的还要与其焊成一个整体。

（2）避雷带（网）安装。

避雷带通常安装在建筑物的屋脊、屋檐（坡屋顶）或屋顶边缘及女儿墙顶（平屋顶）等部位，对建筑物进行保护，避免建筑物受到雷击毁坏。避雷网一般安装在较重要的建筑物上。

①明装避雷带（网）。明装避雷带（网）应采用镀锌圆钢或扁钢制成。镀

锌圆钢直径应为12 mm。镀锌扁钢规格采用25 mm×4 mm或40 mm×4 mm。在使用前，应对圆钢或扁钢进行调直加工，对调直的圆钢或扁钢，顺直沿支座或支架的路径进行敷设。

在避雷带（网）敷设的同时，应与支座或支架进行卡固或焊接连成一体，并同防雷引下线焊接好。其引下线的上端与避雷带（网）的交接处，应弯曲成弧形。避雷带在屋脊上安装。

避雷带（网）在转角处应随建筑造型弯曲，弯曲角度一般不宜小于90°，弯曲半径不宜小于圆钢直径的10倍或扁钢宽度的6倍，绝对不能弯成直角。

避雷带（网）沿坡形屋面敷设时，应与屋面平行布置。

②暗装避雷网。暗装避雷网是利用建筑物内的钢筋做避雷网，以达到建筑物防雷击的目的。因其比明装避雷网美观，所以越来越被广泛利用。

a.用建筑物V形折板内钢筋作避雷网。通常建筑物可利用V形折板内钢筋作避雷网。施工时，折板插筋与吊环和网筋绑扎，通长筋和插筋、吊环绑扎。折板接头部位的通长筋在端部预留钢筋头，长度不少于100 mm，便于与引下线连接。引下线的位置由工程设计决定。

对于等高多跨搭接处，通长筋与通长筋应绑扎。不等高多跨交接处，通长筋之间应用φ8圆钢连接焊牢，绑扎或连接的间距为6 m。

b.用女儿墙压顶钢筋作暗装避雷带。女儿墙压顶为现浇混凝土的，可利用压顶板内的通长钢筋作为暗装防雷接闪器；女儿墙压顶为预制混凝土板的，应在顶板上预埋支架敷设接闪带。用女儿墙现浇混凝土压顶钢筋作暗装防雷接闪器时，防雷引下线可采用直径不小于10 mm的圆钢，引下线与接闪器（即压顶内钢筋）采用焊接连接。在女儿墙预制混凝土板上预埋支架敷设接闪带时，防雷引下线应由板缝引出顶板与接闪带连接。

女儿墙一般设有圈梁，圈梁与压顶之间有立筋时，防雷引下线可以利用在女儿墙中相距500 mm的2根φ8或1根φ10立筋，把立筋与圈梁内通长钢筋全部绑扎为一体更好，女儿墙不需再另设引下线。采用此种做法时，女儿墙内引下线的下端需要焊到圈梁立筋上（圈梁立筋再与柱主筋连接）。引下线也可以直接焊到女儿墙下的柱顶预埋件上（或钢屋架上）。圈梁主筋如能够与柱主筋连接，建筑物则不必再另设专用接地线。

3. 引下线敷设

（1）一般要求。

引下线可分为明装和暗装两种。明装时一般采用直径为8 mm的圆钢或截面为30 mm×4 mm的扁钢。在易受腐蚀部位，截面应适当加大。引下线应沿建筑物外墙敷设，距离墙面为15 mm，固定支点间距不应大于2 m，敷设时应保持一定松紧度。从接闪器到接地装置，引下线的敷设应尽量短而直。若必须弯曲，弯角应大于90°。引下线应敷设于人们不易触及之处。地上1.7 m以下的一段引下线应加保护设施，以避免机械损坏。如用钢管保护，钢管与引下线应有可靠电气连接。引下线应镀锌，焊接处应涂防锈漆，但利用混凝土中钢筋作引下线除外。

一级防雷建筑物专设引下线时，其根数不少于2根，沿建筑物周围均匀或对称布置，间距不应大于12 m，防雷电感应的引下线间距应为18～24 m；二级防雷建筑物引下线数量不应少于2根，沿建筑物周围均匀或对称布置，平均间距不应大于18 m；三级防雷建筑物引下线数量不宜少于2根，平均间距不应大于25 m；周长不超过25 m、高度不超过40 m的建筑物可只设一根引下线。

当引下线长度不足，需要在中间接头时，引下线应进行搭接焊接。装有避雷针的金属筒体，当其厚度不小于4 mm时，可作避雷针引下线。筒体底部应有两处与接地体对称连接。暗装时引下线的截面应加大一级，应用卡钉分段固定。

避雷引下线和变配电室接地干线敷设的有关要求如下。

①建筑物抹灰层内的引下线应有卡钉分段固定；明敷的引下线应平直、无急弯，与支架焊接处，油漆防腐且无遗漏。

②金属构件、金属管道做接地线时，应在构件或管道与接地干线间焊接金属跨接线。

③接地线的焊接、材料选用及最小允许规格、尺寸与接地装置的要求相同。

④明敷引下线及室内接地干线的支持件间距应均匀，水平直线部分为0.5～1.5 m；垂直直线部分为1.5～3 m；弯曲部分为0.3～0.5 m。

⑤接地线在穿越墙壁、楼板和地坪处应加套钢管或其他坚固的保护套管，钢套管应与接地线做电气连通。

(2) 明敷引下线。

明敷引下线应预埋支持卡子，支持卡子应凸出外墙装饰面15 mm以上，露出长度应一致，将圆钢或扁钢固定在支持卡子上。一般第一个支持卡子在距离室外地面2 m高处预埋，距离第一个卡子正上方1.5～2 m处埋设第二个卡

子，依次向上逐个埋设，间距均匀相等，并保证横平竖直。

明敷引下线调直后，从建筑物最高点由上而下，逐点与预埋在墙体内的支持卡子套环卡固，用螺栓或焊接固定，直至到断接卡子为止。

引下线通过屋面挑檐板处，应做成弯曲半径较大的“慢弯”，弯曲部分线段总长度应小于拐弯开口处距离的10倍。

（3）暗敷引下线。

沿墙或混凝土构造柱暗敷设的引下线，一般使用直径不小于12 mm的镀锌圆钢或截面为25 mm×4 mm的镀锌扁铁。钢筋调直后先与接地体（或断接卡子）用卡钉固定好，垂直固定距离为1.5～2 m，由下至上展放（或一段一段连接）钢筋，直接通过挑檐板或女儿墙与避雷带焊接。

利用建筑物钢筋作引下线，当钢筋直径为16 mm及以上时，应利用两根钢筋（绑扎或焊接）作为一组引下线；当钢筋直径为10～16 mm时，应利用四根钢筋（绑扎或焊接）作为一组引下线。

引下线上部（屋顶上）应与接闪器焊接，中间与每层结构钢筋需进行绑扎或焊接连接，下部在室外地坪下0.8～1 m处焊出一根φ12的圆钢或截面为40 mm×4 mm的扁钢，伸向室外且与外墙面的距离不小于1 m。

（4）断接卡子。

为了便于测试接地电阻值，接地装置中自然接地体和人工接地体连接处和每根引下线应有断接卡子。断接卡子应有保护措施。引下线断接卡子应在距离地面1.5～1.8 m高的位置设置。

断接卡子的安装形式有明装和暗装两种。可利用截面不小于40 mm×4 mm或25 mm×4 mm的镀锌扁钢制作，用两根镀锌螺栓拧紧。引下线圆钢或扁钢与断接子的扁钢应采用搭接焊。

明装引下线在断接卡子下部，应外套竹管、硬塑料管等非金属管保护。保护管深入地下部分不应小于300 mm。明装引下线不应套钢管，必须外套钢管保护时，必须在保护钢管的上、下侧焊跨接线与引下线连接成一整体。

用建筑物钢筋作引下线，由于建筑物从上而下钢筋连成一整体，因此，不能设置断接卡子，需要在柱（或剪力墙）内作为引下线的钢筋上，另外焊一根圆钢引至柱（或墙）外侧的墙体上，在距地面1.8 m处，设置接地电阻测试箱；也可在距地面1.8 m处的柱（或墙）的外侧，将用角钢或扁钢制作的预埋连接板与柱（或墙）的主筋进行焊接，再将引出连接板与预埋连接板焊接，引至墙体外表面。

9.3.2 接地装置的安装

1. 接地装置的构成

接地装置由接地体和接地线两部分组成。

（1）接地体。

接地体是指埋入地下与土壤接触的金属导体，有自然接地体和人工接地体两种。自然接地体是指兼作接地用的直接与大地接触的各种金属管道（输送易燃易爆气体或液体的管道除外）、金属构件、金属井管、钢筋混凝土基础等；人工接地体是指人为埋入地下的金属导体，可分为水平接地体和垂直接地体。

①水平接地体多采用 φ16 的镀锌圆钢或 40 mm×4 mm 镀锌扁钢。常见的水平接地体有带形、环形和放射形。埋设深度一般为 0.6～1 m。

a. 带形接地体多为几根水平安装的圆钢或扁钢并联而成，埋设深度不小于 0.6 m，其根数及每根长度按设计要求确定。

b. 环形接地体是用圆钢或扁钢焊接而成，水平埋设于地面 0.7 m 以下。其直径大小按设计规定确定。

c. 放射形接地体的放射根数一般为 3 根或 4 根，埋设深度不小于 0.7 m，每根长度按设计要求确定。

②垂直接地体一般由镀锌角钢或钢管制作。角钢厚度不小于 4 mm，钢管壁厚不小于 3.5 mm，有效截面面积不小于 48 mm^2。所用材料应没有严重锈蚀，弯曲的材料必须矫直后方可使用。一般用 50 mm×50 mm×5 mm 镀锌角钢或 φ50 镀锌钢管制作。垂直接地体的长度一般为 2.5 m，其下端加工成尖形。用角钢制作时，其尖端应在角钢的角脊上，且两个斜边要对称，用钢管制作时要单边斜削。

（2）接地线。

接地线是指电气设备需接地的部分与接地体之间连接的金属导线。其有自然接地线和人工接地线两种。自然接地线种类很多，如建筑物的金属结构（金属梁、桩等），生产用的金属结构（吊车轨道、配电装置的构架等），配线的钢管，电力电缆的铅皮，不会引起燃烧、爆炸的所有金属管道等。人工接地线一般都由扁钢或圆钢制作。

选择自然接地体和自然接地线时，必须要保证导体全长有可靠的电气连接，以形成连续的导体。其中，接地线分为接地干线和接地支线。电气设备接

地的部分就近通过接地支线与接地网的接地干线相连。

接地装置的导体截面应符合稳定和机械强度的要求，且不应小于表9.14所示的最小规格。

表9.14　钢接地体和接地线的最小规格

种类、规格及单位		地上		地下	
		室内	室外	交流电流回路	支流电流回路
圆钢直径/mm		6	8	10	12
扁钢	截面面积/mm^2	60	100	100	100
	厚度/mm	3	4	4	6
角钢厚度/mm		2	2.5	4	6
钢管管壁厚度/mm		2.5	2.5	3.5	4.5

注：电力线路杆塔的接地引出线的截面面积不应小于50 mm^2，引出线应热镀锌。

2. 接地装置的安装方法

（1）人工接地体的制作与安装。

人工接地体分为垂直接地体和水平接地体两种。接地体制作安装，应配合土建工程施工，在基础土方开挖的同时，应挖好接地体沟并将接地体埋设好。

①垂直接地体制作与安装。垂直接地体制作时，截取长度不小于2.5 m的∟50×50角钢、DN50钢管或φ20圆钢，圆钢或钢管端部锯成斜口或锻造成锥形，角钢的一端应加工成尖头形状，尖点应保持在角钢的角脊线上并使两斜边对称。

接地体制作完成后，在接地体沟内，放在沟的中心线上垂直打入地下，顶部距离地面不小于0.6 m，间距不小于两根接地体长度之和，当受地方限制时，可适当减少一些距离，但一般不应小于接地体的长度。

使用大锤敲打接地体时，要把握平稳，不可摇摆，锤击接地体保护帽正中，不得打偏，接地体与地面保持垂直，防止接地体与土壤之间产生缝隙，增加接触电阻影响散流效果。敷设在腐蚀性较强的场所或电阻率大于100 Ω·m的潮湿土壤中的接地装置，应适当加大截面或热镀锌。

②水平接地体制作与安装。水平接地体多用于环绕建筑四周的联合接地，

常用40 mm×4 mm镀锌扁钢制作，最小截面面积不应小于100 mm^2，厚度不应小于4 mm。当接地体沟挖好后，应将其垂直敷设在地沟内（不应平放），垂直放置时，散流电阻较小。水平接地体顶部距离地面不小于0.6 m，多根平行敷设时，水平间距不小于5 m。

沿建筑物外围四周敷设成闭合环状的水平接地体，可埋设在建筑物散水及灰土基础以外的基础槽边。将水平接地体直接敷设在基础底坑与土壤接触是不合适的。这是因为接地体受土壤的腐蚀早晚是会损坏的，被建筑物基础压在下边，日后也无法维修。

（2）人工接地线的安装。

在一般情况下，采用扁钢或圆钢作为人工接地线。接地线应该敷设在易于检查的地方，并须有防止机械损伤及防止化学作用的保护措施。从接地干线敷设到用电设备的接地支线的距离越短越好。当接地线与电缆或其他电线交叉时，其距离至少为25 mm。在接地线与管道、铁道等交叉的地方，以及在接地线可能受到机械损伤的地方，接地线上应加保护装置，一般要套以钢管。当接地线跨过有振动的地方，如铁路轨道时，接地线应略加弯曲，以便在振动时有伸缩的余地，免于断裂。

接地线沿墙、柱、天花板等敷设时，应有一定距离，以便维护、观察，同时，避免因距离建筑物太近容易接触水汽而造成锈蚀现象。在潮湿及有腐蚀性的建筑物内，接地线离开建筑物的距离至少为10 mm，在其他建筑物内则至少为5 mm。

当接地线穿过墙壁时，可先在墙上留洞或设置钢管，钢管伸出墙壁至少10 mm。接地线放入墙洞或钢管内后，在洞内或管内先填以黄沙，然后在两端用沥青或沥青棉纱封口。当接地线穿过楼板时，也必须装设钢管。钢管离开楼板上面至少30 mm，离开楼板下面至少10 mm。

当接地线跨过伸缩缝时，应采用补偿装置。常采用的补偿装置有两种：一种是将接地线在伸缩缝处略微弯曲，以补偿伸缩时的影响，可避免接地线断裂；另一种方法是采用钢绞线作为连接线，该连接线的电导不得小于接地线的电导。

当接地线跨过门时，必须将接地线埋入门口的混凝土地坪内。

接地线连接时一般采用对焊。采用扁钢在室外或土壤中敷设时，焊缝长度为扁钢宽度的2倍，在室内明敷焊接时，焊缝长度可等于扁钢宽度；当采用圆钢焊接时，焊缝长度应为圆钢直径的6倍。

接地线与电气设备的连接可采用焊接或螺栓连接。采用螺栓连接时，连接的地方要用钢丝刷刷光并涂以中性凡士林油，在接地线的连接端最好镀锡以免氧化，然后再在连接处涂上一层漆以免锈蚀。

3. 接地装置的涂色

接地装置安装完毕后，应对各部分进行检查，尤其是对焊接处更要仔细检查焊接质量，对合格的焊缝应按规定在焊缝各面涂装。

明敷的接地线表面应涂黑漆，如因建筑物的设计要求，需涂其他颜色，则应在连接处及分支处涂以宽度为15 mm的两条黑带，间距为150 mm。中性点接至接地网的明敷接地导线应涂紫色带黑色条纹。在三相四线制网络中，如接有单相分支线并且零线接地，零线在分支点处应涂黑色带以便识别。

4. 接地电阻测量

接地装置的接地电阻是接地体的对地电阻和接地线电阻的总和。接地电阻的数值等于接地装置对地电压与通过接地体流入地中电流的比值。测量接地电阻的方法很多，目前广泛采用接地电阻测量仪和接地摇表来测量。

5. 降低接地电阻的措施

流散电阻与土壤的电阻率有直接关系。土壤电阻率越低，流散电阻也就越低，接地电阻就越小。所以，在遇到电阻率较高的土壤（如砂质、岩石以及长期冰冻的土壤）时，装设的人工接地体要达到设计要求的接地电阻，往往要采取适当的措施，常用的方法如下。

（1）对土壤进行混合或浸渍处理。在接地体周围土壤中适当混入一些木炭粉、炭黑等以提高土壤的电导率，或用食盐溶液浸渍接地体周围的土壤，对降低接地电阻也有明显效果。近年来还有采用木质素等长效化学降阻剂的，效果也十分显著。

（2）改换接地体周围部分土壤。将接地体周围换成电阻率较低的土壤，如黏土、黑土、砂质黏土、加木炭粉土等。

（3）增加接地体埋设深度。当碰到地表面岩石或高电阻率土壤不太厚，而下部就是低电阻率的土壤时，可采用钻孔深埋或开挖深埋的方式将接地体埋至低电阻率的土壤中。

（4）外引式接地。当接地处土壤电阻率很大而在距离接地处不太远的地方有导电良好的土壤或有不冰冻的湖泊、河流时，可将接地体引至该低电阻率的地带，然后按规定做好接地。

9.3.3 等电位联结

1. 总等电位联结

总等电位联结的作用是降低建筑物内间接接触点间的接触电压和不同金属部件间的电位差，并消除自建筑物外经电气线路和各种金属管道引入的危险故障电压的危害，通过等电位联结端子箱内的端子板，将下列导电部分互相连通。

（1）进线配电箱的PE（PEN）母排。

（2）共用设施的金属管道，如上水、下水、热力、燃气等管道。

（3）与室外接地装置连接的接地母线。

（4）与建筑物连接的钢筋。

每一建筑物都应设总等电位联结线，对于多路电源进线的建筑物，每一电源进线都须做各自的总等电位联结，所有总等电位联结系统之间应就近互相连通，使整个建筑物电气装置处于同一电位水平。等电位联结线与各种管道连接时，抱箍与管道的接触表面应清理干净，管箍内径等于管道外径，其大小依管道大小而定，安装完毕后测试导电的连续性，导电不良的连接处焊接跨接线。跨接线及抱箍连接处应刷防腐漆。金属管道的连接处一般不需焊接跨接线，给水系统的水表需加接跨接线，以保证水管的等电位联结和接地的有效。装有金属外壳的排风机、空调器的金属门、窗框或靠近电源插座的金属门、窗框，以及外露可导电部分伸臂范围内的金属栏杆、天花龙骨等金属体须做等电位联结。为避免用燃气管道做接地极，燃气管道入户后应插入一绝缘段（例如在法兰盘间插入绝缘板）以与户外埋地的燃气管隔离，为防止雷电流在燃气管道内产生电火花，在此绝缘段两端应跨接火花放电间隙，此项工作由燃气公司负责。一般场所离人站立处不超过10 m的距离内如有地下金属管道或结构即可认为满足地面等电位的要求，否则应在地下加埋等电位带，游泳池之类特殊电击危险场所须增大地下金属导体密度。等电位联结内，各连接导体可采用焊接连接，焊接处不应有夹渣、咬边、气孔及未焊透情况；也可采用螺栓连接，这时注意保持接触面的光洁、足够的接触压力和面积。在腐蚀性场所应采取防腐措施，如热镀锌或加大导线截面等。等电位联结端子板应采取螺栓连接，以便

拆卸进行定期检测。当等电位联结线采用钢材焊接时，应用搭接焊并满足如下要求。

（1）扁钢的搭接长度应不小于其宽度的2倍，三面施焊（当扁钢宽度不同时，搭接长度以宽的为准）。

（2）圆钢的搭接长度应不小于其直径的6倍，双面施焊（当直径不同时，搭接长度以直径大的为准）。

（3）圆钢与扁钢连接时，其搭接长度应不小于圆钢直径的6倍。

（4）扁钢与钢管（或角钢）焊接时，除应在其接触部位两侧进行焊接外，还应焊以由钢带弯成的弧形（或直角形）卡子，或直接由钢带本身弯成弧形（或直角形）与钢管（或角钢）焊接。

2. 辅助等电位联结

在一个装置或部分装置内，如果作用于自动切断供电的间接接触保护不能满足规范规定的条件，则需要设置辅助等电位联结。辅助等电位联结包括所有可能同时触及的固定式设备的外露部分，所有设备的保护线，水暖管道、建筑物构件等装置外导体部分。

用于两电气设备外露导体间的辅助等电位联结线的截面为两设备中心较小PE线的截面；电气设备与装置外可导电部分间辅助等电位联结线的截面为该电气设备PE线截面的一半。辅助等电位联结线的最小截面，若有机械保护，采用铜导线时为2.5 mm^2，采用铝导线时为4 mm^2；若无机械保护，铜、铝导线均为4 mm^2；采用镀锌材料时，圆钢为$\varphi10$，扁钢规格为20 mm×4 mm。

3. 局部等电位联结

当需要在一局部场所范围内做多个辅助等电位联结时，可通过局部等电位联结端子板将PE母线或PE干线或公用设备的金属管道等互相连通，以简便地实现该局部范围内的多个辅助等电位联结，被称为局部等电位联结。通过局部等电位联结端子板将PE母线或PE干线、公用设施的金属管道、建筑物金属结构等部分互相连通。

在如下情况下须做局部等电位联结：网络阻抗过大，使自动切断电源时间过长；不能满足防电击要求；TN系统（TN系统一般指保护接零，T表示电源接地点，即配电系统中的中性点；N表示电气设备的外露可导电部分接到保护线上的一点。）内自同一配电箱供电给固定式和移动式两种电气设备，而固定式设备保护电气切断电源时间不能满足移动式设备防电击要求；为满足浴室、游泳池、医院手术室、农牧业等场所对防电击的特殊要求；为满足防雷和信息系统抗干扰的要求。

4. 等电位联结导通性测试

等电位联结安装完毕后应进行导通性测试，测试用电源可采用空载电压为4～24 V的直流或交流电源。测试电流不应小于0.2 A。当测得等电位联结端子板与等电位联结范围内的金属管道等金属体末端之间的电阻不超过3 Ω时，可认为等电位联结是有效的。如发现导通性不良的管道连接处，应做跨接线，在投入使用后应定期做测试。

第10章　建筑工程施工实践

10.1　凤凰怡境商住小区施工实践

10.1.1　工程概况

凤凰怡境商住小区位于甘肃省庆阳市西峰区庆城东路，建筑面积20万m^2，主要为框架剪力墙结构、框架结构。

该工程主要特点如下。

（1）资源需求量大。

本工程短期不仅需组织大量劳动力，而且物资需求量大。

（2）场地开阔。

本工程要科学合理分阶段安排平面布置，是本工程的重点工作。

（3）总承包管理，具有全面性和复杂性。

本工程施工涵盖的专业较多，有土建、电气、通风空调、给排水、弱电智能、电梯、粗装修、消防、园林景观等专业；另外项目的工期目标对总承包管理提出更高的要求。

（4）文明施工、安全生产、环境保护要求高。

本工程紧邻市区，对安全、文明、环境施工管理要求高，施工现场需要一些强有力的安全管理措施，如防坠落、防扬尘覆盖、污水处理等。

（5）混凝土浇筑量大、强度等级高。

本工程不仅底板混凝土浇筑量大，而且对于高层基础的混凝土强度等级要求较高，结构整体性要求高，因此必须控制混凝土的水化热并采用正确的浇筑方法防止产生裂缝。

（6）新技术、新材料、新工艺应用多。

本工程采用新技术、新材料和新工艺，如混凝土裂缝防治技术、高效钢筋与高效钢筋连接技术、节能施工等，必须努力开展新技术应用。

10.1.2 桩基工程

桩基工程主要采用钻孔灌注桩施工。

1. 旋挖机作业原理

旋挖机又称旋挖钻机，是进行道路交通、高层建筑物基础施工的工具。旋挖机是一种综合性的钻机，它可以用短螺旋钻头进行干挖作业，也可以用回转钻头在泥浆护臂的情况下进行湿挖作业。旋挖机可以配合冲锤钻碎坚硬地层后进行挖孔作业。如果配合扩大头钻具，可在孔底进行扩孔作业。旋挖机采用多层伸缩式钻杆，钻进辅助时间少，劳动强度低，不需要泥浆循环排渣，节约成本，无污染，特别适用于城市建设的基础施工。

旋挖机成孔后，沉渣的清理是控制桩身质量的关键。传统的清渣方法为正反循环清孔成孔工艺，而近几年出现灌注桩气举反循环清孔工艺，其克服了原有工艺的一些缺点，效果远好于一般清孔工艺。

2. 工法特点

（1）旋挖钻机适用于砂土、黏性土、粉质土等土层施工，在灌注桩、连续墙、基础加固等多种地基基础施工中得到广泛应用。

（2）旋挖钻机的额定功率一般为125～450 kW，动力输出扭矩为120～400 kN•m，最大成孔直径可达1.5～3 m，最大成孔深度为60～90 m，可以满足各类大型基础施工的要求。

（3）气举反循环清渣效果较好，沉渣层较薄。与传统清渣方法相比，清孔时间短，每根桩清孔时间约减少2个小时，提高了劳动生产率，加快施工设备的周转周期，直接降低了工程施工成本。

（4）选用的泥浆密度较小、浓度较小，对孔内压力较小，对孔壁四周作用力也小，孔壁四周泥皮较薄，增加了桩孔的侧摩阻力，也提高了单桩承载力。

（5）清渣速度快，泥浆排放量减少，减少环境污染，降低施工清运处理成本。

3. 施工工艺

（1）工艺原理。

①旋挖钻机将整体自重置于可自动行走的履带式底盘上，以自带柴油发动机输出动力来提供施工现场所需要的大功率电源，利用筒式钻斗底部的斗齿，在液压油缸的加压下钻进，切削土体，并压入容器内，然后由钻杆提出筒式钻头，至孔口后快速回转倒土。护壁泥浆采用优质膨润土、烧碱、纤维素等根据地质情况按一定比例配制而成，并随着旋挖钻进用泥浆泵持续注入孔内，起到静压护壁作用，以保证水头压力，如此反复循环完成成孔作业。成孔达到设计深度和质量要求后，安装钢筋笼和导管，灌注水下混凝土。

②气举反循环清孔是沉渣从导管内排出的清渣工艺。方法是利用空压机压缩空气，通过安装在导管内的风管将高压气送至桩孔内。高压气与泥浆混合，在导管内形成一种密度小于泥浆的浆气混合物。浆气混合物因其比重小于泥浆而上升，在导管内混合器底端形成负压，下面的泥浆在负压的作用下上升。在桩孔内液柱压力的作用下，导管内的混合物以较高的速度向上流动。导管的内断面面积大大小于导管外壁与桩壁间的环状断面面积，便形成了流速、流量极大的反循环，携带沉渣从导管内反出，连续不断排出导管以外。清渣工艺流程示意如图10.1所示。

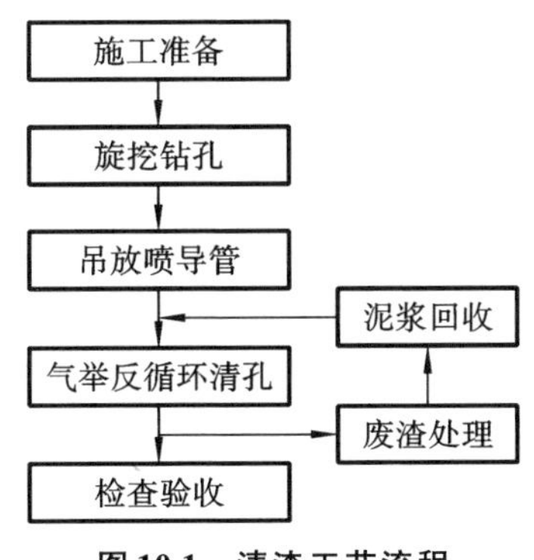

图10.1　清渣工艺流程

（2）操作工艺要点。

①桩位的测量放样。

采用全站仪坐标法来进行桩的中心位置放样，放样后四周设护桩并复测，误差控制在5 mm以内。桩位用直径10 mm、长度35～40 cm钢筋打入地面30 cm（四周填以水泥砂浆或混凝土来保护）作为桩的中心点，然后在桩位周围做上标记，既便于寻找，又可防止机械移位时破坏桩点。

②埋设护筒。

护筒的作用为固定桩位，引导钻头方向，隔离地面水流入孔内，保证孔内水位高出地下水位或施工水位，增加水头高度，保护孔壁不坍塌，确保成孔质量。

a.护筒的要求。

护筒选用整体式钢制护筒，壁厚5～8 mm，高度3 m。为了增加护筒的刚度，防止周转使用中的变形，在护筒的上口和中部的外侧各焊一道加劲肋。在埋设护筒时，护筒的顶端均高出地下水位2.0 m以上，以增加孔内水头压力。

b.护筒的埋设。

护筒的埋设采用旋挖钻机静压法来完成。首先正确就位钻机，使其机体垂直度、钻杆垂直度和桩位钢筋条三线合一，然后在钻杆顶部安装筒式钻头挖孔，深度略小于护筒的埋深，然后用吊车吊起护筒并正确就位，用旋挖钻杆将其垂直压入土体中。护筒埋设后再将桩位中心通过四个控制护桩引回，使护筒中心与桩位中心重合。

③钻机就位。

旋挖钻机底盘为伸缩式自动整平装置，并在操作室内有仪表准确显示电子读数，当钻头对准桩位中心十字线时，各项数据即可锁定，无须再作调整。钻机就位后钻头中心和桩位中心应对正准确，误差控制在2 cm内。

④钻进。

旋挖钻机钻孔取土时，依靠钻杆和钻头自重切入土层，斜向斗齿在钻斗回转时切下土块向斗内推进而完成钻取土；遇硬土时，自重力不足以使斗齿切入土层，此时可通过加压油缸对钻杆加压，强行将斗齿切入土中，完成钻孔取土。钻斗内装满土后，由起重机提升钻杆及钻斗至地面，拉动钻斗上的开关即打开底门，钻斗内的土依靠自重作用自动排出。钻杆向下放，关好斗门，再回转到孔内进行下一斗的挖掘。

每一循环过程视孔深不同在1～5 min内完成。每钻进一斗，入土0.5～0.8 m。50 m深桩孔，在一般地质条件下100～200斗即告完成。软土层每小时进尺深度最高可达15 m。

⑤气举反循环清孔。

a. 导管下放深度以出浆管底距沉淤面300～400 mm为宜，风管下放深度一般以浆气混合器至泥浆面距离与孔深之比的0.55～0.65倍来确定。

b. 主要参数：空压机的风量6～9 m^3/min，导管出水管直径大于200 mm，送风管直径（水管）25 mm，浆气混合器用直径为25 mm水管制作，在1 m左

右长度范围内打6排孔，每排4个8 mm孔即可。

c. 开始送风时应先孔内送浆（补浆），停止清孔时应先关气后断浆。清孔过程中，特别要注意补浆量，严防因补浆不足（水头损失）而造成塌孔。

d. 送风量应从小到大，风压应稍大于孔底水头压力，当孔底沉渣较厚、块度较大，或沉淀板结时，可适当加大送风量，并摇动导管，以利排渣。

e. 随着钻渣的排出，孔底沉淤厚度较小，导管应同步跟进，以保持管底口与沉淤面的距离。

f. 反循环法清孔时所需风压P的计算，见式（10.1）。

$$P=\gamma_s \cdot h_0/1000+\Delta P \tag{10.1}$$

式中：γ_s为泥浆比重，kN/m^3，一般取1.2；h_0为混合器沉没深度，m；ΔP为供气管道压力损失，一般取0.05～0.1 MPa。

⑥工艺所用护壁泥浆采用自造泥浆。

自造泥浆由膨润土、黏土等材料和清水拌和而成。泥浆具有一定的相对密度，如孔内泥浆液面高出地下水位一定高度，泥浆在孔内就对孔壁产生一定的静水压力，可抵抗作用在孔壁上的侧向土压力和水压力，相当于一种液体支撑，以防止孔壁坍塌或剥落，并防止地下水渗入。

4. 劳动力组织

（1）本工艺要求24 h连续作业，因此需两班倒或三班倒，一般采用白班和夜班两班倒作业。

（2）单根桩成孔配1班人。每班6人，包括班长1人，起重工1人，操作工2人，力工2人。

5. 质量控制

（1）泥浆质量标准。

泥浆质量标准见表10.1。

（2）质量保证措施。

①在松软土层或砂层中清孔时，注意观察浆液面的变化，同时适当加大泥浆的比重和黏度，成孔和搁置时间不宜过长，以减小液面荷载。

②专职人员应不断检查孔内泥浆的高度和质量，并做好检查记录，及时调整泥浆指标。当发现严重坍塌时，应提出钻头，填入较好黏土重新成孔。

③雨天地下水位上升，应及时加大泥浆比重和黏度，当需要降低地下水位

表10.1　泥浆质量标准

指标名称	新制备的泥浆	使用过的循环泥浆	检验方法
黏度	19～21 s	19～25 s	500 cc/700 cc漏斗法
相对密度	＜1.05	＜1.20	泥浆比重称
失水量	＜10 ml/30 min	＜20 ml/30 min	失水量仪
泥皮厚度	＜1 mm	＜2.5 mm	失水量仪
稳定性	100%	—	—
pH值	8～9	＜11	pH试纸

时要定时观察地下水位严防地下水向孔内渗流。

④清孔前后，都要测量孔深，沉渣厚度应小于5 cm。

10.1.3　土方工程

（1）土方开挖原则。

①符合现场施工现状和环境条件，设计方案先进、合理、安全、可行。

②符合水文地质条件及相关要求。

③保证基坑绝对安全可靠。

④施工工期合理。

⑤充分考虑后续结构施工的合理衔接。

⑥保证邻近建筑物和市政管网的安全与稳定。

⑦在保证安全、可行的基础上尽量降低工程造价。

（2）土方挖运设计。

土方开挖先进行基坑周边土方开挖。

根据施工区划分，土方开挖平面分为三个施工区域，立面采取分层施工，土方开挖的同时进行锚杆及其他支护形式的施工，最后出土。马道收口采用长臂挖机，一次施工到位。

采用反铲分层开挖法，基坑深度约为5 m，共分两层开挖，分四次开挖至设计标高。基坑土方开挖示意如图10.2所示。

（3）开挖平面组织。

基坑土方开挖时，运土车辆较多，车辆必须分施工段行走，在每个施工流水段内形成环形进出线路，减少等候时间，提高出土效率。

（4）场外运输及弃土。

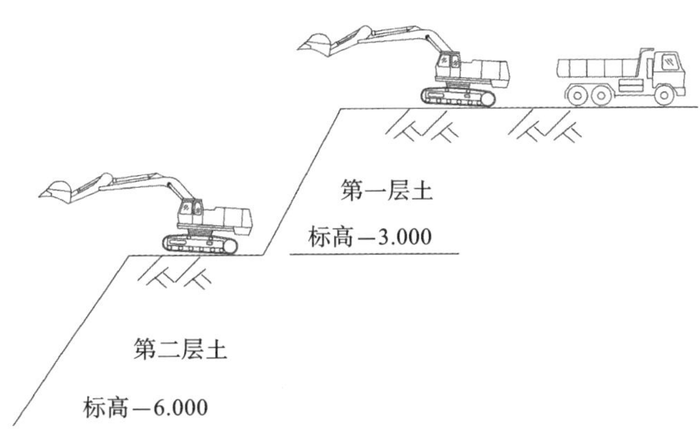

图10.2　基坑土方开挖示意图（单位：m）

开工前选择好弃土场地，做好沿途的交通环卫工作，并交纳其费用，办理好证件，在取得相关部门的同意后，方可进行施工，以保证工程的顺利进行。

（5）基坑监测。

本工程施工监测包括对环境的监测和对围护结构的监测，及时预报施工中出现的问题，以指导施工。

10.1.4　钢筋、模板、混凝土工程

1. 钢筋工程施工

（1）基础钢筋绑扎。

基础钢筋绑扎工艺流程：弹线定位→搭设钢筋绑扎钢管架子→承台钢筋绑扎→基础梁钢筋绑扎→承台、基础梁钢筋就位→钢管架子拆除→底板底筋绑扎→底板马凳筋摆放→底板面筋绑扎→柱子、墙板插筋→清理→隐蔽验收。

（2）柱钢筋绑扎。

柱钢筋绑扎工艺流程：弹柱子线→套柱子箍筋→柱子竖向钢筋连接→画箍筋间距线→箍筋绑扎。

（3）墙钢筋绑扎。

墙钢筋绑扎工艺流程：竖向钢筋清理调整→绑扎暗柱钢筋→绑扎过梁钢筋→绑扎墙体竖向定位梯子筋→绑扎墙体竖向钢筋→绑扎墙体水平钢筋→绑扎拉筋→调整钢筋→验收。

（4）梁板钢筋绑扎。

梁板钢筋绑扎工艺流程：绑扎主梁钢筋→绑扎次梁钢筋→画板筋位置线→

拉通线绑扎板底钢筋→拉通线绑扎板面钢筋→放置保护层垫块→加放钢筋马凳→调整墙、柱钢筋的位置→清理→隐蔽验收。

（5）楼梯钢筋绑扎。

楼梯钢筋绑扎工艺流程：画位置线→绑主筋→绑分布筋→绑踏步筋。

（6）钢筋连接方案。

①竖向方向钢筋连接：直径不大于14 mm的钢筋采用绑扎搭接，直径大于14 mm的钢筋采用直螺纹机械连接，接头的质量应符合相关规范要求。

②水平方向钢筋连接：直径不大于14 mm的钢筋采用绑扎搭接，直径大于14 mm的钢筋采用直螺纹机械连接，连接性能等级为Ⅰ级。接头的质量应符合相关规范要求。

2. 模板工程施工

（1）安装前的准备工作。

①做好定位基准工作。根据控制轴线用墨斗在结构板面上弹出柱、墙结构尺寸线及梁的中轴线。

在柱竖向钢筋上部50 cm标注高程控制点，用以控制梁模板标高。

设置模板定位基准：根据构件断面尺寸切割一定长度的钢筋，点焊在主筋上（以勿烧主筋断面为准），并按二排主筋的中心位置分档，以保证钢筋与模板位置准确。

②对施工需用的模板及配件，逐项清点检查其规格、数量，未经修复的部件不得使用。

③经检查合格的模板，应按照安装程序进行堆放。重叠平放时，每层之间加垫木，模板与垫木上下对齐，底层模板离地面大于10 cm。

④模板安装前，向施工班组、操作工人进行技术交底；在模板表面涂刷不污染混凝土的隔离剂，严禁在模板上涂刷废机油。

⑤做好施工机具及辅助材料的保养及进购等准备工作。

（2）柱模板安装。

①按图纸尺寸在地面先将柱模板分片拼装好，根据柱模板控制线由塔吊或吊车直接吊到位，用钢管临时固定，吊线校正垂直度及柱顶对角线，最后紧固柱箍和对拉螺栓。

②柱模板安装工艺流程：安装前检查→模板拼装→检查拼模尺寸、拼缝→安装柱箍→检查校正→整体固定→柱头找补→验收。

（3）梁模板安装。

①根据楼面弹出的轴线弹出梁定位线。

②按设计标高调整支架的标高，安装梁底模板并拉线找平，当梁跨度不小于4 m时，跨中梁底处按设计要求起拱，如设计无要求，起拱高度一般为梁跨的1‰～3‰。

③梁板下面的基础土体或地坪一定要压实，按钢管立杆间距铺设垫木，确保梁支撑在牢固基础面上。梁部位的架体应设置纵横双向剪刀撑，桩基承台、独立基础和地梁处的剪刀撑的下端应顶紧混凝土面。

（4）墙模板安装。

墙模板安装工艺流程：支模前检查→支一侧模→钢筋绑扎→支另一侧模→校正模板位置→紧固→支撑固定→全面检查。

（5）模板施工注意事项。

①混凝土浇筑前认真复核模板位置，柱墙模板垂直度和梁板标高，检查预留孔洞位置及尺寸是否准确无误，模板支撑是否牢靠，接缝是否严密。

②梁柱接头处是模板施工的难点，处理不好将严重影响混凝土的外观质量，此处不合模数的部位一定要精心制作，固定牢靠，严禁胡拼乱凑。

③所有模板在使用前都要清理干净并涂刷隔离剂，破损的模板必须淘汰。

④混凝土施工时安排木工看模，出现问题及时处理。

（6）模板拆除。

①模板的拆除顺序。

模板拆除流程：柱、墙模板→楼板模板→梁侧模板→梁底模板。

②拆模时混凝土强度要求。

a. 不承重的模板（柱、墙模板），应在其表面及棱角不因拆模而受到损害时方可拆除；承重模板应在混凝土达到施工规范所规定的强度时方可拆除，且混凝土强度应根据同条件养护试块的强度确定；虽然达到了拆模强度，但强度尚不能承受上部施工荷载时应保留部分支撑；楼梯间模板与支撑在其混凝土强度达到100％时方可拆除。

b. 后浇带两侧的梁、板在后浇带浇筑前变为悬挑结构，并将承担上部施工荷载，主次梁模板及支撑不能拆除。后浇带模板拆除应在最后一层混凝土浇筑完毕后自上而下进行，拆模报告必须经项目经理部技术负责人批准。

3. 混凝土工程施工

（1）工艺流程。

①墙、柱混凝土施工流程。

墙、柱混凝土施工流程：模板内清理→洒水湿润→浇5 cm厚砂浆→混凝土浇筑→混凝土振捣→模板拆除→混凝土养护。

②梁、板混凝土施工流程。

梁、板混凝土施工流程：模板面清理→洒水湿润→混凝土浇筑→混凝土振捣→混凝土面刮平并扫面→混凝土养护。

（2）混凝土的浇筑方法。

本工程混凝土的浇筑采用先墙、柱后梁、板的一次浇筑的施工方法。

①墙、柱混凝土浇筑。

墙、柱混凝土浇筑应分层进行，每层厚度不超过500 mm，且上下层施工间隔时间不超过混凝土初凝时间，不允许留设任何规范允许外的水平施工缝。

对钢筋较密的混凝土墙、柱，应在钢筋绑扎过程中留好浇筑点并在钢筋上做出标记，选用小棒振捣，确保不出现漏振现象。

②梁、板混凝土浇筑。

本工程梁、板超长，为保证混凝土质量，将合理增加后浇带，使每段结构不超长。同时选用低水化热水泥，控制单方水泥含量和水灰比，并加强养护，尤其是最初几天的养护，绝对不能马虎。

梁、板混凝土应同时浇筑。先将梁的混凝土分层浇筑成阶梯形向前推进，当达到板底标高时，再与板的混凝土一起浇捣，随着阶梯不断延长，板的浇筑也不断前进，当梁高度大于1 m时，可先将梁单独浇筑至板底以下2～3 cm处留施工缝，然后再浇板。

对柱、墙和高度较大的梁，在板混凝土浇筑完成1～1.5 h后应对混凝土进行二次振捣。

为防止板出现裂缝，先用插入式振捣棒振捣然后用平板振动器振捣，直到表面泛出浆为止，再用铁棍碾压，在初凝前，用铁抹子压光一遍，最后在终凝前再用铁抹子压光一遍。

本工程每次浇混凝土浇捣面积较大，应做好标高控制网，加强楼板平整度控制。

③后浇带施工。

梁、板后浇带的施工缝用密孔钢丝网或木模封堵。在浇筑后浇带混凝土时，混凝土用比梁、板强度高一等级的微膨胀混凝土，混凝土中掺加膨胀剂，可使其产生微膨胀压力抵消混凝土的干缩、徐变、温差等产生的拉应力，使混凝土结构不出现裂缝。后浇带浇完后，要特别加强养护，养护时间不少于14 d。

（3）混凝土的振捣。

在浇筑混凝土时，采用正确的振捣方法，可以避免蜂窝、麻面等质量通病，必须认真对待，精心操作。对墙、梁和柱均采用HZ—50插入式振捣器；在梁相互交叉处钢筋较密，可改用HZ6 X—30插入式振动器进行振捣；对楼板浇筑混凝土时，当板厚大于150 mm时，采用插入式振动器振捣，但棒要斜插，然后再用平板式振动器振捣一遍，将混凝土整平；当板厚小于150 mm时，采用平板式振动器振捣。

（4）混凝土的养护。

本工程梁、板跨度大、面积大，为保证已浇好的混凝土在规定的龄期内达到设计要求的强度，控制混凝土产生收缩裂缝，必须做好混凝土的养护工作。

①普通混凝土养护时间不少于7 d，微膨胀混凝土养护时间不小于14 d。

②设专门的养护班组，二十四小时有人值班。

③基础承台、水平梁板采用覆盖麻袋后洒水的方法进行养护，并应在混凝土浇筑完毕后9 h左右进行，浇水次数应根据能保证混凝土处于湿润的状态来决定。

④对于墙、柱等竖向构件采用喷养护液的方法进行养护。

10.1.5　脚手架工程

本工程各地块楼层及脚手架搭设形式见表10.2。

表10.2　各地块楼层及脚手架搭设形式一览表

序号	地块	楼层数	脚手架形式
1	低层	2、3层	落地脚手架
2	高层住宅	33层	落地脚手架、悬挑脚手架

（1）双排落地脚手架搭设。

双排落地脚手架采用φ48×3.0 mm的钢管搭设，立杆纵距1.5 m，立杆横距0.9 m，大横杆步距1.8 m，内排立杆距墙0.3 m。落地脚手架底部素土夯实，现浇100 mm厚C15混凝土垫层，立杆根部铺设通长脚手板，离地200 mm高设纵横向扫地杆。每步小横杆上铺设竹笆，每步小横杆上250 mm高处，外侧设置踢脚杆，600 mm、900 mm处设置两道扶手杆。落地脚手架搭设流程如图10.3所示。

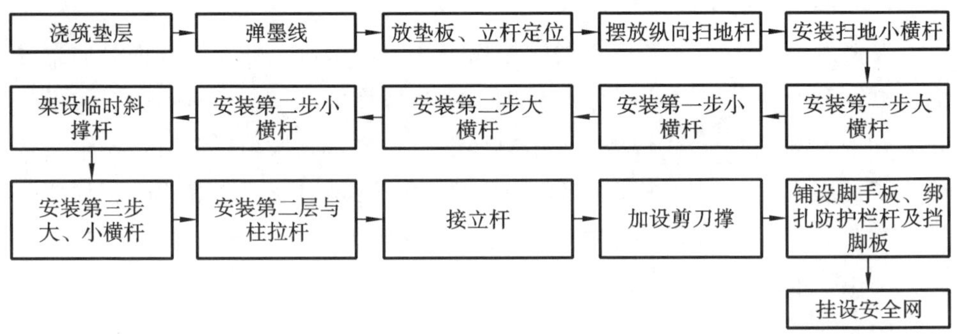

图10.3　落地脚手架搭设流程

(2) 悬挑脚手架搭设。

悬挑脚手架从三层开始搭设，架体搭设总高度最高约20 m。计划采用φ48×3.0 mm的钢管搭设，16号工字钢做挑臂，φ15.5钢丝绳斜拉，悬挑脚手架的搭设流程如图10.4所示。

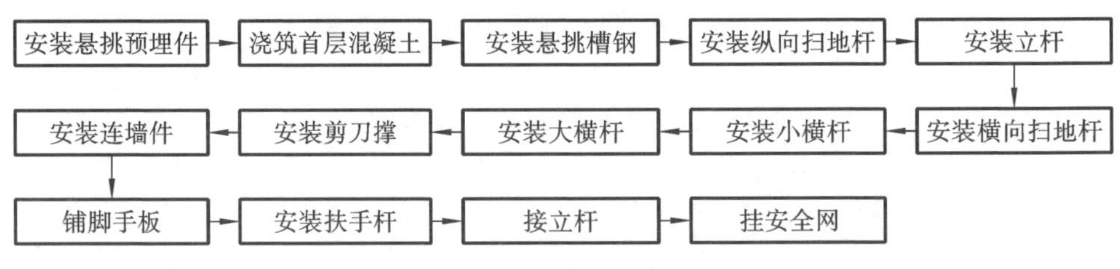

图10.4　悬挑脚手架的搭设流程图

10.2　季华实验室二期电气建设工程施工实践

10.2.1　工程概况

本工程名称为季华实验室二期建设工程项目，位于佛山市南海区三山新城橹尾撬片区核心区，文翰湖公园以北，京广线以南，规划泰山路以东，规划文翰北路以西。项目首批建设用地为240亩，总规划建设面积为20万～27万 m^2；

分两期建设；其中二期工程包括A区和B区；A区占地面积约43271.42 m^2，B区占地面积约33575.72 m^2，拟在A区、B区上建设通用实验楼（含孵化楼、带高举架实验楼等）、科研配套用房、活动中心及连廊等建筑，在A区设置一层地下车库以及相关配套设施，规划建筑面积（包含地下室）约17.4万 m^2。

1. 工程特点

（1）工期短、专业队伍多，统筹协调要求高。

本工程计划工期909天，工程涉及面广，相对工作量大，必然会出现大面积、多专业、多人数同时进行交叉施工的场面。因此必须组织足够的人力与物力，并且做好详尽而周密的施工计划和组织安排，方能确保工程按时按质完成。

（2）质量要求高。

在工期短、确保安全的前提下，要求工程质量达到标准，确保获评“广东省建设工程优质奖”，争创“鲁班奖”，不发生重大安全事故，确保获评“广东省房屋市政工程安全生产文明施工示范工地”，必须建立和采取行之有效的质量管理体系，严格控制每一道施工工序。

（3）施工场地分开，穿插工作量大。

工程场地分开、建筑物功能多样、建筑结构和风格多样，同层组织分段流水施工，施工组织需按不同工序之间穿插，搭接工作量大。

（4）技术要求高。

本工程规模较大，在社会上影响面广，在施工抗干扰、对外协调及综合治理各方面都要注意自身形象与信誉。

（5）综合性强、配合协调要求高。

本工程综合性强，内部设施完善，功能齐备，设备技术先进，自动化程度高，是现代化的高层次建筑。

按照进度的要求，电力系统安装工程基本上与土建、消防、装修、玻璃幕墙及电梯安装等项目同时进行，各专业之间交叉作业，工作面重叠，且估计不可避免地会发生设计变更及修改，各方必须互相配合协作，确保工程顺利实施。

2. 工程难点

（1）多专业、多工种在同一空间位置布管和布线，要花上相当的精力与心血保证本专业工种的管线布置合理、有序、整齐。

（2）本系统的联动调试复杂、技术要求高，竣工资料和文件严格按照科学技术档案卷的要求执行。

（3）大型设备（高低压配电柜、配电屏）的安装。

（4）灯具及各系统供电线路安装与二次装修的进度配合及整体美观效果的控制。

（5）产品保护。由于工程规模大，层面多，各施工单位人员素质高低不同，要与各施工单位的管理人员共同努力，花大力气教育和管理好全体现场施工人员，做好产品保护。

3. 工程重点

（1）认真做好施工组织的管理协调工作，尽可能把本专业内各系统相互之间的干扰降至最小。

（2）强化施工质量常识，消除常见工程“质量通病”，严格把好每一施工工序关，实事求是地对工程质量负责。

（3）重视本专业内各系统样板段（间）制度的执行，保证工程的实施按计划推进，并确保各关键工期的实现。

（4）竣工文件、资料的收集、整理工作必须与工程施工同步进行；确保竣工资料的真实与完整。

（5）充分理解和吃透设计图纸、技术文件、技术要求，详细摸清工作量。

（6）根据工作量及工期要求，科学、合理地安排进度计划，并制订有针对性的技术措施、施工工艺及施工方法。

（7）运用现代化管理手段，对现场工程进度计划、劳动力、材料、成本等实行有效的控制，加大宏观调控力度，实行动态管理。

（8）注意对特殊工序及关键部位施工工艺的控制。

10.2.2 配电及动力系统安装

1. 桥架安装

（1）电缆桥架的分类和结构。

①分类。

电缆桥架可分为梯形电缆桥架、槽形电缆桥架及金属电缆线槽三大类。

②结构。

电缆桥架的主桥部件包括立柱、底座、横臂、梯架或槽形钢板桥、盖板，以及二、三、四通弯头等。

a. 立柱是支承电缆桥架及电缆全部负载的主要部件。

b. 底座是立柱的连接支承部件，主要用于悬挂式和直立式。

c. 横臂主要同立柱配套使用，并固定在立柱、支承梯架或槽形钢板桥上。

d. 梯架或槽形钢板桥用连接螺栓固定在横臂上。

e. 盖板盖在梯形桥或槽形钢板桥上，起屏蔽作用，能防尘、防雨、防晒或杂物落入。

f. 垂直或水平的各种弯头用于改变电缆走向或电缆引上、引下，并有防止导线或电缆移动的措施。

（2）准备工作。

①各型桥架产品经国家的桥架专业质量检测机构检测与认证，其结构应满足强度、刚度及绝缘性要求，符合生产厂给出的允许荷载要求。

②各型桥架的型号、规格应符合设计要求。

③桥架所用材料，如立柱塔托臂应平直无明显扭曲，焊接处牢固，全部配件应进行防腐处理。

④熟悉图纸，了解同一安装场所各专业设备的布置和线路走向。

（3）安装方法。

①钢结构的电缆支架，所有钢材应平直，无明显变形，下料后长短误差应在5 mm范围内。切口处应无卷边毛刷，不得用电焊切割，切口应光滑。

②钢支架应焊接牢固，无明显变形、扭曲。支架各横撑间的垂直净距应符合设计要求，其偏差不应大于2 mm；多层敷设时，其层间净距不应小于两倍的电缆直径加10 mm。

③支架应焊接牢固，横平竖直。各支架的同层横档应在同一水平面上，其高低偏差不应大于5 mm，在有坡度的建筑物上安装时，应与建筑物有相同坡度。

④桥架线槽的拐弯处以及与柜连接处必须加装支架，直线段的支架间距不应大于2 m。

⑤埋注支架用水泥砂浆的灰砂比为1∶3。水泥采用42.5及以上标号，应注灰饱满、严实、不高出墙面，埋深不小于80 mm。

⑥支架须涂防腐底漆，油漆应均匀完整。

⑦电缆桥架水平敷设时，桥架之间的连接点应尽量设置在跨距的1/4左右，宜每隔2 m左右用支架固定。

⑧电缆桥架装置必须有可靠的接地，长距离的电缆桥架每隔25 m应与大楼接地连接一次，给桥架全长另敷设接地干线时，每段托盘、梯架应至少有一点与接地干线可靠连接。

（4）桥架安装的质量要求。

①电缆桥架必须根据图纸走向及现场建筑物特性设计弯头、长度等，未经业主许可，不得使用自制的弯头等附件。

②电缆桥架安装必须考虑其机械强度，吊架、支架、支持点间距按设计及产品载荷技术要求确定。桥架水平敷设时，桥架之间的接头应尽量设置在跨距的1/4左右；水平走向的电缆桥架每隔1.2～1.5 m设一道吊架支持点。

③电缆桥架标高尺寸，施工前与相关专业施工图严格复核，综合会审后施工，防止与风管、风口、冷冻、消防管道碰阻，且要符合施工规范、设计要求。

④电缆桥架连接板的螺栓应紧固，连接片和连接螺母应位于电缆桥架的外侧，桥架接口应平直，盖板齐全、平整、无翘角。当每侧连接螺母数量大于4个时，可利用连接片作接地跨接线；否则，应用专用接地铜片做明显的接地跨接。

⑤电缆桥架安装必须横平竖直。

⑥电缆桥架安装必须根据桥架大小，精确计算出承托点受力情况。要求均匀、整齐美观及牢固可靠。

⑦电缆桥架必须至少将两端加接地保护，在桥架内加设一条平行镀锌扁钢作为接地体。

⑧当直线段钢制电缆桥架超过30 m，应有伸缩缝，其连接宜采用伸缩连接板（伸缩板）；电缆桥架跨越建筑物伸缩缝处应设置好伸缩板。

⑨由电缆桥架引出的配管应使用钢管，当托盘式桥架需要开孔时，应用开孔器开孔，开孔应切口整齐，管孔径吻合，严禁用气、电焊割孔。钢管与桥架连接时，应使用管接头固定。

⑩电缆桥架多层敷设时，为了散热和维护及防干扰的需要，桥架层间应留有一定的距离；桥架上部距离顶棚或其他障碍物不应小于0.3 m，弱电电缆与电力电缆间不应小于0.5 m，如有屏蔽盖板可减少到0.3 m；控制电缆间不应小于0.2 m，电力电缆间不应小于0.3 m。

⑪几种电缆桥架在同一高度平行或交叉敷设时，各相邻电缆桥架间应考虑维护、检修距离，一般不宜小于0.6 m。

⑫电缆桥架与各种管道平行敷设时，其净距应符合表10.3的规定。电缆桥架就敷设在管道的上方，若空间位置有限，当无法避免敷设在管道的下方时，在交叉处应用盖板将电缆桥架保护起来。

表10.3　电缆桥架与各种管道的最小净距

管道类别		平行净距/m	交叉交距/m
一般工艺管道		0.4	0.3
易燃易爆气体管道		0.5	0.5
热力管道	有保温层	0.5	0.3
	无保温层	1.0	0.5

⑬电缆桥架支、吊架的设置：

电缆桥架的支（吊）架质量应符合现行的有关技术标准，支（吊）架的防腐类型应符合设计要求。

电缆桥架水平敷设时，固定点间距不宜大于2 m。桥架转弯处弯曲半径$R \leqslant 300$ mm时，应在距离弯曲段与直线段接合处300～600 mm的直线段侧设置一个支（吊）架。

当弯曲半径$R>300$ mm时，还应在弯曲段中部增设一个支（吊）架。

在分支处和端部也应设置支架。电缆架在每个支（吊）架上应固定牢固，桥架的支（吊）架沿桥架走向左右的偏差不应大于10 mm。

2. 吊顶天花内管路敷设

（1）施工工艺流程。

熟悉图纸→测量管路、盒及吊杆的位置→管路加工→管路敷设→管路接地→管路固定。

（2）安装方法。

①作业条件。

吊顶内配管应配合吊顶施工进行，项目部根据工程进度合理安排配管与吊顶的施工工序，避免相互交叉现象。

②材质要求。

钢管的材质必须合格，设计有特殊要求时还必须符合设计要求。

外观检查钢管壁厚均匀、焊缝均匀、无壁裂、毛刺砂眼、棱刺和凹扁等缺陷。锁紧螺母外形完好、丝扣清晰。铁制灯头盒、开关盒等的金属板厚度必须符合国标图集的要求。圆钢、扁钢、角钢等材质应符合国家有关规范要求，镀锌层完整无损，并有产品合格证。

③工器具。

铅笔、钢卷尺、钢锯、锯条、套丝板、套丝机、弯管机、电工常用工具等。

④操作工艺。

a.熟悉图纸。不仅要读懂电气施工图，还要阅读建筑和结构施工图以及其他专业的施图纸，电气工程施工前要了解土建布局及建筑结构情况和电气配管与其他工程间的配合情况。按照图纸说明及规范的规定，经过综合考虑，保持与其他管路的安全距离，确定盒箱的正确位置及管路的敷设部位和走向，以及在不同方向进出盒箱的位置。

b.测量管路、盒及吊杆的位置。根据电气设计图纸以土建吊顶的水平高程线为基础并与其他专业配合进行图纸会审，如有相互交叉、距离不符合要求或接线不方便等情况提前制定技术措施，并及时办理洽商。

管路、盒的测量放线：按照管路横平竖直的原则，沿管路的垂直和水平方向进行顶板、墙壁的弹线定位，用线坠找正，拉线确定管路距顶板的距离及接线盒的位置，并做好标识。

吊杆位置的测量：根据吊杆位置的确定原则和管子的终端、转弯中点（两侧）、接线盒两端的距离为150～250 mm，固定点间距要求均匀，不能过大或过小。

c.管路加工。管路的加工包括管子的切断、套丝、弯曲等，其和混凝土墙内及现浇顶板管路敷设的操作工艺大同小异。

d.管路敷设、吊杆固定。吊顶内管路敷设时按设计要求正确选用管材。在吊顶内由接线盒引向灯具的灯头线管选用与管路敷设相同材质的保护软管，其保护软管长度在动力工程中不超过0.8 m，在照明工程中不超过1.2 m。吊顶内敷设的管路应有单独的吊杆或支撑装置，在进入接线盒时其内外应装有锁母固定。

根据吊杆测量的位置进行吊杆的固定。

e.管路接地。在配管时镀锌钢管不得熔焊跨接接地线，以专用接地卡跨接的两卡间连线为黄绿多股铜芯软导线，截面积不小于4 mm^2。

f.变形缝处理。吊顶内管子穿过建筑物伸缩缝、沉降缝时应有补偿装置。

3.线槽安装

（1）施工工序。

熟悉图纸→现场测量放线→材料检验→线槽安装。

（2）安装方法。

①各线槽的型号、规格应符合设计要求，无卷边、毛刺及明显变形。

②活动地台、平垫层内敷设地槽时，应根据设计图纸现场测量放线量度各规格地槽并进行加工。不得用电焊切割，切口应光滑，暗装垫层敷设的，应由土建预留地坑。

③金属线槽连接时，采用其系统产品，用不小于2个防松螺母、防松垫圈及螺栓紧固（螺母应在线槽的外侧），且有可靠的接地。长距离的线槽，每隔25 m应不小于两处与接地干线连接。

④金属线槽宜用膨胀螺栓固定，在楼板上安装牢固可靠，且间距不大于2 m。

（3）质量要求。

①线槽安装所需的线槽连接件、弯头等附件不得自己在现场加工，应根据现场条件，画出图纸，由专业制造厂家制造。

②金属线槽应经防腐处理。线槽应平整、无扭曲变形，内壁应光滑、无毛刺。

③线槽应敷设在干燥和不易受机械损伤的场所。

④线槽的连接应连续无间断；每节线槽的固定点不应少于两个；在转角、分支处和端部均应有固定点，并应紧贴墙面固定。

⑤线槽接口应平直、严密，槽盖应齐全、平整、无翘角。

⑥固定或连接线槽的螺钉或其他紧固件，紧固后其端部应与线槽内表面光滑相接。

⑦线槽的出线口应位置正确、光滑、无毛刺。

⑧线槽敷设应平直整齐；水平或垂直允许偏差为其长度的0.2%，且全长允许偏差20 mm；并列安装时，槽盖应便于开启。

⑨导线的规格和数量应符合设计规定；当设计无规定时，包括绝缘层在内的导线总截面积不应大于线槽截面积的40%。

⑩在可拆卸盖板的线槽内，包括绝缘层在内的导线接头处所有导线截面积

之和，不应大于线槽截面积的75%；在不易拆卸盖板的线槽内，导线的接头应置于线槽的接线盒内。

⑪金属线槽应增加镀锌铜片做可靠接地或接零，但不应作为设备的接地导体。

⑫线槽的截断应采用钢片加工，不宜采用其他工具。线槽的开孔应使用专用开孔工具。

⑬线槽进入电箱的入口，应加装绝缘板，绝缘板上开比电箱进线口小的孔，并在孔的四周安置绝缘胶，避免电线割伤，并保证线槽与电箱的接触位无缝隙。

⑭线槽进入电箱处按图10.5进行安装施工。

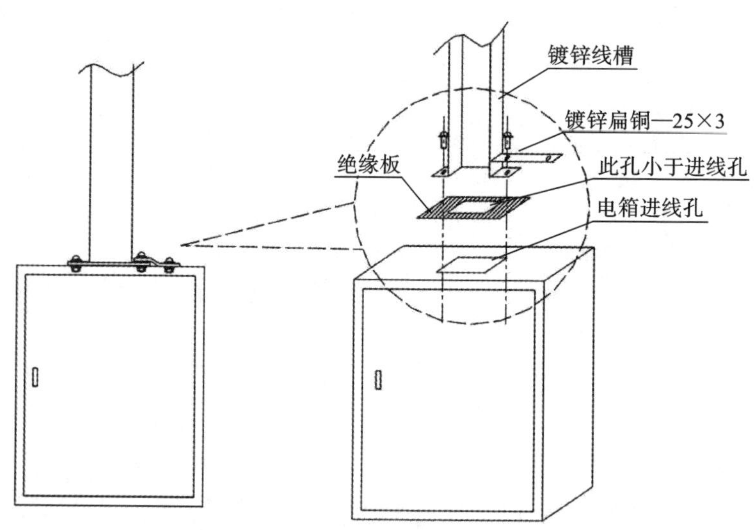

图10.5　电箱进线孔安装大样图（单位：mm）

4. 母线槽及铜母线安装

1）母线槽安装

（1）施工工序。

安全技术交底→按图现场实测、放线→钢支架制作完成→母线槽敷设→绝缘电阻测试→通电调试。

（2）安装方法。

①密集型母线槽的型号、规格及支架位置应符合设计要求。

②插接式母线如水平敷设，离地不得低于2.5 m。

③根据生产厂家提供的资料，以及成套的配件、编号进行组装连接固定。

④插接母线槽安装须符合下列要求。

a. 悬挂式母线槽的吊钩应有调整螺栓，固定点间距不得大于3 m。

b. 母线的端头应装封闭罩，引出线孔的盖子应完整。

c. 各段母线槽的外壳的连接应是可拆的，外壳之间应有跨地线，并接地可靠。

⑤安装前先对每段母线进行绝缘测试，合格后方可取用。以每组对两段，环境许可的可组对三段或四段为一次吊装，固定在指定的钢支架位置上，保证平直、牢固、可靠。

⑥母线槽的母线接触面应保持洁净，并涂以中性风凡士林。安装后接触面连接应紧密，用0.05 mm×10 mm塞尺检查。母线宽度为50 mm的不得塞入4 mm，母线宽度在80～100 mm的不得塞入6 mm。

⑦垂直安装时，以每组对两段母线槽为一次起吊（环境许可）。定滑轮设在起吊点的二层以上，必须统一指挥，各司其职，由首层或负二层开始由下向上安装，吊装到位的母线槽垂直固定在缆井的槽钢支架位置上。

⑧密集型母线槽安装完毕后进行绝缘试验。由甲方现场代表检查验收，并做好防污、防潮处理，以免损坏绝缘；同时做好封闭，防止人为破坏。

2）铜母线安装

母线安装前，应检查材料与图纸设计是否相符，并要求母线表面平整、洁净，不应有裂纹、折叠。

安装前要矫正平直，不得用电焊、气焊切割母线。各种金属物件的安装螺孔不应采用气割。

交流母线应按规定涂相色：A相——黄色；B相——绿色；C相——红色；中性汇流母线接地者涂黑色条纹。下列各处可不涂色：母线的螺栓连接处及支撑点处；母线与电器的连接处及距离所有连接处10 mm内的地方。

母线安装时，带电部分至接地部分及不同相的带电部分之间的最小距离：额定电压10 kV为125 mm；额定电压0.4 kV为20 mm。

矩形母线弯曲时，通常有平弯、立弯和扭弯三种，弯曲前先用8#铁线按实际情况弯制一个样板，并在母线弯曲的地方用铅笔画上记号，再按样板弯曲母线。弯曲时，宜采用机械模具进行弯曲。如需热弯，加热温度不应超过相关规定。

母线最小允许弯曲半径见表10.4。

表10.4　母线最小允许弯曲半径

弯曲种类	铜母线规格	弯曲半径
平弯	50 mm×5 mm 及其以下 125 mm×10 mm 及其以下	2 *b* 2.5 *b*
立弯	50 mm×5 mm 及其以下 125 mm×10 mm 及其以下	1.5 *a* 2 *a*

注：*a*为母线宽度；*b*为母线厚度。

扭弯90 °时，扭弯部分的全长应不小于母线宽度的2.5倍，且母线弯曲部分与连接处应保持30 mm以上的距离。

母线采用螺栓连接时，母线接触面应保护洁净，并涂以中性凡士林，安装后接触面连接应紧密（母线连接的长度等于母线的宽度），并用0.05 mm×10 mm塞尺检查。母线宽度为50 mm的不得塞入4 mm；母线宽度在80～100 mm的不得塞入6 mm。

母线采用对口焊接时，要有35°～40°的坡口、1.5～2 mm的纯边。对口应平直，其弯折偏移度应一致，不应大于1/150，中心线偏移量不得大于0.5 mm，每个焊缝应一次焊完。

密集型母线槽送电注意事项如下。

①送电前将各层间配电房所有的总开关及分开关处于断开位置，并挂上警示牌。清扫各分电房柜并检查各柜内是否留有杂物，将各层总开关、二次控制回路的保险丝除下。

②使用兆欧表摇测各层配电柜母线及密集型母线槽绝缘，并做好记录。

③核对密集型母线槽回路编号是否与设计图纸编号相符。

④送电前通知母线厂家派员到现场会同安装单位共同全面检查安装情况及接驳口接触面是否紧密牢固，同时办理有关送电手续。

⑤校对确认回路编号接线正常，并会同甲方电工共同检测母线槽绝缘，总配电房合（停）闸操作均由甲方负责送电。

⑥送电后必须进行验电，检查各回路的相序、相位、电压是否一致。

⑦各分电房由安装单位有关人员负责送（停）电。

⑧各送电回路及未送电的回路均挂上警示牌。

5. 电缆敷设

（1）核对图纸。

①电缆敷设牵涉的面很广，相互配合的专业较多，若考虑不周或配合不佳，就会给敷设造成很大困难。因此在敷设前应组织有关人员对照现场实际，对电缆施工图做进一步核对。由于这时桥架、线槽及电缆沟道等已经完成，工程已初具规模，图、物对照更容易发现问题。

②核对的基本内容是：电缆的规格、型号、数量、电缆支架、桥架的形式和数量，供配电设备的位置，电缆敷设途径，电缆排列位置等。

（2）施工措施。

图纸核对无误后，即可根据现场实际情况拟定施工措施。其主要内容如下。

①施工进度。一般说来，电缆敷设应在建筑工程结束，供配电设备均已就位之后进行。因此，安排进度时必须与其他有关方面的进度密切配合。

②人员组织。展放电缆可采用人力及机械相结合的方法。一般人员安排是：总指挥1人；电缆盘处3～4人；拖放电缆人数根据电缆长度、规格决定，一般95 mm以下电缆3～5 m设1人；线路转角处的两侧各设1人；电缆穿过楼板处，上下各设1人等。

电缆敷设的特点是参加施工人员多而集中，协同动作要求高。因此，在电缆敷设前必须周密地考虑劳动力的组织，以便提高效率。

（3）敷设程序。

要使敷设工作有条不紊，必须有合理的敷设程序。根据一般的经验，大量的电缆敷设都是分区进行的，其程序是：先敷设集中的电缆，再敷设分散的电缆；先敷设电力电缆，再敷设控制电缆；先敷设长的电缆，再敷设短的电缆。这样有利于人员的高度调度及电缆的合理布置。当然在实际施工中，限于种种客观条件，不一定都能做到，那就要根据具体情况而定。

（4）敷设方法。

电缆敷设应根据具体情况采用正确的方法。为了尽量减少劳动力、减轻劳动强度，避免电缆和地面摩擦，可采用机械拖放。敷设时，在地面上放置滚轮，特别是在转弯处，更应多放。

敷设的电缆不得有扭绞、压扁和保护层断裂等缺陷。终端头的制作应固定牢固，包扎封闭严密。芯线连接紧密，相位一致，排列整齐，并留有适当的余量。电缆的排列在转弯和分支处不应有紊乱现象，标志桩和标志牌应清晰齐全，电缆弯曲半径不能小于该电缆的外径的10倍（非铠装）或20倍（铠装）。

6. 配电、动力控制柜、配电箱安装

（1）配电、动力控制柜安装。

①柜盘安装前的准备工作。

各种屏、柜、箱在安装前应认真核查所需的技术资料。如设计院所提供的设备基础图、设备安装位置图，设备制造厂所提供的出厂合格证书、设备清单及装置图、使用说明书等。

认真做好设备的开箱检验工作。开箱检验工作应由负责设备安装的技术人员、材料员会同建设管理单位的代表共同进行。对设备质量及其配套备品、附件等进行认真检查，发现缺损应及时处理，并认真做好检查记录。

基础验收。首先应由建设单位提交土建施工记录和强度记录，然后由施工单位进行基础验收和复测。基础外观不应有裂纹、蜂窝、空洞、露筋等缺陷，几何尺寸偏差应符合规范要求。

②安装方法。

a. 设备开箱检查。设备和器材到达施工现场后应存放在室内或能避雨、风、沙的干燥场所，安装前应会同建设单位或监理共同进行开箱检查，并做好设备开箱记录。因开箱后进行二次搬运，易损坏其柜（盘）的外表，故最好将柜（盘）搬运到安装电房再开箱检查。

b. 在搬运过程中要固定牢靠，防止碰撞，避免元件、仪表及油漆的损坏。

c. 柜（盘）要安装在基础型钢上，型钢可根据此电柜的尺寸大小和重量，选用槽钢或角钢制作，制作时应将型钢矫正矫直，按图纸要求预制加工好后，要按施工图纸所标位置配合土建工程预埋，注意基础型钢顶部宜高出室内抹平地面 10 mm。基础型钢预留铁件应焊接牢固，并用水准仪或水平尺找平、找正。基础型钢安装完毕后用40 mm×4 mm扁钢在基础型钢的两端分别与接地网进行焊接，焊接面为扁钢宽度的两倍，焊接要牢固，确保基础型钢有良好的接地。

d. 柜（盘）定位安装。柜（盘）应按施工图的布置，按顺序放在基础型钢上。按柜（盘）安装允许偏差的要求，逐台将柜（盘）找正、找平，找正时可用0.5 mm铁片进行调整，但每处垫片最多不能超过三片，然后根据柜（盘）固定螺孔尺寸，在基础型钢上用手电钻钻孔，用镀锌螺栓固定。

e. 柜（盘）接地应牢固良好。每台柜（盘）单独与基础型钢做接地连接，每台柜（盘）从后面左下部的基础型钢焊上鼻子，用$\varphi 6$铜线与柜上的接地端子连接牢固。

f. 柜（盘）内二次回路接线和电缆连接。成套柜（盘）内二次回路接线大部分已由制造厂方完成，只有少量的联锁信号线等需要接线，注意二次回路接地应设置专用接地螺栓。

引入柜（盘）内的电缆应排列整齐，编号清晰，避免交叉，并要固定牢固，不使端子排受力。

③屏柜安装。

屏柜等在搬运和安装时，应有防振、防潮、防止柜架变形和漆面受损等措施。

基础槽钢安装前先要平直，在基础或地下用冲击钻按要求位置钻孔，用拉爆螺丝固定牢固且保证平、正、直，并接地良好，装有电器的可开启的盘、柜门，应以软导线与接地的金属构架可靠连接。

屏柜本体及内部设备与各构件间连接牢固，屏柜不宜与基础槽钢焊死（甲方要求焊死时除外），屏柜安装后的检查项目参考表10.5。

表10.5　屏柜安装检查项目

屏柜安装检查项目		允许误差/mm
水平度	相邻两盘顶部	2
	成列盘顶部	5
水平度	相邻两盘边	1
	成列盘面	5
	盘间连接	2
垂直度		1.5

成列屏柜、控制台相互间应用M12和M10的镀锌螺栓连接，屏与屏、柜与柜、控制台之间的缝隙不得大于1 mm。

安装完毕后的屏柜其柜前、后的最小通道净距见表10.6。

成套开关柜、配电盘的型号、规格应符合设计要求，内部设备元件齐全完整。盘面模拟母线的标识颜色应正确、清晰，一次接线应标注回路名称。

引进柜内的控制电缆应排列整齐，避免交叉，电缆型号、规格应符合设计要求。电缆固定牢靠，不得使所接的端子排受到机械应力，电缆头一般固定于

表10.6 柜前、后的最小通道净距 (单位:m)

装置	单排布置			双排对面布置			双排背面布置			多排同向布置		
	柜前	柜后		柜前	柜后		柜前	柜后		柜间	前后排柜距离	
		维护	操作		维护	操作		维护	操作		前排	后排
固定式	1.5	1.0	1.2	2.0	1.0	1.2	1.5	1.0	1.3	2.0	1.5	1.0
抽屉式	1.8	0.9	—	2.3	0.9	—	1.8	1.0	—	2.3	1.8	0.9

最低端子排150～200 mm处。

盘、柜上1000 V及以下的交、直流母线及分支线，其不同相或极的裸露截流部分之间及裸露截流部分与未经绝缘的金属之间的电气间隙不应小于12 mm，漏电距离不应小于20 mm，400 V以下的二次回路的带电体之间或带电体与接地间的电气间隙不应小于4 mm，漏电距离不应小于6 mm。

④二次接线。

按图施工，接线正确，连接可靠，电缆芯线和所配导线的端部均应标明其回路编号，导线绝缘良好，且不应有接头。

引进盘柜的电缆及芯线应牢固固定，不使所接的端子板受力，电缆头一般固定在最低端子排150～200 mm处。

铠装电缆的钢带不应进入盘柜内，铠装钢带的切断处的端部应扎紧，并做好接地线。

盘柜内的电缆、芯线应在垂直或水平方向上有规律地配置，不得任意歪斜、交叉连接，备用芯线应留有适当的长度。

所有二次回路应经耐压试验及模拟试验，检查合格后方可正式投入使用。

电缆芯线连接时，其连接管和线耳子的规格应与线芯规格相符。

(2) 配电箱安装。

配电箱安装应符合以下规定。

位置正确，定位牢靠、部件齐全、箱体开孔合适，切口整齐；暗式配电箱盖紧贴墙面，零线经汇流排连接，无绞接现象；油漆完整，箱内外清洁，箱内开关灵活，回路编号齐全，接线整齐；PE线安装明显牢固，零线、PE线安装汇流铜排。

配电箱全部电器及其相关回路安装完毕后，用500 V兆欧表对线路进行绝缘测量。检查项目包括相线与相线之间、相线与零线之间、相线与地线之间、零线与地线之间，并做好记录作为技术资料。

配电箱安装方法主要有悬挂式配电箱安装和暗装式配电箱安装。

10.2.3　照明、开关和插座系统安装

1. 系统简介

（1）配电箱。

装在配电间、设备房内的配电箱，除大容量配电箱采用落地安装外，其余采用明装挂墙式。装在宿舍、办公室、会议室、教室等有装修场所的配电箱，嵌入墙内暗装。

各层照明配电箱，除配电间、竖井、防火分区隔墙上明装外，其他均为暗装（剪力墙上除外）；安装底边距地高度为1.5 m。应急照明箱、消防设备配电箱箱体应有明显标志，并做防火处理。

动力箱、控制箱除在竖井、机房、车库、防火分区隔墙上明装外，其他均为暗装，安装高度应符合表10.7的要求。

表10.7　动力箱、控制箱安装高度

箱体高度/mm	≤600	600～800	800～1000	1000～1200	≥1200
底边距地/m	1.5	1.2	1.0	0.8	落地式安装，下设300 mm基础

（2）线管和线缆。

一般照明及插座支线采用ZRBVV－2.5 mm^{2}线，应急照明及插座支线采用HNBVV－2.5 mm^{2}线，穿紧定式镀锌钢管在墙内及楼板结构层内或吊顶内暗敷，穿镀锌钢管在吊顶内暗敷要做防火保护。

（3）照明灯具。

照明灯具主要采用以下形式：办公室、会议室、餐厅、汽车库、设备机房、教室采用LED灯具，走道采用筒灯，楼梯间采用吸顶灯等。地下车库选用控照式盒式荧光灯（管吊装，距地3 m）。出口标志灯在门上方安装时，底边距门框0.2 m；若门上无法安装，在门旁墙上安装，底边距地2.5 m。疏散标

志灯在走道墙上安装时底边距地0.3 m；嵌入地面安装时灯具面应与建筑完成面齐平。

（4）开关、插座。

照明开关、插座分别由不同回路供电。插座除注明者外，均为250 V、10 A单相二、三极安全型插座。同一场所装设的电视、通信类插座宜与电源插座选用同一规格，且装高一致。

应急照明开关应带电源指示灯。

有淋浴、浴缸的卫生间内开关、插座选用防潮防溅型面板，并应设在Ⅱ区以外。

除注明外，开关、插座采用86系列产品，其安装方式如下。

①开关、温控器装高1.3 m，装于门边时距门框0.2 m；一般插座装高0.3 m（设备房插座装高1.3 m）；有精装修设计的以装修图定位为准。

②分体式空调机（≤2 kW）插座采用三极、15 A，装高2 m。

③壁装排气扇插座装高2 m。

④烘手器电源插座装高1.2 m。

2. 镀锌电线管安装（紧定式）

（1）测量定位。

①根据设计图灯位要求进行测量后，在模板面标注出灯头盒的准确位置尺寸。

②根据设计图要求，在砖墙需要稳埋开关盒的位置，进行测量确定开关盒准确位置尺寸。

（2）线管加工。

①切割。

在配管时，应根据实际需要长度对管子进行切割。管子的切割应使用钢锯、管子切割刀或电动切管机，严禁用气割。

将管口端面和内壁的毛刺用锉刀锉光，使管口保持光滑，以免割破导线绝缘。

②线管弯曲。

钢管的弯曲一般都用弯管器进行。先将管子需要弯曲部位的前段放在弯管器内，焊缝放在弯曲方向背面或侧面，以防管子弯扁，然后用脚踩住管子，手扳弯管器进行弯曲，并逐点移动弯管器，便可得到所需要的弯度，弯曲半径应

符合下列要求。

a. 明配时，一般不小于管外径的6倍；只有一个弯时，可不小于管径的4倍；整排钢管在转弯处，宜弯成同心圆的弯。

b. 暗配时，不应小于管外径的6倍，敷设于地下或混凝土楼板内时，不应小于外径的10倍。

为了穿线方便，水平敷设的电线管路超过下列长度时，或弯曲过多时，中间应增设接线盒或拉线盒，否则应选择大一级的管径。

（a）管子长度每超过45 m无弯曲。

（b）管子长度每超过30 m有1个弯。

（c）管子长度每超过20 m有2个弯。

（d）管子长度每超过12 m有3个弯。

（3）线管连接。

①管与管连接。先把钢导管与直管对接头（螺纹盒接头带紧定螺钉一端）插紧定位后用专用工具持续拧紧紧定螺钉，直至拧断“脖颈”，使钢导管与直管对接头成一整体即达到连接要求，无须再做跨接地线。

②管与线槽、箱盒连接。旋下螺纹管接头的爪形锁母，并置于接线盒内壁面，用专用工具使根母与六角锁母里外夹紧接线盒即可，无须再做跨接地线。但管与箱要做好接地连接。

③配置设备的钢管，应将钢管敷设到设备内；如不能直接进入，可在钢管口处加金属软管或软塑料管引入设备。金属软管和钢管、接线盒等的连接要用管接头。

（4）线管敷设。

线管敷设、配管工作一般从配电箱开始，逐段配至用电设备处，有时也可从用电设备端开始，逐段配至配电箱处。

①暗配管。

a. 暗配管一般沿墙、楼板及梁柱内敷设，要求管路短、弯曲少，以便于穿线。

b. 在现浇混凝土构件内敷设管子，可用铁线将管子绑扎在钢筋上，也可以用钉子钉在模板上，但应将管子用垫块垫起，用铁线绑牢。垫块可用碎石块，垫高15 mm以上。此项工作是在浇灌前进行的。当线管配在砖墙内时一般是随同土建砌砖时预埋；否则，应先在砖墙上留槽或开槽。线管在砖墙内的固定方法，可先在砖缝里打入木楔，再在木楔上钉钉子，用铁线将管子绑扎在钉子上，再将钉子打入，使管子充分嵌入槽内。应保证管子离墙表面净距不小于15 mm。在地坪内配管，必须在浇筑混凝土前埋设，可用木桩或圆钢等打入地中，再用铁丝将管子绑牢。为使管子全部埋设在地坪混凝土层内，应将管子垫高，离土层15～20 mm，这样，可减少地下湿土对管子的腐蚀。埋于地下的电线管路不宜穿过设备基础，在穿过建筑物基础时，应加保护管保护。当有许多管子并排敷设在一起时，必须使其间隔一定距离，以保证其间也灌上混凝土。进入落地式配电箱的管子应排列整齐，管口应高出配电箱基础面不小于50 mm。为避免管口堵塞影响穿线，管子配好后要将管口用木塞或塑料堵好。

c. 当电线管路遇到建筑物伸缩缝、沉降缝时，必须做伸缩、沉降处理。一般方法是装设补偿盒。在补偿盒的侧面开一个长孔，将管端穿入长孔中，无须固定，而另一端则要用六角螺母与接线盒拧紧固定，如图10.6所示。

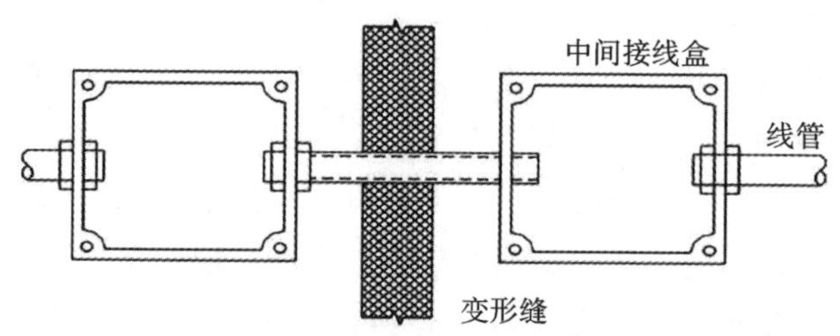

图10.6　暗配管穿变形缝

②明配管。

a. 一般管路应沿着建筑物水平或垂直敷设，要求排列整齐、固定点间距均匀，其在2 m以内允许偏差均为3 mm，全长不应超过管子内径的1/2。

b. 当管子沿墙、柱或屋架等处敷设时，可用管卡固定。管卡的固定方法，可用膨胀螺栓或弹簧螺丝直接固定在墙上，也可以固定在支架上。管卡与终端、转弯中点、电气器具或接线盒边缘的距离为150～500 mm。管子贴墙敷设进入开关、灯头、插座等接线盒内时，要适当将管子煨成双弯（鸭脖弯），不能使管子斜插到接线盒内。同时要使管子平整地紧贴于建筑物表面，在距接线盒300 mm处，用管卡将管子固定。在有弯头的地方，弯头两边也应用管卡固定。

c. 明配钢管经过建筑物伸缩缝时，可采用软管进行补偿。将软管套在钢管端部，并使金属软管略有弧度，以便基础下沉时借助软管的弹性而伸缩。

3. 管内穿线与接线

（1）管内穿线。

①管内穿线工作一般应在管子全部敷设完毕及土建地坪和粉刷工程结束后进行。

②管道内有泥沙等杂物时，应用布条绑扎在引线上来回拉动，将管内杂物清理干净。

③在管路较长或弯头较多时，可以在敷设管路的同时将引线一并穿好。

④放线。a.放线前应根据施工图对穿入的导线的规格、型号进行核对，发现规格不符或绝缘层质量不好的导线应及时退换。b.放线时为使导线不扭结，最好使用放线架。

⑤引线与导线绑扎。如导线数量较多和截面较大，要把导线端部剥出线芯，用绑线缠绕绑扎牢固，使绑扎端接头处形成一个平滑的锥形过渡部位，然后再穿入管。

⑥管口带护口。导线穿入钢管前，应给管口带塑料护线套，以防穿线时损坏导线的绝缘层。

⑦管内穿线。穿入管内的导线不应有接头。

（2）接线。

①割开导线的绝缘层时，不应损伤线芯。

②截面超过2.5 mm^2的多股铜芯线的终端应焊接或压接端子后再与电器的端子连接（设备自带插接式的端子除外）。

③使用锡焊法连接铜导线时，焊锡应灌得饱满，不应使用酸性焊剂。

④铜导线的直接连接与分支连接可采用闭压端子连接。

⑤线路一般选用500 V、0～500 MΩ的兆欧表。

⑥在动力器具未安装前进行线路绝缘测量时，应将箱内导线分开，干线和支线分开测量。在电气器具全部安装完毕、进行送电前检测时，应先将线路上的开关，以及刀闸、仪表、设备等用电开关全部置于断开位置。其绝缘电阻应大于0.5 MΩ，线管穿线合格。

4. 开关、插座等电器安装

（1）照明器具安装前土建墙面装修应基本完成，有些还应与装修配合，如嵌入式荧光灯盘及筒灯等，照明安装需要的桥架及线槽应敷设完毕。配管穿线工作结束。

（2）灯具安装前应核查灯具型号、规格是否与设计图纸相符，符合要求后方可进行安装。

（3）特别检查。检查电子镇流器与灯具内部线路的距离，以防内部线路与镇流器紧贴而使镇流器发热影响线路。

（4）开关、插座应配合土建砌墙预留，同排开关、插座安装高度应一致。

（5）开关、插座安装应稳固、端正，接线应正确。单相两孔或三孔插座，面对插座的右孔与相线连接，左孔与零线连接。

（6）灯具安装时，应确保灯具支架牢固端正，位置正确，灯具外表面干净、明亮。成排灯具安装应在同一直线段上。

（7）灯具接线应准确、紧密，保证相序相同、相序平衡，同一接线端子上不应超过两条线。

（8）在接线前应检查各回路的绝缘电阻，其值应大于0.5 MΩ，并填写绝缘电阻测试记录。

（9）插座、灯具安装完毕后，通电调试时应逐一检查其配电回路是否符合设计要求，插座使用单相三级插头漏电开关检测器检测火线、地线、零线是否正确，检查漏电开关是否符合安全要求。

10.2.4 防雷接地及等电位联结系统安装

1. 系统简介

（1）防雷说明。

①本建筑物按二类防雷建筑物设置防雷保护措施。屋顶采用10 mm热镀锌圆钢作接闪带。所有出屋面的金属物均应与接闪带焊接。

②利用立柱钢筋作为引下线（当作为引下线钢筋直径等于或大于16 mm时，利用两根钢筋作引下线；当作为引下线选用钢筋直径等于或大于10 mm时，利用四根钢筋作引下线），利用钢筋混凝土基础作为接地体，将作为引下线的立柱钢筋与作为接地装置连接带的基础底板钢筋及桩内的钢筋笼（只焊接有引下线柱根下的桩）焊接，构成均衡电位的接地装置。

③屋顶不同标高面的女儿墙接闪带，采用10 mm热镀锌圆钢垂直焊接。

④屋面若安装金属桅杆等金属装饰物，应就近与天面避雷装置焊接或卡接。

⑤所有防雷与接地的材料均采用热镀锌件，做法参照国家建筑标准《建筑物防雷设施安装》（15 D501）。

⑥本建筑楼梯屋面及屋架面的接闪带与天面的接闪带的连通采用φ12圆垂直钢焊接，做法参照国家建筑标准《建筑物防雷设施安装》（15 D501）。

（2）基础接地。

①本工程防雷接地、安全保护接地及各弱电系统接地共用综合接地极。

②接地极的做法为：利用建筑物基础作接地体，将基础底板上下两层主筋沿建筑物外围剪力墙焊接成环形，将主轴线上的结构地板上下两层主筋相互焊接成网格作接地体，并与柱下的桩基础钢筋笼焊接不少于两根，且焊接长度不小于钢筋直径的6倍（只焊接有引下线柱根下的桩基础）。

③要求接地电阻值不大于1 Ω。实测不满足要求时，须增设人工接地体，直到达到要求为止。

④各种接地引出线的下端均应与基础接地网可靠焊接。

⑤本建筑物采用总等电位联结，其总等电位联结线必须与楼内所有导电部分相互连接，如保护干线、接地干线、建筑物内的输送管道的金属件（如水管等），以及建筑物金属构件等导体。总等电位联结主母线采用ZRBV－1×25 mm铜导线。

⑥施工时应注意：作为引下线之对角主钢筋（2根以上）的连接及其与接地底板接地网钢筋（2根以上）的交接处均应可靠焊接（且应焊接有引下线柱根下的桩）。钢筋的焊接长度应大于钢筋直径的6倍，采用双面焊。铜线与圆钢（或扁钢）连接处须用线鼻子过渡后焊接，所有焊接点均涂沥青防腐。地线管埋地端管口施工后用沥青封死，并满足防水要求。

⑦所有接地材料均采用热镀锌件，参照国家建筑标准《等电位联结安装》（15 D502）设计与施工。

2. 施工工艺流程图

防雷接地及等电位联结系统施工工艺流程如图10.7所示。

3. 防雷系统施工技术措施

防雷系统接地工程主要需与土建密切配合、穿插完成。在土建单位进行梁、柱钢筋结构施工时即需跟进完成接地体（线）的搭接焊接及引出焊接。为了防止焊接的错漏，在每次完成防雷引上接地体（线）焊接后，均在引上的主

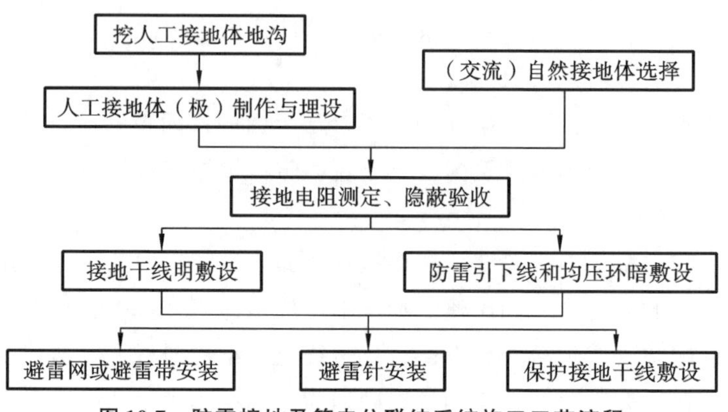

图10.7　防雷接地及等电位联结系统施工工艺流程

筋上端涂上醒目标记，以利上一层接地线、网的焊接。

搭接焊接要求如下：

(1) 扁钢为其宽度的2倍（且至少3个面焊接）；

(2) 圆钢连接采用双面搭接连续焊，焊缝长度不小于钢筋直径的6倍，焊缝外观良好；

(3) 圆钢与扁钢连接时，其长度为圆钢直径的6倍；

(4) 扁钢与钢管、扁钢与角钢焊接时，为了连接可靠，除应在其接触部位两侧进行焊接外，应由钢带弯成的弧形（或直角形）卡子或直接由钢带本身弯面弧形（或直角形）与钢管（或角钢）焊接；

(5) 天面女儿墙上的均压环（避雷带）圆钢搭接左右烧焊（不能上下烧焊）；

(6) 过伸缩缝时，要做Ω型补偿措施。

用钢管作防雷接地装置（含针、带等）时，管壁厚度不小于2.5 mm。管对接焊时，管内设置合适的衬管。衬管外径应与被连接钢管内径相吻合，衬管长度不应小于其外径的4倍。

参考文献

[1] 陈井澎.装配式混凝土建筑结构工程技术分析[J].工程建设与设计，2023（19）：145-147.

[2] 陈思杰，易书林.建筑施工技术与建筑设计研究[M].青岛：中国海洋大学出版社，2020.

[3] 陈文建，季秋媛.建筑设计与构造[M].2版.北京：北京理工大学出版社，2019.

[4] 陈煊，肖相月，等.建筑设计原理[M].成都：电子科技大学出版社，2019.

[5] 程和平.建筑施工技术[M].4版.北京：化学工业出版社，2021.

[6] 邓蓓蓓.住宅建筑设计中空间组合分析[J].居舍，2020（28）：103-104.

[7] 冯冠青.当代建筑剖面设计研究[D].哈尔滨：哈尔滨工业大学，2014.

[8] 郭凤双，施凯.建筑施工技术[M].成都：西南交通大学出版社，2019.

[9] 韩业财，蒋中元，邓泽贵.建筑施工技术[M].重庆：重庆大学出版社，2020.

[10] 胡黄标.建筑空间构成元素在建筑设计中的应用探析[J].工程建设与设计，2023（4）：4-6.

[11] 黄锦波.建筑电气安装工程防雷接地施工技术[J].绿色建造与智能建筑，2023（12）：113-116.

[12] 贾宁，胡伟.建筑设计基础[M].2版.南京：东南大学出版社，2018.

[13] 赖嘉术.建筑立面设计问题与精细化施工管理分析[J].城市建设理论研究（电子版），2023（21）：34-36.

[14] 马方兴.浅谈地下工程防水混凝土施工技术[J].工程建设与设计，2018（8）：194-195.

[15] 潘睿.房屋建筑学[M].4版.武汉：华中科技大学出版社，2020.

[16] 彭勍.浅析砌体结构房屋的构造施工措施[J].工程建设与设计，2010（3）：82-85.

[17] 史华.建筑工程施工技术与项目管理[M].武汉：华中科技大学出版社，2022.

[18] 苏小梅，杨向华，李坚.建筑施工技术[M].北京：北京理工大学出版社，

2022.
[19] 王兵.建筑电气照明安装工程施工技术要点分析[J].工程技术研究，2023，8（16）：82-84.
[20] 王恩武.解析建筑工程电气设备安装施工技术要点[J].通信电源技术，2018，35（4）：254-256.
[21] 王化柱，孙鸿景，万连建.建筑施工技术[M].天津：天津科学技术出版社，2013.
[22] 吴志红，陈娟玲，张会.建筑施工技术[M].3版.南京：东南大学出版社，2020.
[23] 郤晓辉.建筑平面设计中视觉审美元素的构建分析[J].绿色环保建材，2020（6）：104+107.
[24] 薛驹，徐刚.建筑施工技术与工程项目管理[M].长春：吉林科学技术出版社，2022.
[25] 阳贵息.建筑平面功能分析及平面组合设计[J].工程技术研究，2017（8）：226-227.
[26] 杨光臣.建筑电气工程施工[M].4版.重庆：重庆大学出版社，2016.
[27] 杨小燕.建筑形式与空间组合分析及应用探析[J].工程与建设，2023，37（6）：1685-1687.
[28] 叶钦辉.装配式建筑立面多样化设计方法研究[D].长沙：湖南大学，2019.
[29] 贠禄.建筑设计与表达[M].长春：东北师范大学出版社，2020.
[30] 岳威.建筑电气施工技术项目教程[M].北京：北京理工大学出版社，2017.
[31] 张策.建筑电气供配电安装施工技术与管理研究[J].工程建设与设计，2019（24）：193-194.
[32] 郑伟.建筑施工技术[M].3版.长沙：中南大学出版社，2018.
[33] 中国航空规划建设发展有限公司,中国建筑标准设计研究院有限公司.等电位联结安装：15 D502[S].北京：中国计划出版社，2015.
[34] 中国建筑科学研究院.混凝土结构设计标准（2024年版）：GB/T 50010—2010[S].北京：中国建筑工业出版社，2011.
[35] 中华人民共和国公安部.建筑设计防火规范（2018年版）：GB 50016—2014[S].北京：中国建筑工业出版社，2015.
[36] 中华人民共和国住房和城乡建设部.地下工程防水技术规范：GB

50108—2008[S].北京：中国计划出版社，2008.

[37] 中华人民共和国住房和城乡建设部.电气装置安装工程 电气设备交接试验标准：GB 50150—2016[S].北京：中国计划出版社，2016.

[38] 中华人民共和国住房和城乡建设部.混凝土结构工程施工质量验收规范：GB 50204—2015[S].北京：中国建筑工业出版社，2014.

[39] 中华人民共和国住房和城乡建设部.砌体结构工程施工质量验收规范：GB 50203—2011[S].北京：中国建筑工业出版社，2011.

[40] 中华人民共和国住房和城乡建设部.住宅设计规范：GB 50096—2011[S].北京：中国计划出版社，2012.

[41] 中南建筑设计院股份有限公司.建筑物防雷设施安装：15 D501[S].北京：中国计划出版社，2015.

[42] 钟汉华，董伟.建筑工程施工工艺[M].3版.重庆：重庆大学出版社，2015.

[43] 朱星，钱军，强伟.建筑施工技术[M].南京：南京大学出版社，2019.

[44] 樊培琴，马林，王鹏飞.建筑电气设计与施工研究[M].长春：吉林科学技术出版社，2022.

[45] 孙宁，徐巍，向梦华.建筑设计与施工技术[M].武汉：华中科技大学出版社，2023.

[46] 刘涛，袁建林，王晓虹.建筑设计与工程技术[M].天津：天津科学技术出版社，2021.

[47] 尹飞飞，唐健，蒋瑶.建筑设计与工程管理[M].汕头：汕头大学出版社，2022.

[48] 张国强.基坑工程开挖与支护形式的分析[J].智能城市，2020，6（8）：213-214.

[49] 白宗瑞.在建筑工程施工中基坑降水技术的应用[J].大众标准化，2023（11）：52-54.

[50] 王正根.探讨建筑工程脚手架的施工技术要点[J].居业，2023（10）：55-57.

[51] 杨转运，张银会.建筑施工技术[M].北京：北京理工大学出版社，2021.

[52] 黄元斌,曹林同.钢筋代换方法在工程实践中的应用[J].甘肃科技纵横，2012，41（1）：96-97.

[53] 郑晓东.建筑工程中钢筋加工及连接施工技术[J].住宅与房地产，2018（15）：193.

[54] 秦建.建筑工程地下室防水施工技术[J].建材与装饰，2016（51）：12-13.
[55] 王波.防水混凝土施工技术在地下室中的运用[J].建材与装饰，2019（34）：16-17.
[56] 王向东.试论水泥砂浆防水层施工技术及质保措施[J].科技视界，2015（27）：151＋242.

后　记

随着我国经济实力的增强，建筑工程的数量与高度在逐年增加，建筑造型越来越多样化，功能与技术日益智能化。在这些条件下，对建筑设计与工程管理的要求越来越高，建筑设计与施工都需要更加系统化、精细化和综合化。

新型城镇化推动了建筑行业的发展。近年来，我国加快推进新型城镇化建设，大量的城市化项目催生了对建筑业的需求。这不仅给建筑业带来了机遇，也为建筑行业的转型升级提供了契机。在此情形之下，我国建筑行业也面临着一些挑战，怎样做建筑设计，如何提高建筑设计与施工的质量和效率，如何实现建筑工程施工的安全和环境保护，是每一位建筑设计与施工的从业人员应关注的问题。鉴于此，本书在内容上涵盖了建筑设计的基础理论与建筑施工的主要施工方法和施工要点。

在科学发展观的引导下，我国建筑行业正在向健康的方向发展。在此过程中，相关工作人员需要对建筑设计及施工技术方法进行不断创新，结合整体发展趋势，提出新的发展观念。无论是在设计方面，还是在施工方面，都需要进行不断优化，提高整体发展水平。未来，建筑行业需要进一步加强科技创新，提高质量和效率，推动可持续发展。